基金项目：

2015 年度广西高校科学技术研究重点项目（项目编号： KY2015ZD101）

广西高校人文社会科学重点研究基地——民族地区文化安全研究中心基金资助

广西生态文明建设的
理论与实践研究

GUANGXI SHENGTAI WENMING JIANSHE DE
LILUN YU SHIJIAN YANJIU

何林 著

中国社会科学出版社

图书在版编目（CIP）数据

广西生态文明建设的理论与实践研究/何林著 . —北京：中国社会科学出版社，2017.4

ISBN 978 - 7 - 5203 - 0254 - 8

Ⅰ.①广… Ⅱ.①何… Ⅲ.①生态环境建设—研究—广西 Ⅳ.①X321.267

中国版本图书馆 CIP 数据核字（2017）第 094612 号

出 版 人	赵剑英	
选题策划	刘 艳	
责任编辑	刘 艳	徐沐熙
责任校对	陈 晨	
责任印制	戴 宽	

出 版	中国社会科学出版社	
社 址	北京鼓楼西大街甲 158 号	
邮 编	100720	
网 址	http://www.csspw.cn	
发 行 部	010 - 84083685	
门 市 部	010 - 84029450	
经 销	新华书店及其他书店	

印 刷	北京明恒达印务有限公司
装 订	廊坊市广阳区广增装订厂
版 次	2017 年 4 月第 1 版
印 次	2017 年 4 月第 1 次印刷

开 本	710×1000 1/16
印 张	18.75
插 页	2
字 数	257 千字
定 价	88.00 元

凡购买中国社会科学出版社图书，如有质量问题请与本社营销中心联系调换
电话：010 - 84083683

目 录

第一章

生态文明建设的基本理论

生态文明是反映人类社会发展和进步的一个重要标志，是人类社会在经过原始文明、农业文明和工业文明之后进行的一次新的转变。作为一种新型的社会文明形态，其在生产方式、经济发展方式、生活方式和自然观、价值观、发展观上都体现出一种人与自然之间的崭新关系。如果说生态文明是一种新型的社会文明形态，那么生态文明建设就是人类建立在科学和理性基础之上的高度自觉的实践活动。我们怎样才能既保证经济发展，同时又能够不破坏环境和生态是生态文明建设的基本问题，生态文明建设的核心就是要处理好这一基本矛盾。党的十八大把社会主义生态文明建设纳入到中国特色社会主义建设"五位一体"的总体布局当中，充分体现了党和国家对自然生态进化规律和人类经济社会发展规律的深刻把握，以及对新常态下我国社会转型发展过程中出现的矛盾问题的科学驾驭。探讨生态文明和生态文明建设的内涵及其内在价值，揭示生态文明建设中的利益矛盾与冲突，不仅有助于促进生态文明观念在全社会的牢固树立，也有助于深化全社会对生态文明建设客观规律的正确认识，进而为中国特色社会主义生态文明建设提供理论支撑。

第一节　生态文明建设概述

一　生态文明的界定

（一）生态

"生态"一词源于古希腊语，最早是指房屋、住所或环境。19世纪中叶起，"生态"被赋予了现代科学的意义，德国生物学家恩斯特·海克尔于1866年最先使用了"生态学"的概念，他认为生态学是研究有机体与其周围环境相互关系的一门科学。随着工业化和社会的不断发展，人为因素高度渗透于自然环境，"生态"一词涉及的范畴也越来越广泛，人们更多地从人化自然的角度来把握生态，把自然界和人类社会作为统一的复杂巨系统来看待，即生态系统。人们越来越清晰地认识到，生态系统是一个有机整体，系统内的各个要素（如自然、经济、社会、环境等）相互关联、相互依存、相互制约、相互作用，要素之间要彼此协调，才能维持和推进系统的平衡与发展。可见，生态的内涵不仅指生物和人类与环境的关系，更逐步演化为人类环境中各种关系的和谐。

（二）文明

"文明"一词源远流长，被古今中外的人们广泛使用。中国古代典籍《周易》中就有"见龙在田，天下文明"之说。唐代孔颖达注疏《尚书》时将"文明"解释为："经天纬地曰文，照临四方曰明。""经天纬地"意为改造自然，属于物质文明；"照临四方"意为驱走愚昧，属于精神文明。清代李渔在《闲情偶寄》中进一步解释："辟草昧而致文明。"需要指出的是，古时中国人所说的文明是与文治、教化、伦理和政治紧密相关的。英文中的文明"civilization"源于拉丁文"civis"，原意为公民的道德品质和社会生活规则，后引申为一种先进的社会和文化发展状态以及到达这一状态的过程。随着中西方文化交流的频繁，文明的内涵也逐渐达成共识，成为反映人类社会发展程度的概念，如 1964 年出版的《英国大百科全书》称："文明的内容包括语言、宗教、信仰、道德、艺术和人类思想与理想的表述。"1978 年出版的《苏联大百科全书》提出："文明是社会发展、物质文化和精神文化的水平和程度。"《中国大百科全书》（哲学卷）则将其定义为："文明是人类改造世界的物质成果和精神成果的总和，是社会进步和人类开化的进步状态的标志。"简言之，"文明"是相对于愚昧、野蛮而言，表征人类社会的开化状态和发展程度的一个概念，是指人类在认识世界的基础上，改造自然、改造社会和实现自我改造过程中取得的成果的总和。

文明是具体的、历史的，从人类发展和自然界人化所构成的统一过程来看，人类文明史实质上就是一部与自然共存、交流、共生的发展史。伴随着人类社会生产力的不断发展，人类文明形态大体经历了四个阶段：始于混沌蒙昧，对自然盲目崇拜的原始文明；对自然的初步开发及改造，从自在走向自为的农耕文明；对自然进行掠夺和征服的工业文明；走向未来，尊重自然、顺应自然、保护自然的生态文明，生态文明是到目前为止整个人类社会文明发展的最高阶段。纵观人类文明发展的历史过程，这是一个否定之否定的螺旋上升的过程，是一个由低级到高级演进的过程，是一个连续的、渐进的自我扬弃的过程。人类文明正在向生态文明迈进，21 世纪是生态文明的时代，这已经成为全球的共识。

（三）生态文明

生态文明，由"生态"与"文明"两个词复合构成，但并不是两个名词的简单叠加，而是通过两者的有机结合，生成一个具有内在逻辑联系、内涵丰富的独立概念。"生态文明"一词，是由于生存和发展的环境日趋恶化，人类出于对环境问题的考虑和担忧，重新审视人与自然的关系而出现的。相对而言，"生态文明"这一概念提出的时间还不算太长，美国海洋生态学家切尔·卡逊 1962

年出版的《寂静的春天》一书，被认为是近代生态文明发展的里程碑。1995年美国的生态学家罗依·莫里森在出版的《生态民主》一书中明确提出了"生态文明"的概念，并首次把生态文明看作工业文明以后的一种新文明形态，这一概念才逐渐被人们所熟知和接受。我国最早使用"生态文明"一词并对其内涵进行界定的学者是叶谦吉教授，他在1987年全国生态农业问题研讨会上指出："所谓生态文明就是人类既获利于自然，又还利于自然，在改造自然的同时又保护自然，人与自然之间保持着和谐统一的关系。"①"生态文明"这个概念从提出之日起，就备受学术界的争议。学者或从人和自然关系的角度，从人、自然和社会关系的角度，从公平与正义的角度，从可持续发展的角度等对生态文明内涵进行界定，这就导致了学术界对生态文明内涵界定的角度和侧重点各有不同，给出的答案也各不相同，但总的来说也都是针对人与自然、人与人、人与社会之间的矛盾关系来评述的。为了更加全面地理解和界定生态文明的内涵，我们可以从两个方面深化认识。一方面，生态文明是时空概念，在横向维度上，生态文明是与物质文明、精神文明和政治文明相并列的文明形式，着重强调处理和协调人与自然关系所达到的文明程度，也称为狭义的生态文明；在纵向维度上，生态文明是继原始文明、农业文明、工业文明之后的一种更先进、更高级的文明形态，它不仅关注人与自然的和谐关系，而且还注重在此基础上的人与人、人与社会之间关系的和谐，实现自然、经济、社会系统的整体利益和可持续发展，也称为广义的生态文明。另一方面，生态文明还是一个知行合一的概念。人类不仅要认识世界，更重要的是改造世界。生态文明不仅是一种观念意识、文化伦理和价值关怀，更是一种实践方式和行为遵循，是理论与实践的内在统一。

---

① 刘思华：《对建设社会主义生态文明论的若干回忆——兼述我的"马克思主义生态文明观"》，《中国地质大学学报》（社会科学版）2008年第4期。

　　总的来说，生态文明就是指人类在认识世界和改造世界过程中，遵循经济社会和自然生态环境可持续发展规律以及人的自由全面发展规律，在促进人与自然、人与人、人与社会以及人自身和谐发展的实践过程中所取得的物质、制度与精神成果的总和。生态文明以自然生态领域为基础逐渐扩展到整个社会有机体，贯穿于经济建设、政治建设、文化建设、社会建设全过程和各方面，反映了一个社会的文明进步状态，同时也是人类迄今最高的文明形态。

二　生态文明建设的含义

（一）生态文明建设的概念

　　生态文明重在建设，生态文明建设是一项复杂而庞大的社会工程。党的十八大报告强调："坚持节约资源和保护环境的基本国策，坚持节约优先、保护优先、自然恢复为主的方针，着力推进绿色发展、循环发展、低碳发展，形成节约资源和保护环境的空间格局、产业结构、生产方式、生活方式，从源头上扭转生态环境恶化趋势，为人民创造良好生产生活环境，为全球生态安全作出贡献。"[①] 这一论述深刻地揭示了生态文明建设的基本内涵和任务。

　　生态文明建设不是要回到农业文明时代，而是在工业文明的基础上，遵循自然生态的发展规律，促进人类社会全面协调可持续发展。党的十八大把生态文明建设放在社会主义建设"五位一体"的总布局当中，表明生态文明建设已经成为中国特色社会主义建设的基本范畴，同时也是中国特色社会主义伟大事业的一项新的重要战略任务。总的来说，生态文明建设就是在科学发展观和生态文明理论的指导下，在尊重自然规律和生态规律的基础上，充分发挥人的主观能动性，发展生态经济和生态文化，构建科学的生态文明制度

---

　　① 胡锦涛：《坚定不移沿着中国特色社会主义道路前进　为全面建成小康社会而奋斗——在中国共产党第十八次全国代表大会上的报告》，人民出版社 2012 年版，第 39 页。

和有序的生态运行机制，保护、治理和修复自然生态环境，解决因生态环境问题引发的社会问题，从而有效维护生态安全，实现人与自然、人与社会及人自身和谐发展的社会实践活动，以及由此所带来的思维方式、生产方式、经济发展方式、生活方式、消费方式的转变。

生态文明与生态文明建设二者是密切相关，相辅相成的。生态文明为生态文明建设指明方向，发挥着引领作用，是生态文明建设的出发点和落脚点；生态文明建设作为一种实践过程，是实现生态文明的客观条件和实践基础。在我国，两者高度统一于建设"美丽中国"和实现"中华民族永续发展"的宏伟进程当中。

（二）生态文明建设的基本内容

生态文明建设是人类有目的、有计划、有组织地保护自然生态环境，实现人与自然和谐共生、经济社会可持续发展的实践活动与过程，也是一个庞大的社会体系与系统性工程，其内容具有多方面的指向和多层次的内涵，覆盖了经济、政治、文化和社会等多个层面。

1. 经济层面的内容体现

生态文明建设体现在经济层面，就是在社会主义现代化建设进程中，把经济发展与自然生态环境保护结合起来，使经济活动既能实现物质财富的快速增加，又能达到人与生态环境的良性循环、和谐共处；物质生产方式既遵循经济发展规律，又遵循生态发展规律。这就需要我们转变经济发展模式，大力发展循环经济、低碳经济和绿色经济，实现经济效益和生态效益的协调统一；调整和优化产业结构，大力发展生态产业和环保产业，建设绿色产业基地，生产绿色生态产品，使生态产业带动其他产业的发展，走集约化、内涵式的新型生态产业化发展道路；重视资源节约，积极开发和利用新能源和可再生资源，提高资源的利用效率，保障资源能源的可持续供给和经济社会的可持续发展；实施清洁生产，通过推广普及生态技术、节能减排技术来降低能源资源消耗量和废弃物排放量，以减少环境污染，维护自然生态平衡。

2. 政治层面的内容体现

社会制度具有强大的社会整合功能和行为导向功能，生态文明建设体现在政治层面，就是要建立健全保护自然生态环境的生态制度体系以及运行的机制体制，为推动生态文明建设提供政策支持和制度保障。因此，在制度建设上要完善政策和法律法规，明确生态环境保护的职责、权利和义务；完善生态制度体系，建立生态文明评价体系、目标考核办法，建立健全生态补偿制度、自然保护区制度、清洁生产制度、环境评估制度、资源有偿使用制度和排污申报制度等生态制度，从制度层面上规范与约束人们的行为；加快行政管理体制改革，理顺各级政府、各部门之间的"条块关系"，建设服务型政府，通过完善约谈问责机制、政绩考核机制、监督制约机制、责任追究机制，强化政府和领导干部在生态环境管理中的责任；加大环境保护的执法力度，严厉打击违法乱纪的现象，保障环境正义和规范落实；通过制度建设与创新推进生态民主建设，拓宽民主渠道，充分保障公众对生态文明建设的知情权、参与权和监督权，在鼓励和引导群众积极参与的同时有效地化解在社会发展过程中因生态利益所引发的矛盾和冲突。

3. 文化层面的内容体现

生态文明建设体现在文化层面，就是要树立符合生态文明要求的生态思维和意识、生态伦理和价值观念以及生产体现这些思想观念的生态文化产品。因此，生态文明建设要对公众加强生态道德和生态知识的宣传教育，不断提高社会整体的生态文明意识，使人们自觉地承担保护生态环境的责任和义务，增强人们行为的自律性，在全社会范围内形成爱护环境的良好风尚；开展生态文化建设，大力弘扬生态文化，努力开发和生产生态文化产品，以科学的理论武装人，以正确的舆论引导人，以高尚的精神塑造人，以优秀的作品鼓舞人，使生态文化成为社会的主流文化和主导文化；积极研究和探索生态文明理念培育、形成和践行规律，努力做好具有战略性、基础性和先导性的生态技术、环保技术的研究开发与普及推广工作，为生态文明建设提供强大精神动力和智力支持。

4. 社会层面的内容体现

生态文明建设体现在社会层面就是构建符合生态文明要求的社会生态体系和结构。因此，生态文明建设要大力建设生态美丽新农村和生态宜居城市，优化"人居"生活环境，不断地提高人们的生活质量；加强教育、医疗、文化、交通以及水电管网等基础设施建设，创建高效率的社会管理体系，维护和谐稳定、民主法治的社会秩序，增强人民的幸福指数；控制人口增长，优化人口结构，提高人口素质，在充分考虑人类生存与繁衍需要的同时顾及环境容量和生态资源承载能力，使人口、资源、环境与经济社会发展相协调；提倡绿色消费、适度消费和可持续消费，杜绝各种形式的虚荣消费、奢侈消费和铺张浪费生活方式和消费行为，将消费节制上升为一种美德，使生态消费成为人类的新时尚。

三 建设社会主义生态文明的意义

十八大报告强调："建设生态文明，是关系人民福祉，关乎民族未来的长远大计。面对资源约束趋紧、环境污染严重、生态系统退化的紧迫形势，必须树立尊重自然、顺应自然、保护自然的生态文明理念，把生态文明建设放在突出地位，融入经济建设、政治建设、文化建设、社会建设各方面和全过程，努力建设美丽中国，实现中华民族永续发展。"① 这一新的概括反映了我党对现代化建设发展规律认识的深化，表明了我国对生态文明建设的重视程度，体

---

① 胡锦涛：《坚定不移沿着中国特色社会主义道路前进 为全面建成小康社会而奋斗——在中国共产党第十八次全国代表大会上的报告》，人民出版社 2012 年版，第 39 页。

现了生态文明建设对中华民族发展的重大意义。

（一）有利于我国经济社会的可持续发展

改革开放以来，我国经济社会发展取得了巨大的成就，同时也面临着不少生态问题，当前的环境污染和生态破坏已经逼近了我国自然承载力的极限，我们迫切需要找到一条既不破坏生态系统又能实现经济持续增长的办法。社会主义生态文明建设着眼于解决人与自然日益突出的尖锐矛盾，坚持合理开发和节约利用能源资源，全面改变全社会的生产方式和消费方式，推动生态产业、绿色科技、美丽城乡的建设和发展，促进自然生态资源的代内和代际公平。这不仅为我国经济社会的发展提供了科学的生态思维，也为促进人与自然的和睦相处，增强经济发展后劲，提高人民生活质量，推动整个经济社会走上生产发展、生活富裕、生态良好的全面协调的可持续发展道路提供了基础和保障。

（二）是构建社会主义和谐社会和实现全面建成小康社会目标的内在要求

构建社会主义和谐社会的基本内容就是要处理好、协调好人与自然、人与人、人与社会之间的关系。生态环境是人类赖以生存的自然物质基础，如果生态安全和生存的环境质量无法得到保障，不仅会影响人们身心健康，降低生活质量，甚至会引发环境纠纷和群体性事件，协调好人们对自然环境的利用、分配及处理的关系已经成为新时期构建社会主义和谐社会的重点发展方向和全面建成小康社会的重要目标。因此，把生态文明建设与经济建设、政治建设、文化建设、社会建设并列组成一个系统，构建"五位一体"总布局，这不仅使生态文明建设从内涵上满足了全面建成小康社会的要求，也从外延上极大地丰富了社会主义和谐社会构建的新方式。

（三）是落实科学发展观、建设"美丽中国"的重要举措

科学发展观的重要内容之一，就是强调把发展、以人为本、全面协调可持续内在地统一起来，要求经济发展与自然生态的保护相

协调，和人口、资源、环境相适应，实现人与自然的和谐共生。当前，我们建设生态文明，以尊重自然、顺应自然、保护自然为出发点，把建设资源节约型、环境友好型社会放在现代化发展战略的突出位置，对能源资源浪费、环境污染、水土流失、气候变暖、土地沙漠化、江河断流、森林植被等进行治理和修复，"既要金山银山，又要绿水青山"，在贯彻落实科学发展观的同时，为实现"美丽中国"的目标不断夯实基础。

第二节　生态文明建设中的利益矛盾与冲突

生态文明是以生态意识强、生态环境良好、生态产业发达、生活方式健康有益为主要内容的和谐文明形态。当前，由于我国正处于经济转轨、社会转型的关键时期，各种社会矛盾纵横交织。其中，生态利益的矛盾与冲突问题十分突出，生态问题已经成为制约中国经济社会可持续发展的瓶颈。事实表明，生态环境问题表面上看是人们对自然资源的掠夺和攫取，对生态环境污染和破坏，但实质上是由人们追求利益过程中的矛盾和冲突所导致的。生态利益关系失衡和失范必然导致资源耗竭、环境污染、生态恶化，也必然从根本上削弱生态文明建设的基础。因此，有必要对生态文明建设的动因进行利益分析，研究生态文明建设中的利益悖论及其破解方法，为生态文明建设中利益关系的协调、改善和优化提供理论基础。

一　利益与生态利益

（一）利益

1. 利益的概念

利益是人类生存、发展的基础，是人类从事生活、生产活动的动力，是人类行为的终极价值尺度。因为人是具有生命的存在，人只有不断同外界交换物质、能量和信息才能生存和发展，正如马克思所说的："为了生活，首先就需要吃喝住穿以及其他一些东西。"① 这些物质、能量和信息就是人的需要对象或利益所在。利益首先来自人的需要，利益与需要密切相关，但需要不等同于利益，只是形成利益的自然基础。只有作为利益主体的人的不同需要通过一定的实践过程被满足了，利益才得以实现。由于人们的社会实践活动是在一定社会关系中展开的，利益的形成也总是与一定的社会关系相联系的，所以社会关系是构成利益的社会基础。由于物质资料的生产方式是社会存在和发展的基础，所以一定的社会经济关系是利益的社会本质。正如马克思所说："利益是社会化的需要，人们通过一定的社会关系表现出来的社会需要。利益在本质上属于社会关系范畴。社会主体维持自身生存和发展，只有通过对社会劳动产品的占有和享有才能体现；社会主体与社会劳动产品的这种对立统一关系就是利益。"②对于利益的概念，资深学者王伟光认为，所谓利益，就是一定的客观需要对象在满足主体需要时，在需要主体之间进行分配所形成的一定性质的社会关系的形式。③

2. 利益的构成

社会关系是构成人的利益的社会基础，马克思指出："把他们连接起来的唯一纽带是自然的必然性，是需要和私人利益。"④ 可见，利益是一个关系范畴，表达的是人与人之间对需求对象的一种分配关系。一般社会关系范畴是由主体、客体与介体三要素构成的，利益同样也是由主体、客体和介体三要素构成的。利益主体由需要主体演化而来，主体需要是利益形成的前提。利益主体

① 《马克思恩格斯选集》第 1 卷，人民出版社 1995 年版，第 79 页。
② 肖前等：《马克思主义哲学原理》，中国人民大学出版社 1994 年版，第 376 页。
③ 王伟光：《利益论》，人民出版社 2001 年版，第 74 页。
④ 《马克思恩格斯全集》第 3 卷，人民出版社 2002 年版，第 185 页。

是指利益的追求者或拥有者，它可以是个人，也可以是人群（如国家、民族、阶级等），由于各种利益主体在社会关系中所处的地位不同，因此他们所能实现的利益就具有极大的差别。利益客体是利益主体的需要或活动所指向的对象，即利益的承担者或者载体（包括自然界、人类社会和人的精神世界），利益客体具有多样性并随着人类认识能力的提高在不断地增加和变化。利益介体是把利益主体与利益客体联系起来的社会实践活动，是形成利益的客观手段和基础，只有通过社会实践活动，人们才能寻求到需要对象，才能创造出需要对象的价值。利益主体、客体和介体三要素构成完整的利益范畴。

3. 利益的协调

利益本质上是一个关系范畴，人类的社会性决定了一定的利益总是在一定的社会关系下通过社会生产和分配的中介来实现，因而利益关系首先是经济关系，对此恩格斯曾明确指出："每一既定社会的经济关系首先表现为利益。"① 人对利益的诉求是人的一切社会活动的动因，马克思也说过："人们为之奋斗的一切，都同他们的利益有关。"② 人在追求利益开展各种活动的同时，推动了社会的发展，也推动人本身的发展。

然而从另一个角度而言，在社会关系中，利益的实质又是一种矛盾，利益存在的方式就是矛盾的存在方式。利益矛盾既包括利益主客体之间的矛盾，又包括不同利益主体之间的矛盾，这两种矛盾互相引发，相互交织，构成复杂的利益矛盾体。一方面，由于人的利益内涵极为丰富、内容极为广泛，在人的生存和发展中占据着核心地位。而满足人的需求、实现利益的现实对象和条件却总是有限的，这决定了人的利益实现必然面临着各种矛盾。

---

① 《马克思恩格斯选集》第 3 卷，人民出版社 1995 年版，第 209 页。
② 《马克思恩格斯全集》第 1 卷，人民出版社 1995 年版，第 187 页。

另一方面，由于满足需要而进行的劳动交换是分开的，利益主体的利益需求的差异性以及个人利益动机与社会总体目标的不一致性，使得人们在追求和实现自己利益时，不可避免地会产生利益矛盾甚至是利益冲突。为了维护一定的社会秩序，就需要对人们的利益观念、利益关系和利益行为进行必要的引导、规范、调整和约束。在这里，利益协调就是一种坐标取向，是在承认各利益主体利益合法性的前提下，对具有一定利益差别的社会主体所形成的利益冲突通过回避、体谅、理解、妥协、兼顾、合作、共享等方式实现契约的制度化，并把各利益主体的利益诉求理性地保持在一定限度内，从而在利益的主客体之间维持一种和谐状态的过程。从利益协调的内容来看，既协调人与物之间的利益关系，也协调人与人之间的利益关系；既包括宏观的社会利益协调，也包括微观的个体利益协调。从利益协调的手段来看，主要有思想、法律、行政、经济等多种手段。

（二）生态利益

1. 生态利益的概念

人作为自然界长期发展而形成的独立的生命物种，其生命的维持、种群的繁衍需要同自然环境进行直接有效的生态循环，自然是人类得以生存发展的物质基础和前提。人类利益，无论是何种主体的利益，都最终依赖于自然资源才能得到实现。相应地，任何层面上主体间的利益矛盾都会直接或间接地影响自然环境。生态文明建设进程当中，不可回避的是人与自然生态的利益关系问题，"利益离不开自然，利益最直接的最后的根据就是自然。自然是利益永恒的物质前提"[1]。自然环境客观具有的生态功能在一定的生产方式下满足人的生态需要，从而形成人的生态利益。概括来说，生态利

---

[1]　谭培文：《马克思主义的利益理论——当代历史唯物主义的重构》，人民出版社2002年版，第126页。

益是指自然生态系统对人类持续发展和永续繁衍需求的满足，主要表现为安全生存、身心健康、休闲享受、审美益智等多方面的利益。生态利益既包括生态成果也包括生态条件；既包括物质利益，也包括精神利益。利益是人类所特有的，生态利益是指人类的利益，而非生物的利益，生态利益的主体只能是人或人群。自然生态系统是有机体与其周围环境在特定空间的组合，是承载生物与其周围环境关系的功能单位，是生态利益的客体。利益介体是人与自然生态系统进行质能交换的社会实践活动。

2. 生态利益的特征

生态利益作为生物的持续生存及其与生态环境和谐共处的利益，相对于经济利益而言，它以可持续发展为价值目标，具有公共性、传承性、长期性和非财产性等特征。第一，公共性。生态利益的公共性主要表现在两个方面，一是相当多的生态环境和自然资源存在着不可分性，往往为多地区、多主体所共有，生态环境的公共性导致了生态利益的公共性。二是生态利益是不特定公众所享有的非排他性的利益，可以由不特定的多数人共享。第二，传承性。生态利益是世世代代社会实践的结果，当代人的生存环境和生产力水平是后代人的全部历史的基础。未来的一代人只能在前一代人或前几代人改造过的环境和生产力水平上进行活动。第三，长期性。与直接具体的经济利益不同，良好的自然生态系统的形成和生态利益所带来的效果往往需要比较长的时间，而且直接投资者并不一定能成为受益者，生态利益损害的结果也可能在生态系统被破坏之后经过较长时间才会显现。另外，生态系统的修复也必须经过很长的时间。第四，非财产性。生态利益强调的是自然生态系统表现出来的整体生态功能价值，这些生态价值是人对生存和发展需要的表现，是不能用金钱来衡量的，更不能通过财产形态为人类服务。另外，生态利益的非财产性还表现在每一位成员都不可能把生态利益进行明确的分割而单独拥有。当然，在生态利益受到侵害或破坏时，只有也只能用物质性财产来弥补。

二　生态文明建设中利益矛盾与冲突的表现

人类为了生存，必须积极作用于自然，从自然中获取必要的经济利益，而人的利益内涵极为丰富，在具体历史阶段，满足人的需求、实现利益的现实对象和条件总是有限的，这决定了人的利益必然面临着各种矛盾。"在物质化的人的世界里，或者说在人被物质化了的世界里，人与人之间的对立，人与群之间的对立，以至于人与社会之间的对立，都最终由利益所引起，都是一种利益的对立。"① 随着经济社会的发展，生态与资源的供需矛盾越来越突出，生态公共产品和生态系统的服务功能已经不能完全满足社会成员的共同需要，使得人与自然之间的利益关系被引向了人类对有限的生态利益的占有和分配关系，而生态利益矛盾的内容和程度必然会影响生态利益的分配方式和分配结果，进而影响自然生态环境的状态。剖析生态问题产生的根源，实际上是人们对生态环境和自然资源的不同利益诉求及其矛盾冲突所致。由于生态利益的矛盾和冲突可能表现在利益主客体之间或主体之间，也可能是利益本身的差异，要严格地划清各种利益矛盾比较困难，从利益构成要素的角度来概括主要有三种。

（一）利益主体与客体的矛盾

1. 人类的主观认识与生态安全的客观要求的矛盾

恩格斯说过："我们对自然界的全部统治力量，就在于我们比其他一切生物强，能够认识和正确运用自然规律。事实上，我们一天天地学会更正确地理解自然规律，学会认识我们对自然界的习常过程所作的干预所引起的较近或较远的后果。特别自 21 世纪自然科学大踏步前进以来，我们越来越有可能学会认识并因而控制那些

---

① 唐代兴：《利益伦理》，北京大学出版社 2002 年版，第 49 页。

至少是由我们的最常见的生产行为所引起的较远的自然后果。"①
自然生态系统有其自身发展的规律性,不管人们是否认识、是否愿
意,自然规律都是不以人的主观意志为转移的,人们不能制造规律
也不能消灭规律,但可以发挥人的主观能动性去认识和揭示规律,
顺应规律,按规律办事才能从中受益,否则就要受到惩罚和报复。
正如马克思所说的:"不以伟大的自然规律为依据的人类计划,只
会带来灾难……"② 事实上,尽管可持续发展理念的提出已经几十
年了,但是,迄今为止这三个条件都还没有完全满足。

自近代以来,资本主义工业发展造成严重生态和环境问题,人
类中心主义和消费主义的兴起更加速人与自然的异化进程。正如马
克思所说的:"在我们这个时代,每一种事物好像都包含有自己的
反面。……技术的胜利,似乎是以道德的败坏为代价换来的。随着
人类愈益控制自然,个人却似乎愈益成为别人的奴隶或自身的卑劣
行为的奴隶。"③ 人类中心主义作为一种价值理念,把人看作世界
万物的统治者和核心,认为人类可以通过技术力量的发展来控制和
支配自然;自然界不过是服务于人类的手段,其存在的意义只是为
人类的生存和发展提供物质保障;人的一切行动的目标和出发点都
是向自然环境索取。人类中心主义的实质是:一切以人尺度,一切
从人的利益出发,为人的利益服务。消费主义是指一种毫无节制、
肆无忌惮地消耗物质财富和自然资源,把物质消费、个人享受看作
人生最高目的和唯一幸福源泉的消费观和价值观。同时它还主张通
过刺激消费来促进资本的快速运转,加快从生产到消费的循环,从
而形成一种通过大量消费、大量生产、大量废弃来促进经济增长的
机制,其本质是一种注重物欲、毫无节制的消费理念。

无论是人类中心主义还是消费主义,都是人类极端利己化的思维

---

① 《马克思恩格斯选集》第4卷,人民出版社1995年版,第384页。
② 《马克思恩格斯全集》第31卷,人民出版社1972年版,第251页。
③ 《马克思恩格斯选集》第1卷,人民出版社1995年版,第775页。

方式。这些理论和认识都将人与自然对立起来，把人类凌驾于自然界之上，导致人类对地球上的自然生态资源进行贪婪索取和无情掠夺。生产商大规模生产并不断翻新，消费者盲目消费并大量浪费废弃，这不仅增加了资源索取和环境的污染荷载，而且助长了人们功利主义和享乐主义的思想，极大地损害了人们的身心健康。人类要协调好人与大自然的矛盾与冲突，要遵循自然生态环境自身发展的规律性，尽可能地在大自然面前保持道德的自觉性，树立尊重自然、顺应自然和保护自然的生态利益观，热爱自然和自然美，尊重其他生命形式的价值和延续性，维护生态环境的多样性、稳定性和完整性。

2. 人口发展与生态资源环境承载的矛盾

人口发展的过程，就是不断利用和改造资源环境的过程，人口与生态资源环境的矛盾主要表现在两个方面。

一方面是人口发展对资源环境产生胁迫作用。人类的生存和发展，需要有丰富的自然资源和良好的生态环境，人口增长过快，分布过于密集对生态系统和资源环境的冲击是巨大的。人口总规模的增加，对自然的过度索取，势必增大对资源环境的消耗和压力，使自然生态系统偏离了平衡的状态。比如，对粮食需求的激增会给土地资源巨大的压力，可能导致植被破坏、森林减少、土地退化、物种灭绝。另外，为了提高粮食和经济作物产量而无节制地使用化学肥料和高毒性农药，必然导致土壤退化，造成土地和水资源的严重污染与衰竭。再如，人口激增还会增大工农业和生活"三废"的排放量，由于各种污染物质排放量增加，使生态环境的自我调节和自净能力降低，如果不进行合理的调控，就会超出生态环境的承受能力，生态平衡就会遭到破坏，生态安全就会受到威胁，人类就会受到自然界的报复。

另一方面是资源环境对人口发展构成的约束作用，环境破坏对人口的反作用体现在很多方面。由于生态环境的污染，生活在污染区的人们经常遭到莫名的疾病和死亡的袭击，他们的身心健康和生命安全受到严重的威胁。有数据显示，"目前我国 75% 的慢性病与生产和生活的废弃物污染有关，癌症患者的 70%—80% 与环境污染有关"①。由于生态环境的脆弱引起各种灾害发生，每年自然灾害所造成的损失和抵抗自然灾害付出的代价是巨大的，人们生活水平和生活质量提高面临巨大压力，由于资源的短缺，人们相互之间的资源争夺加剧，摩擦与冲突持续增多；由于生态环境的破坏，人们不得不背井离乡，甚至成为环境难民。

（二）利益客体之间的矛盾——经济利益与生态利益的对立统一

经济利益与生态利益，两者既有联系，又有区别。一方面，生态利益是经济利益创造的前提和基础。自然环境是人类的生存空间和衣食原料来源，为人类各种经济活动提供了不可或缺的资源和条件。为了延续自己的生命，人们直接或间接地向自然界索取物质能量。同时，自然生态资源的多寡也决定着经济活动的规模。另外，自然生态环境还给人们提供安全舒适的生活环境和审美的精神享受，这不仅是经济活动必需的要素，也是人们健康生活的基本需求，优美舒适的环境使人们心情愉悦，有利于提高人体素质和精神风貌。正因为如此，马克思说："无论是在人那里还是在动物那里，类生活从肉体方面来说就在于人（和动物一样）靠无机界生活，而人和动物相比越有普遍性，人赖以生活的无机界的范围就越广阔。……从实践领域来说，这些东西也是人的生活和人的活动的一部分。人在肉体上只有靠这些自然产品才能生活，不管这些产品是以食物、燃料、衣着的形式还是以住房等等的形式表现出来。……人靠自然界生活。这就是说，自然界是人为了不致死亡而必须与之处于持续不断地交互作用过程的、人的身体。"② 经济利益的创造

---

① 余源培：《生态文明：马克思主义在当代新的生长点》，《毛泽东邓小平理论研究》2013 年第 5 期。
② 《马克思恩格斯选集》第 1 卷，人民出版社 1995 年版，第 45 页。

就是进行物质生产和经济建设，生态利益的创造就是进行生态建设和环境保护。无论是环境利益还是经济利益，都是对现实世界人类需要的一种满足，经济利益和生态利益在根本上具有一致性，维护生态利益并不排斥和否定经济利益。生态环境是人类追求经济利益的载体，经济发展了才能为更好地维护生态利益奠定物质基础，两者统一于全面协调可持续的科学发展当中。从理论上讲，只要遵循自然规律，对自然资源进行合理的开发和利用，使排污总量限定在环境净化能力范围之内，追求经济利益的人类活动就不会对生态利益产生损害。总之，人与自然是能够和谐相处的。

另一方面，经济利益受生态利益的约束和限制。自然生态环境对于人类社会发展中的要求及索取的容忍又有一定的限度。人们获取经济利益并不是为所欲为、无所顾忌的，必须控制在生态环境容量和自然资源承载力允许的范围之内。如果人类过分追求经济利益，过度向大自然索取，就会破坏生态平衡，导致自然环境不断衰退和恶化，使自然生态环境减弱或丧失满足人类经济利益的功能，从而引发生态利益与经济利益的对抗和冲突。

当前，经济利益与生态利益的矛盾与冲突主要表现在：第一，当今人类社会基本上仍然处于求生存的发展阶段，经济发展仍是发展的核心和基础，经济利益仍是人们所追求的最主要的利益内容，无论是个人还是群体事实上基本都会优先考虑经济利益再考虑生态利益，正如约翰·贝拉米·福斯特所指出的那样，"资本主义经济把追求利润增长作为首要目的，所以要不惜任何代价追求经济增长，包括剥削和牺牲世界上绝大多数人的利益。这种迅猛增长通常意味着迅速消耗能源和材料，同时向环境倾倒越来越多的废物，导致环境急剧恶化"①。第二，我国是最大的发展中国家，对经济增

---

① ［美］约翰·贝拉米·福斯特：《生态危机与资本主义》，耿建新、宋兴无译，上海译文出版社 2006 年版，第 2—3 页。

长的要求更为迫切。把经济发展放在突出重要的位置，以经济建设为中心，是由我国的国情决定的。而一些地方常常急不择路，效仿发达国家，以生态环境利益为代价换取经济利益的发展模式。尤其是一些贫穷落后地区，为了能够解决温饱、脱离贫困、求得发展，为获取一点微薄的经济利益不惜以严重的生态破坏与环境污染作为代价，如承接发达国家或发达地区淘汰掉的、高污染、高消耗的夕阳产业；过度开发利用生态资源，大量地开发和出卖宝贵的自然资源和低附加值的初级产品；有些地方甚至在利益的诱惑下成为发达地区有害、有毒、高污染垃圾的集散场地。正像艾伦·杜宁所说的，"贫困——亦是既不能解决环境问题也不能解决人类问题的。它对于人们是无限糟糕的事情，对自然界也是如此。一无所有的农民以砍伐和焚烧拉丁美洲深处的森林谋求生活，饥饿的牧民把他们的畜群驱赶到脆弱的非洲草原，使其变成荒漠……在绝望中，他们无计可施地滥用土地，通过损害未来而拯救现在"①。第三，生态利益是具有社会公共性的、整体的、长远的利益。与生态利益相比，经济利益具有具体性、直接性和私人性的特点，它能够在物质上很快地给主体带来实实在在的好处，如生活水平的提高、利润的增长，等等，这使它成为人们从事经济活动的强大动因，所以常常会发生取经济利益而舍弃生态利益的现象。

（三）利益主体之间的矛盾

利益是人类社会中个人和组织一切活动的根本动因，生态文明建设必然涉及多元利益主体。利益矛盾在社会关系中表现得最为平常而又突出的是利益主体之间的矛盾，作为利益主体的个体、群体、区域或者代际之间由于利益分化而展开博弈也都可能产生矛盾冲突，这可以从以下两个维度去考察和分析。

---

① ［美］艾伦·杜宁：《多少算够——消费社会与地球的未来》，吉林人民出版社1997年版，第6—7页。

1. 时间维度

利益主体在时间维度上的生态利益矛盾主要表现为当前利益与长远利益、当代人和后代人之间的代际利益矛盾与冲突。人类历史是一个连续的过程，当代人要消耗自然资源，后代人也要依靠一定的自然资源才能生存和发展，当代人与后代人对自然资源的需求同等重要。就享受生态利益的权利和承担保护生态环境的义务而言，每一代人都是平等的，后代人与当代人拥有同等的生存权与发展权。把当前利益与长远利益有机地结合起来，实现生态系统的可持续利用和生态利益的代际共享与代际均衡，是当代人应有的道德责任和道德义务，尽管后代人还只是虚拟的未来人，还没有主张权利的机会。然而，人们在对自然生态资源进行开发利用时，往往受历史局限而注重现实胜过长远。尤其是在利益最大化的诉求引导之下，为满足当代人当前的需要，人们以牺牲后代的发展为代价，耗费了大量资源能源，破坏了生态，污染了环境，并把生态负担转嫁给暂时缺位的后代人，使得后代人的生态利益被剥夺的同时又承担起更大的生态责任和环境负担。

2. 空间维度

利益主体在空间维度上的生态利益矛盾则主要表现在三个方面：

第一，在区域间的利益矛盾。由于我国东西部地区在生态资源禀赋上的差异和经济社会发展的不平衡性，东部发达地区往往凭借其优势对西部欠发达地区的生态资源和生态利益进行实质性的剥夺，常常引发区域之间的生态利益矛盾和冲突。比如，发达地区为了谋求发展，将欠发达地区的资源大量输往发达地区，欠发达地区在为发达地区发展提供能源资源支持的同时，却牺牲了自身的生态环境和资源以及发展机会，致使经济停滞不前，且未获得相应的补偿，造成不发达地区在贫困与生态恶化之间的恶性循环；发达地区采取经济输出方式，将一些高污染、高耗能的产业和项目转移到经济落后地区，从而进一步加剧了欠发达地区的生态利益矛盾；一些地区（尤其是西部地区）作为生态功能区和生态安全屏障区，承担着生态利益的保护责任，以牺牲其发展权利来保护整个自然生态系统，却得不到合理的补偿。东西部地区在生态保护和资源开发中因权利义务配置不均导致的生态利益的冲突，已经成为所有区域利益矛盾冲突中根本性的利益矛盾与冲突。除此，区域利益矛盾还包括同一流域区域上下游地区之间、同一流域上下游的企业之间、企业和当地的居民之间、政府与公众之间亦会因生态保护负担的不平等以及生态收益分配的不公平问题引发生态利益的矛盾与冲突。

第二，城乡间的利益矛盾。城乡之间的生态利益是一个不可分割的统一整体，但是在我国城乡的二元制结构下，城乡之间的生态利益并非完全一致，同样存在着矛盾和冲突。在推动经济发展的进程中，国家往往重视工业和城市的发展而忽视农业和乡村的发展。一方面，广大农村的生态资源被源源不断地输送到城市，却因承担了自然环境的负担而损失了生态利益。另一方面是城市的污染向农村转移的趋势越来越严重，但污染治理和美化环境建设的重点在城市，农村却处于弱势地位。城市与农村之间在生态利益分配上事实的不公正、不平等势必会引发城乡之间的利益矛盾与冲突。

第三，整体与局部间的利益矛盾。生态环境问题虽然是一个关系社会整体和全局的问题，但现实中由于狭隘的利己主义和地方保护主义的影响，不同个人、不同群体、不同地区作为相对独立的利益主体，为了地方或群体利益而忽视全局利益，为了局部利益而牺牲整体利益的情况却屡见不鲜，这主要表现在两个方面：一是公共利益与个人利益的冲突。"公共利益是独立于个人利益之外的一种特殊利益，社会公共利益具有整体性和普遍性。"① 公共利益的公共性决定了它不可能是个别社会成员所独占的利益，然而每个社会

---

① 孙笑侠：《法的现象与观念》，山东人民出版社 2001 年版，第 46 页。

成员总是希望能从公共利益中多分得利益，实现个人利益最大化。"正因为各个人所追求的仅仅是自己的特殊的、对他们来说是同他们的共同利益不相符合的利益，所以他们认为，这种共同利益是'异己的'和'不依赖'于他们的"①，这势必导致利益的矛盾与冲突。二是中央政府与地方政府的矛盾。中央政府作为国家和社会整体利益的代表，更多的是从大局和总体上去通盘考虑经济社会的发展目标以及与生态环境保护之间的关系。而地方政府作为一定区域范围内的经济社会管理者，则更多地以地方政绩为导向，维护地方的局部利益和特殊利益。因此，由于政府环境责任不同，在客观上也会导致利益矛盾和冲突。

三　协调好生态利益的意义

自然资源是人类得以生存发展的物质前提，人与自然的利益关系在当代社会已成为一个十分重大的问题。目前我国正处于社会转型期，各种社会矛盾纵横交织，其中生态利益矛盾十分突出。在生态利益矛盾体中，既存在主体需要与满足需要的客体之间的矛盾，也存在利益客体之间的矛盾；既存在不同主体对同一利益客体的矛盾，也存在同一主体对不同利益对象的矛盾，这些矛盾相互交织，互相引发有时甚至相互激化。由于轻视或忽视生态利益的矛盾，人类极端功利化的思维方式、高消耗的生产方式和高消费的生活方式导致了今天日趋严重的生态环境问题，进而对人类文明的持续发展构成了致命的威胁。据有关媒体报道，自1996年以来，我国环境群体性事件始终保持着每年平均29%的增速，2012年的重特大环境群体事件更是增加了120%。②"近年来，广西环境事件（主要是环境污染事件）突发频繁。如：2010年，广西突发环境事件4次

---

① 《马克思恩格斯选集》第1卷，人民出版社1995年版，第85页。
② 《近年来我国环境群体性事件高发 年均递增29%》，2012年10月27日，中国网（http：//www.china.com.cn/news/2012-10/27/content_26920089.htm）。

（起），其中水污染突发环境事件 3 次（起），大气污染突发环境事件 1 次（起）；2011 年广西突发环境事件达到 31 次（起）；2012 年广西突发环境事件 20 次（其中重大环境事件 1 次，较大环境事件 3 次，一般环境事件 16 次）。"① 因此，通过生态利益的规范和协调，在承认各利益主体利益合法性和利益矛盾冲突不可避免的前提下，通过社会系统的规范机制来约束人们不合理的需求和行为，使人们的思维、生产和生活方式向有利于资源环境保护和生态平衡，向有利于人与自然的和谐共处的方向演变以减少和化解利益冲突就显得尤为必要和迫切了。协调好生态利益的关系，减少和化解生态利益的矛盾与冲突，实现人与自然、人与社会的和谐相处也就成为我国生态文明建设最重要和最根本的任务。

（一）生态利益为生态文明建设提供物质基础

人发挥其本质力量，通过利益介体（社会实践活动）能动地认识和改造自然生态环境，并从中获得利益，从而推动人与社会的持续发展与进步。离开了生态利益的获取，人与社会就丧失了生存与发展的物质基础。生态文明作为人类文明进步的一个崭新的历史阶段，同样要以生态利益作为其现实物质基础，否则生态文明建设就会因为没有物质支撑而成为空中楼阁，生态文明就会因脱离现实而化为泡影。

（二）生态利益的状况决定着生态文明建设的效果

我们可以从生态经济、生态社会、生态文化、生态环境、生态人居和生态制度等多个方面对生态文明建设的成效进行评估。但不可否认，生态系统的稳定及功能的有效发挥，能源资源的合理利用及效率的显著提高，环境的有力保护及有效的自我修复，城乡人居环境的健康舒适程度等生态利益的获取和生态福利的满足状况是检验生态文明建设成效的非常重要的标准，决定着生态文明在人与自

---

① 赵期国、黄国勤：《广西生态》，中国环境出版社 2014 年版，第 173 页。

然关系方面的和谐程度，决定着生态文明的建设效果。

（三）生态利益水平的提升是生态文明进步的重要标志

生态文明的进步可以在自然、社会以及思想观念方面表现出水平的提升，但是来自生态利益方面的水平提升是关键性的指标。建设生态文明从根本上来说就是以生态产业为基础，建立生态的生产方式、绿色的生活方式以及与之相适应的思想观念和思维方式，实现人与自然的和谐相处。在知识经济时代，思想、制度、管理、科技等各方面的发展与创新不仅提高了资源能源的利用效率，还提高了企业节能减排能力和生态产业的集约化程度；不仅提高了人类创造生态环境的产出水平，还提升了人类获取和维持生态利益的能力。与之相伴随的就是人们观察、认识和把握人与自然关系的思想观念和思维方式的更新与转变。这种生态利益获取能力和效果的提升恰恰就是生态文明进步的重要标志，它成为促进人类与自然和谐发展、推动生态文明建设和社会文明进步的重要力量。

第二章

广西生态文明建设的基本状况

生态文明建设涉及范围广、问题多，其中人口发展与资源环境承载、生产方式与生活方式、产业发展与制度建设等问题是生态文明建设过程中的主要干预因素。要提高广西生态文明建设水平和经济社会发展的质量与效率，需要对现阶段广西生态文明发展水平的状况进行客观科学的评价，探寻发展道路上的成绩与不足，及时发现问题，为下阶段的工作提供参考。

第一节　广西生态资源开发利用和生态
产业发展的基本状况

一　广西生态资源开发和利用的基本状况

（一）广西概况

广西壮族自治区简称"桂"，地处祖国的南疆，属低纬度地区，北回归线横贯中部，位于东经104°28′—112°04′，北纬20°54′—26°24′，广西东连广东省，南临北部湾并与海南省隔海相望，西与云南省毗邻，东北接湖南省，西北靠贵州省，西南与越南社会主义共和国接壤。行政区域内土地面积23.76万平方千米，占全国总面积的2.47%，广西大陆海岸线长约1595公里，管辖北部湾面积约4万平方千米。

广西位于中国地势第二阶梯中的云贵高原东南边缘，两广丘陵西部，南临北部湾海面。西北高、东南低，呈西北向东南倾斜状。山岭连绵、山体庞大、岭谷相间，四周多被山地、高原环绕，中部和南部多丘陵平地，呈盆地状，有"广西盆地"之称。

广西总体是山地丘陵性盆地地貌，分山地、丘陵、台地、平原、石山、水面 6 类。山系多呈弧形，层层相套，丘陵错综，盆地大小相杂，山多平原少，广西自古称为"八分山地两分田"。岩溶广布是广西地形地貌的总体特征。广西山地以海拔 800 米以上的中山为主，海拔 400—800 米的低山次之，山地约占广西土地总面积 39.7%；海拔 200—400 米的丘陵占 10.3%，在桂东南、桂南及桂西南连片集中；海拔 200 米以下地貌包括谷地、河谷平原、山前平原、三角洲及低平台地，占 26.9%；水面积仅占 3.4%。广西境内喀斯特地貌广布，集中连片分布于桂西南、桂西北、桂中和桂东北，约占土地面积的 37.8%，发育类型之多世界少见。

广西是以壮族为主体民族，多民族聚居，实行民族区域自治的省份，壮族是广西也是中国人口最多的少数民族。世居民族有壮、汉、瑶、苗、侗、毛南、仫佬、回、京、水、彝等 12 个民族，另外还有白、满、黎、藏、蒙古、朝鲜、土家等其他民族 44 个。2014 年广西总人口 5475 万人，常住人口 4754 万人，常住人口中有少数民族人口 2077 万人，其中壮族人口 1760 万（户籍），分别占全区常住人口的 37.94% 和 32.15%。[①]

（二）水资源状况

广西水资源丰富。河流大多沿地势从西北流向东南，形成了以红水河—西江为主干流的横贯中部以及两侧支流的树枝状水系。集雨面积在 50 平方千米以上的河流有 986 条，总长度有 3.4 万千米，河网

---

① 广西壮族自治区地方志编纂委员会：《广西年鉴·2015》，广西年鉴出版社 2015 年版，第 36—37 页。

密度 0.144 千米/平方千米。此外，广西还有喀斯特地下河 433 条，其中长度在 10 千米以上的有 248 条，坡心河、地苏河等均各自形成地下水系。广西整体水质总体保持优良。39 条河流 72 个断面年均水质为 Ⅰ—Ⅲ 类水质的断面有 67 个，占 93.1%；达到水环境功能区标准的断面有 67 个，占 93.1%；广西 32 个省界、市界断面为 Ⅰ—Ⅲ 类水质的断面有 28 个，占 87.5%；省界断面 11 个（含界首断面），水质达标率为 90.9%；市界断面 22 个（含界首断面），水质达标率为 81.8%。[①] 2015 年，广西平均降水量 1894mm，降水总量为 4494 亿 m³，比多年平均值偏多 23.6%；地表水资源量 2432 亿 m³，折合年径流深 1028mm，比多年平均值多 28.5%；地下水资源量为 467.28 亿 m³，比多年平均值偏多 2.38%，其中山丘区浅层地下水资源量为 465.93 亿 m³，北海平原区地下水资源非重复计算量为 1.35 亿 m³；水资源总量 2434 亿 m³，比多年平均值偏多 28.6%，属丰水年份。[②] 广西人均水资源拥有量为 5310m³，为全国人均水量 2637m³ 的 2 倍；按耕地面积计，亩均水量为 4750m³，远高于全国平均 1813m³ 的水平，这些水资源除满足主要河道航运、工业和发电用水外，按有关计算，农业可用水量约有 660 亿 m³，平均每亩可达 1700m³ 左右。[③] 广西农业水资源是丰富的。

水能资源丰富。广西河流落差大，蕴藏着相当多的水能资源。据历年的资源勘查统计，全自治区水能蕴藏量共 1752 万千瓦，居全国第八位，可开发利用的水能资源 1418 万千瓦，居全国第七位。这些资源主要分布在红水河干流和郁江、柳江、桂江、贺江等支流上，而且具有修建高坝大库的有利地形，交通又比较方便，淹没搬

---

① 资料来源：中华人民共和国中央人民政府网（http://www.gov.cn/guoqing/2013－04/16/content_ 5046164. htm）。

② 广西水利厅：《2015 年广西水资源公报》，广西水利信息网（http://www.gxwater.gov.cn/Web/ArticleShow.aspx? ArticleID＝26921）。

③ 资料来源：广西百科信息网（http：//gxi.zwbk.org/lemma-show－1884.shtml#20）。

迁少，技术经济指标优越，被誉为水电资源的"富矿"，因此它与黄河上游、长江上游并列为全国三大水电基地，是国家近期重点开发的区域。①

（三）土地资源状况

据广西年鉴（2015 年卷）显示，2014 年广西壮族自治区土地总面积 2376.29 万公顷，其中耕地 442.24 万公顷，占土地总面积的 18.61%；园地 108.94 万公顷，占 4.58%；林地 1332.08 万公顷，占 56.06%；草地 111.37 万公顷，占 4.69%；城镇村及工矿用地 86.9 万公顷，占 3.66%；交通运输用地 28.31 万公顷，占 1.19%；水域及水利设施用地 86.3 万公顷，占 3.63%；其他土地 180.15 万公顷，占 7.58%。②（表 1）这些土地资源为广西的社会经济发展提供了可靠有利的保障。

表 1　　　　　　　　　　广西土地资源利用现状

名称	耕地	园地	林地	草地	城镇村及工矿用地	交通用地	水域及水利设施用地	其他土地	合计
面积（万公顷）	442.24	108.94	1332.08	111.37	86.9	28.31	86.3	180.15	2376.29
比例	18.61%	4.58%	56.06%	4.69%	3.66%	1.19%	3.63%	7.58%	100%

资料来源：广西年鉴（2015 年卷）

（四）森林资源状况

广西森林资源丰富，造林树种众多，共有 1000 余种，由于高温多雨，林木速生丰产，具有很大的开发潜力。根据广西年鉴（2015 年卷）显示：2014 年，广西森林面积 1473.33 万公顷，森林

---

① 资料来源：广西百科信息网（http://gxi.zwbk.org/lemma-show – 1884.shtml#20）。

② 广西壮族自治区地方志编纂委员会：《广西年鉴·2015》，广西年鉴出版社 2015 年版，第 234 页。

覆盖率 62.08%，位居国内各省份第 4 位，活立木蓄积量 6.8 亿立方米，林业产业总产值 3850 亿元，林下经济面积 306.67 万公顷，产值 610 亿元①。据中国科学院南方队研究，在适宜条件下广西林区林木的平均生长量为 0.5 立方米/亩·年，而东北林区为 0.17 立方米/亩·年，西南林区为 0.12 立方米/亩·年，广西林木的平均生长速度为东北林区的 3 倍，西南林区的 4 倍；林木达到工艺成熟的时间，广西约 20—30 年，东北林区 50—60 年，西南林区需 80 年以上。广西的林副产品种类众多，多数是大宗的传统出口物资。其中产量居全国第一位的有八角、茴油、桂油；居第二位的有松香、栲胶、紫胶、白果、桂皮；居第三位的有杉木、油茶、木耳。②另外，广西共有批建各级森林公园 51 处，其中国家级 20 处，自治区级 26 处，县（市）级 5 处，森林公园总面积 25.84 万 hm²，占国土面积的 1.09%；开展生态旅游的林业自然保护区 21 处，总面积 25.84 万 hm²；建立了 3 处国家级湿地公园。2012 年森林旅游接待人数 2873.5 万人次，森林旅游直接收入 44.16 亿元。③

（五）海洋资源状况

广西南临北部湾，管辖海域面积 4 万平方千米，大陆海岸线 1595 千米。广西海岸线曲折，溺谷多且面积广阔，天然港湾众多，沿海可开发的大小港口 21 个，滩涂面积约 10 万公顷，其中有面积占全国 40% 的红树林，总面积 5654 平方千米。北部湾不仅是中国著名的渔场，也是世界海洋生物物种资源的宝库，生长有已知鱼类 500 多种、虾类 200 多种、头足类近 50 种、蟹类 190 多种、浮游植物近 140 种、浮游动物 130 种，举世闻名的合浦珍珠也产于这一带

---

① 广西壮族自治区地方志编纂委员会：《广西年鉴·2015》，广西年鉴出版社 2015 年版，第 190 页。
② 资料来源：广西百科信息网（http：//gxi. zwbk. org/lemma-show – 1868. shtml）。
③ 童德文等：《广西森林可持续经营现状及对策探讨》，《福建林业科技》2015 年第 3 期。

海域。[①] 2014 年，广西全年海洋生产总值 926 亿元，比上年增长 9.1%，占广西地区生产总值的 5.9%。海洋第一产业增加值 166 亿元，第二产业增加值 357 亿元，第三产业增加值 403 亿元。海洋三次产业结构比例为 17.9∶38.6∶43.5。[②]

二　广西生态资源开发和利用面临的主要问题

（一）广西水资源开发利用面临的主要问题

1. 水资源利用的效率和效益问题

据《2015 年广西壮族自治区水资源公报》显示："2015 年广西人均（常住人口，下同）综合用水量为 624m³，比 2014 年减少 23m³，万元 GDP（当年价）用水量为 178m³，比 2014 年减少 18m³，万元工业增加值（当年价）用水量为 88m³，比 2014 年减少 6m³，农田灌溉亩均用水量为 873m³，比 2014 年减少 43m³，农田灌溉水有效利用系数为 0.465，比 2014 年提高 0.019。城镇人均生活用水量（含公共用水）335L/d，比 2014 年增加 2L/d，农村人均生活用水量 131L/d，比 2014 年减少 4L/d。"[③] 而 2015 年，全国人均用水量 450m³，万元国内生产总值用水量 104m³，万元工业增加值用水量 58m³。[④] 通过比较可以发现，尽管广西水资源丰富，2015 年的利用效率和效益比 2014 年有了明显的提高，但是和全国的用水指标相比，工农业节水和城乡生活节水之间还有不小的空间。如果不继续提高水资源利用的效率和效益，必然会给广西水资源的生态承载带来巨大的压力，制约和破坏水资源的保障供给。

---

① 广西壮族自治区地方志编纂委员会：《广西年鉴·2015》，广西年鉴出版社 2015 年版，第 35 页。

② 同上书，第 237 页。

③ 广西水利厅：《2015 年广西水资源公报》，广西水利信息网（http://www.gxwater.gov.cn/Web/ArticleShow.aspx？ArticleID=26921）。

④ 中华人民共和国国家统计局：《中华人民共和国 2015 年国民经济和社会发展统计公报》，新华网（http://www.sh.xinhuanet.com/2016-03/01/c_135142857.htm）。

2. 水环境安全问题

2015 年广西废污水排放总量为 38.4 亿 m³，其中工业污水排放量为 19.7 亿 m³，占 51.2%；城镇居民生活、第三产业和建筑业污水排放量为 18.7 亿 m³，占 48.8%。2015 年，广西规模以上（排放量 300m³/d 或 10 万 m³/a 及以上）入河排污口保有数达到 601 个，监测入河排污口数为 265 个。2015 年对南宁、柳州、桂林、梧州、贺州、玉林、贵港、百色、钦州、河池 10 个设区市的 13 个城市重点入河排污口的废污水进行水质评价，13 个入河排污口全年期、汛期、非汛期水质达标的入河排污口达标率分别为 75.0%、76.9% 和 76.9%。除少数城市入河排污口未达到污水排放标准外，大部分城市入河排污口水质均达标，主要超标项目为化学需氧量、pH 值、悬浮物等。① 这说明，随着广西以机械、制糖、建材、有色金属为支柱产业的完整工业体系的初步形成，以及企业的发展和产业链的拉长，污水废液的排放治理不容小觑。

3. 水资源调控能力有待提高

由于种种原因，广西的水利基础设施建设历史欠账较多，致使一些地方在汛期有水留不住，造成水资源因无法调控而不能进行有效的利用。而在春冬季节，桂中地区旱片和大石山区又因得不到补给而导致干旱缺水。据《2015 广西水利发展统计公报》显示："全区已建成江河堤防 3966.62 万公里，累计达标堤防 1637.38 万公里，堤防达标率为 41.28%；其中一、二级达标堤防长度为 119.18 万公里，达标率为 80%。"② "全区已建成江河堤防保护人口 1101.83 万人，保护耕地 283.75 千公顷。全区已建各类水闸 4229 座，其中大型水闸 49 座。在全部已建水闸中，河湖引水闸 663 座，

① 广西水利厅：《2015 年广西水资源公报》，广西水利信息网（http://www.gxwater.gov.cn/Web/ArticleShow.aspx?ArticleID=26921）。
② 广西水利厅：《2015 年广西水利统计公报》，广西水利信息网（http://www.gxwater.gov.cn/Web/ArticleShow.aspx?ArticleID=26975）。

水库引水闸 805 座。"① 与此同时,《2015 广西水利发展统计公报》还显示:"全区农田因旱受灾面积 159.99 千公顷,成灾面积 79.01 千公顷,直接经济损失 7.14 亿元。全区因旱累计有 13.17 万城乡人口、4.68 万头大牲畜发生临时性饮水困难。"② 这说明,广西还要继续把加快水利建设作为稳定增长的重要抓手,把实现水利事业更好更快发展摆在更加突出的位置。

(二) 广西土地资源开发利用面临的主要问题

土地资源是生物生存的基础,是人们的生产生活的依托,也是对人类影响最为深远的资源类型。土地资源利用的合理性直接关系到经济社会发展的可持续性。然而,随着广西经济社会的快速发展,使得土地资源的保护面临着严峻的挑战。

1. 耕地保护问题

广西历来是"八山一水一分田",耕地面积少且大多数为中低产耕地。据《2015 年广西壮族自治区环境状况公报》显示:"2015 年年末,全区耕地面积为 440.52 万公顷,占全区土地总面积 18.54%。其中水田面积 195.65 万公顷,占全区耕地面积 44.41%;旱地面积 244.53 万公顷,占全区耕地面积 55.51%;水浇地面积 0.33 万公顷,占全区耕地面积 0.08%。耕地面积比 2014 年减少 5173.47 公顷,其中水田减少 2395.11 公顷,旱地减少 2725.43 公顷,水浇地减少 52.93 公顷。"③

另据《广西壮族自治区国土资源"十三五"规划》显示:"2015 年全区人均耕地仅为 1.38 亩,低于全国平均水平。'十二五'期间全区非农建设占地水田面积 1.69 万公顷,而补充的耕地

---

① 广西水利厅:《2015 年广西水利统计公报》,广西水利信息网（http://www.gxwater.gov.cn/Web/ArticleShow.aspx?ArticleID=26975）。

② 同上。

③ 广西壮族自治区环境保护厅:《2015 年广西壮族自治区环境状况公报》,《广西日报》2016 年 6 月 3 日第 6 版。

绝大部分为旱地,优质耕地减少过快,适宜开发的耕地后备资源匮乏"。"另外,国家继续实施耕地'占优补优''占水田补水田'政策,受资源条件和资金不足等影响,耕地提质改造、耕作层剥离利用等工程推广难度大,耕地占补平衡压力有增无减。"①

近年来,随着广西经济社会的快速发展,各类建设用地需求增大,企业的扩张、居住条件的改善、基础设施和重点项目的建设等也都需要占用一定量的农业用地,因而广西耕地保护的压力增大。

2. 水土流失问题

广西是一个山地广布的自治区,降水充沛且相对集中,致使水土流失较严重。据《广西壮族自治区第一次水利普查公报》显示:"土壤侵蚀总面积 5.0536 万 km^2,按侵蚀强度分,轻度 2.2633 万 km^2,中度 1.4395 万 km^2,强烈 0.7371 万 km^2,极强烈 0.4804 万 km^2,剧烈 0.1333 万 km^2。"② 水土流失一方面会使得土地的土壤养分流失、肥力下降,甚至是直接破坏土地资源导致耕地减少;另一方面所产生的沙石和崩塌滑坡极易引发山洪、泥石流等自然地质灾害。近年来,广西高度重视水土流失问题,据《2015 广西水利发展统计公报》显示:"截至 2015 年年底全区累计水利部门完成水土保持及生态工程完成规模达 16.99 亿元,其中 2015 年水土保持及生态工程完成规模达 4.43 亿元。2015 年全区新增水土流失综合治理面积 1755 平方公里。2015 年水利部门治理水土流失面积新增 828 平方公里,其中实施生态封育保护面积 739 平方公里,水土流失重点防治工程得到加强。重点生态脆弱区得到有效的治理和保护。"③ 水土保

---

① 广西国土资源厅:《广西壮族自治区国土资源"十三五"规划》,广西国土资源厅门户网站(http://www.gxdlr.gov.cn/uploads/20161201/b8d3bad29ae945e093803604c3a84c29.pdf)。

② 广西水利厅、广西统计局:《广西壮族自治区第一次水利普查公报》,《广西日报》2013 年 5 月 21 日第 7 版。

③ 广西水利厅:《2015 年广西水利统计公报》,广西水利信息网(http://www.gxwater.gov.cn/Web/ArticleShow.aspx?ArticleID=26975)。

持是生态文明建设的重要内容，如何保持和扩大水利发展的这种良好势头，是当前形势下广西生态文明建面临的一个问题。

3. 石漠化问题

石漠化是石质土地的荒漠化，又称喀斯特石漠化，是岩溶地区土地退化的极端形式。广西是岩溶地貌发育的典型地区，也是石漠化最严重的地区之一。据《2015 年广西壮族自治区环境状况公报》显示："全区石漠化土地面积 192.6 万公顷，其中轻度 27.5 万公顷，占 14.3%；中度 56.7 万公顷，占 29.4%；重度 99.9 万公顷，占 51.8%；极重度 8.6 万公顷，占 4.5%。潜在石漠化土地面积 229.3 万公顷。2015 年石漠化地区完成人工造林 0.3 万公顷、封山育林 3.7 万公顷。"[①] 石漠化对广西的生态、社会、经济危害极大，严重影响生态环境，阻碍广西的社会经济发展，加剧石漠化地区的区域贫困。石漠化治理是广西当前一项艰巨的生态建设任务。

（三）广西森林资源开发利用面临的主要问题

1. 森林资源利用率问题

广西拥有丰富森林资源，其高温多雨的亚热带气候非常适应森林资源的生长，这是其天然的优势。但在经济发展的洪流中，广西的经济发展水平显得相对落后，广西的林业人才储备不足、技术创新能力相对薄弱、科技成果推广转化率较低，使得广西森林资源利用率和综合利用水平较低，存在资源浪费现象。据相关数据显示，至 2012 年，广西乔木林平均单位面积蓄积仅为 $58.3 \mathrm{m}^3 \cdot \mathrm{hm}^{-2}$，远低于全国平均 $86 \mathrm{m}^3 \cdot \mathrm{hm}^{-2}$ 的水平。乔木林的平均郁闭度只有 0.58，广西现有低产林约 146.5 万 hm^2，占林地面积 14.2%，林地的生产潜力还没有得到充分发挥。[②]

---

① 广西壮族自治区环境保护厅：《2015 年广西壮族自治区环境状况公报》，《广西日报》2016 年 6 月 3 日第 6 版。

② 童德文、杨承伶、谭一波：《广西森林可持续经营现状及对策探讨》，《福建林业科技》2015 年第 3 期。

2. 森林资源的可持续性发展问题

广西优越的天然因素使得其森林资源生长迅速，且生长量也相对较大，森林资源的可持续发展具有得天独厚的优势。但近年来，广西经济的快速发展对森林资源的需求量日益增多，但森林资源生长量有其自身规律，不可能短时期内快速增长，这就使得广西森林资源的可持续性发展功能减弱，大大影响了广西地区的生态状况。

3. 林业自然保护区问题

推进生态文明建设，就是要求保护生态环境、改善生态环境和保护生物多样性。建立自然保护区是保护生态环境、自然资源和生物多样性的有效措施。广西经过 50 多年来的发展，已建立各种类型林业自然保护区 62 处，面积 131.4 万 hm²，仅占广西国土面积的 5.5%，占广西林地总面积 1593.3 万 hm² 的 8.2%，有效地保护了 90% 以上的陆地生态系统类型、90% 的国家重点保护野生动物种类、82% 的国家重点保护野生植物种类、31% 的红树林湿地，成为维护广西生态安全的重要支撑，生物多样性保护的重要基地，为广西山清水秀的生态美做出了重要贡献。[①] 虽然广西林业自然保护区建设取得了重大成就，但是，林业自然保护区资金投入不足、基础设施建设薄弱的问题依然十分严峻。"十二五"前三年国家和自治区对广西林业自然保护区的年均投入仅为 3000 万元左右。广西林业系统 62 处自然保护区中，仅 47 处自然保护区拥有办公用房，立有界桩的保护区仅 15 处，建有宣传、标志牌的保护区仅有 26 处，保护区办公设备、交通和通信设备、护林防火防病虫害设备、野生动物救护设备、警用办案设备等管理设备较缺，无法提高保护区的保护管理水平，无法保证生物多样性保护管理的效果。[②]

---

① 黎德丘等：《浅析广西林业自然保护区和生态文明建设》，《广西林业科学》2014 年第 2 期。

② 同上。

（四）广西近岸海域环境面临的主要问题

广西近岸海域海水环境质量总体为优，据《2015 年广西壮族自治区环境状况公报》显示："44 个监测站位中，达到《海水水质标准》（GB 3097—1997）第一、二类水质比例为 90.9%，比 2014 年上升 9.0 个百分点；海水环境功能区达标率为 90.9%，比 2014 年上升 6.8 个百分点。"[1] 广西近岸海域沉积物质量优良。据《2015 年广西壮族自治区环境状况公报》显示："44 个监测站位沉积物均达到《海洋沉积物质量》（GB 18668—2002）第一类标准，与 2014 年持平；按环境功能区达标率为 100%。"[2] 重点保护的红树林生态系统和珊瑚礁生态系统保持稳定，处于健康状态。海洋自然保护区内的珍稀濒危物种和生态环境能够得到有效的保护。重点海水浴场和滨海旅游度假区环境质量良好，海水增养殖区环境质量能满足养殖活动要求。海洋入侵及土壤盐渍化范围和程度有所降低。随着广西海岸带的加速开发、滨海工业及港口的加快建设、海洋资源利用的不断深入和海洋经济的快速发展，极大地促进了广西沿海对外开放的整体水平和沿海经济发展。与此同时，随着北部湾海洋开发利用活动的频繁和范围的扩大，近海生态环境面临不小的压力。

1. 近海水体总体为优，但少量区域存在较重污染

据广西壮族自治区环境保护厅公布的《2017 年 1 月广西近岸海域水环境质量月报》显示："2017 年 1 月，广西近岸海域水质优。一类水质海域占比 87.5%，二、三类水质占比均为 6.2%。一、二类水质占比 93.8%，环比上升 6.2 个百分点，同比不变。环境功能区达标率为 93.8%，环比上升 6.2 个百分点，同比不变。"[3] 但是，在少量区

---

① 广西壮族自治区环境保护厅：《2015 年广西壮族自治区环境状况公报》，《广西日报》2016 年 6 月 3 日第 6 版。

② 同上。

③ 广西壮族自治区环境保护厅：《2017 年 1 月广西近岸海域水环境质量月报》，广西环保厅门户网站（http：//www.gxepb.gov.cn/xxgkml/ztfl/hjzljc/szlxx/201702/t20170210_200003618.html）。

域存在较重污染。据广西壮族自治区环境保护厅公布的《2016 年广西近岸海域丰水期海水监测信息公开表》显示，46 个站位中，劣四类水质有 6 个，超二类标准因子主要为 pH、活性磷酸盐、无机氮。①

2. 近海沉积物个别区域受到污染

广西近海沉积物环境良好。多数站位为二类沉积物质量；部分站位的镉、有机碳、硫化物和石油烃超过一类沉积物标准；其余均符合一类标准。但是广西潮滩底质沉积物中总磷和铜的超标情况最为严重，分别为 21.43% 和 20.73%，其余元素的超标情况相对较轻，超标率均低于 10%。②

3. 入海河流排污没有得到有效遏制

据媒体报道："据监测，我区近岸海域环境受地表径流及其携带入海污染物的影响波动明显，汛期陆源入海污染物导致沿海 12 个站位中 6 个站位超标。虽然北海、钦州、防城港、玉林对全流域流经本市的河流进行了流域整改，但对跨流域河流均不够重视。如茅岭江跨防城港、钦州两市，上游有炼钢厂、纸浆厂及洗矿厂等，入海口是采矿船及航运主要作业区。茅岭江入海口海域全年自动监测 245 天，超标 183 天，超标率达 75%，该海域常年处于劣四类水质，是全区唯一枯水期水质超标的海域。"③

三 广西生态产业发展面临的主要问题

(一) 生态农业

作为农业仍占相当比重的西部省区，广西把生态农业作为统筹

---

① 广西壮族自治区环境保护厅：《2016 年广西近岸海域丰水期、平水期海水监测信息结果发布》，广西环保厅门户网站（http://www.gxepb.gov.cn/xxgkml/ztfl/hjglywxx/jcgl/201701/t20170117_ 200003396. html）。

② 刘宗超、贾卫列：《广西生态文明与可持续发展》，中国人事出版社 2015 年版，第 222 页。

③ 人民网：《广西海域海水质量正在下降 目前存在六大环境问题》，http://gx. people. com. cn/n/2015/0624/c179430 - 25343529 - 4. html。

农村经济、全面推进农村小康建设的突破口。根据《广西现代特色农业示范区建设（2016—2017年）行动方案》显示："在2015年年底基本建成自治区级示范区30个的基础上，到2016年基本建成自治区级示范区60个、县级100个、乡级100个；到2017年基本建成自治区级示范区100个、县级200个、乡级300个。"① 生态农业成为全区三大主打农业之一。近年来，广西按照大生态、大产业、大循环、大发展、快致富的思路，创立了各种生态农业模式，其中常见的、较为典型的、且推广面积较大的模式有：（1）"养殖＋沼气＋种植"三位一体模式；（2）"猪＋沼＋果＋灯＋鱼＋捕食螨＋生物有机肥"模式；（3）"猪＋沼＋菜＋灯＋鱼＋黄板"模式；（4）"稻（免耕抛秧）＋灯＋鱼"模式；（5）以"观农景、品特色、农家乐、风情游"为一体的休闲观光生态农业模式，等等。各地从实际出发，因地制宜，农业产业正朝着高产、优质、高效的方向发展。尽管如此，生态农业建设过程中还是存在一些不可忽视的问题。

1. 支撑和保障体系不完善

首先，生态农业建设是一项系统工程，涉及能源、环保、农田水利工程和国土整治等多个领域，这些都需要大量的资金投入，广西地属西部少数民族地区，经济发展水平低，生态农业建设资金短缺，大量的生态农业建设未能全面展开。其次，生态农业作为一种复合的农业系统，对从业人员的素质、技术和管理水平提出了更高的要求，在广西依靠提高劳动者素质和科技进步创新促进生态农业发展的基础还有待夯实。最后，支撑广西生态农业发展的农业社会化服务体系建设滞后，具体表现为农村金融体系不健全、金融供给不足，

① 广西壮族自治区人民政府办公厅：《广西壮族自治区人民政府办公厅关于印发广西现代特色农业示范区建设（2016—2017年）行动方案的通知（桂政办发〔2015〕127号）》，广西壮族自治区人民政府门户网站（http://www.gxzf.gov.cn/zwgk/zfgb/2016zfgb/2016_gb_05/zfwj/201603/t20160330_486040.htm）。

农业信息咨询和服务渠道狭窄，农技推广机构作用非常有限，等等。

2. 规模化、产业化水平不高

当前分散化的家庭农业经营仍然是广西农业主导的经营模式，受规模限制使得农户与市场的联系缺乏，与其他行业、产业部门之间的协作难以形成，在一定程度上也影响了物质、能量和信息的多级转化利用。造成生态农业生产链短、规模小、平均成本高、抗风险较弱、整体效益差，生态农业规模化和产业化的优势还远没有显现出来。

3. 集聚和规模效应不够明显

广西生态农业种养结构和品种结构比较单一，产品粗加工多、精加工少，注重产量而忽视品质，对品牌创建不够重视。再加上缺乏具有较强市场竞争能力的产业化重点龙头企业，使得生态农业的示范、带动和辐射能力不强，难以形成集聚和规模效应。

(二) 生态工业

1. 产业结构方面

就广西的工业企业实际情况来看，柴油内燃机、轮式装载机、微型汽车、食糖等市场占有率居全国前列，工业主导作用进一步增强。同时自治区政府高度重视生态工业发展，明确提出广西的"五区"（即西部经济强区、民族文化强区、社会和谐稳定模范区、生态文明示范区、民族团结进步模范区）建设和"14＋4"的产业振兴规划，重点发展14个千亿元产业和四大新兴产业（即新能源、新材料、节能与环保、海洋）。尤其是"生态文明示范区"战略的提出和四大新兴产业的发展为广西工业发展指明了方向。与此同时，广西工业产业生态化发展也存在一些问题。广西虽不乏有中国铝业广西分公司、东园家酒、南糖、贵糖等综合利用产值规模及技术均处于国内领先水平的生态示范企业，但由于传统发展模式惯性大，高能耗企业在广西区内仍占一定的比重，仍需大力发展新兴替代产业、非资源型产业和高新技术产业，尽快优化产业结构。

2. 生态工业园区建设方面

目前，广西经批准建立的国家级、省级工业园区总数增为 32 个，其中南宁市 7 个，北海市 4 个，柳州市、桂林市、钦州市和玉林市各 3 个，崇左市、梧州市各 2 个，贵港市、河池市、百色市、贺州市、防城港市各 1 个。2015 年，全区工业园区工业总产值达到 1.96 万亿元，较 2010 年增长 2.04 倍，工业园区增加值达到 5284 亿元，增长 1.89 倍，占全区工业增加值的比重达到 83.4%。千亿元园区从无到有，南宁高新技术产业开发区、柳州高新技术产业开发区工业总产值相继突破千亿元，超 500 亿元园区达到 9 个。柳州汽车城、钦州石化产业园等一批专业特色园区迅速成长，产城互动发展初见成效。① 2010 年，广西区环保厅结合循环经济综合循环利用、废物排放和环境状况、环境保护等要求，对全区已规划或拟规划建设的生态工业园区、进口再生资源加工利用园区进行规划和编制研究，重点规划建设 9 家生态工业园区，即南宁市广西—东盟经济生态工业园区、玉林龙潭进口再生资源加工利用园区、贵港国家生态工业（制糖）示范园区、贺州（华润）循环经济工业园区、梧州进口再生资源加工园区、百色生态铝工业基地、河池有色金属采选加工基地、钦州市石化园区及中国石油广西石化公司一期 1000 万吨炼油项目基地，大力推进循环经济建设。近年来，这些生态工业园区在清洁生产、减少污染、增加工业产值、扩大生态效应等方面均取得了可喜成效。② 与此同时，广西生态工业园区建设也面临着产业结构趋同明显，企业产业链短、规模小，企业之间的关联度和规模效应不够明显等问题，需要引起各方高度重视。

---

① 广西壮族自治区人民政府办公厅：《广西壮族自治区人民政府办公厅关于印发广西工业和信息化发展"十三五"规划的通知（桂政办发〔2016〕140 号）》，广西壮族自治区人民政府门户网站（http://www.gxzf.gov.cn/zwgk/zfwj/zzqrmzfbgtwj/2016gzbwj/201611/P020161121400005484243.pdf）。

② 蒋和平：《广西工业园区循环经济建设路径研究》，《学术论坛》2015 年第 1 期。

（三）广西生态旅游产业发展的优势与面临的问题

1. 广西生态旅游产业发展的优势分析

旅游业是天然的绿色产业和朝阳产业，是服务业的引领产业，覆盖了服务业的众多行业和门类，发展旅游业尤其是生态旅游，有利于优化资源配置，缓解经济增长与资源环境之间的矛盾，减少经济发展的资源环境压力，形成经济发展的倍增效应。独特的地理优势、丰富的旅游资源、各具特色的民俗风情、多样化的旅游产品使广西成为生态旅游业的一座宝库。广西更应该利用和充分发挥自身优势大力发展旅游业，通过旅游产业转型升级，做大做强广西生态旅游产业，从而带动广西服务业上规模、上水平。总的来说，广西发展生态旅游业有以下几个方面的优势：

第一，资源优势。生态旅游资源是开展生态旅游活动的物质基础和载体，广西位于我国南部，气候舒适宜人，地貌类型多样，民族风情独特，自然生态资源和文化生态资源种类齐全，已初步形成山水风光、滨海度假、边关揽胜、民族风情、长寿养生等一批旅游品牌，成为我国生态旅游资源类型较为丰富多样的省份。一方面，广西自然景观资源丰富多样。广西气候温热，雨水充沛，森林丰茂、山清水秀，拥有丰富的生物资源和良好的生态环境，如以"桂林山水甲天下"为代表的喀斯特山水风光；号称"天然氧吧"的金秀大瑶山、武鸣大明山风光；以北海银滩为代表的滨海景观等构成了广西得天独厚的自然生态旅游资源。另外，广西的动植物资源十分丰富，有无数奇花异草和珍禽异兽，它们也是极具观赏价值的、宝贵的生态旅游资源。另一方面，广西历史文化资源绚丽多彩。广西是我国少数民族聚居最集中的地区之一。在源远流长的历史和长期的生产生活中，世世代代生活在这里的各个民族创造出丰富的民族特色文化，形成了各自的民俗风情，如不同民族的宗教哲学，具有民族特色的建筑、语言、服饰、饮食，拥有各种美丽传说的传统习俗和民族节日等，这些独具特色而又古老的传统民族习俗和民族文化不仅构成了民族旅游资源的多样性，也形成了广西独具优势的人文旅游资源，吸引了大批国内外游客。另外，广西的长寿养生资源特色明显，以"长寿之乡、人瑞之地"著称，以健身、疗养、康体需求为主打的巴马长寿养生国际旅游区作为国际旅游目的地闻名世界；广西红色旅游资源丰富，境内的革命斗争文物、纪念遗址众多，主题突出，是人们瞻仰参观、缅怀历史和进行爱国主义和理想信念教育的重要基地。

第二，基础优势。生态旅游业作为第三产业，其区位条件和基础设施的完善对于产业本身的发展具有重要作用，广西的优势主要表现在：一是区域比较优势明显。从地理位置来看，广西背靠大西南，临近粤港澳，面向东南亚，处在大西南出海大通道之上，位于华南经济圈、西南经济圈和东盟经济圈的交汇之处，是联结大西南与粤港澳、东南亚的重要通道，发展旅游业具有独特的区位优势和巨大的客源市场。从旅游目的地网络区位来看，广西周边分布着昆明、贵阳、长沙、广州、海口等众多知名的旅游目的地，这些地区和广西不仅距离近，而且在资源、客源方面又有很强的互补性。同时，区域地理位置奠定了同越南、缅甸、柬埔寨、老挝和泰国等东盟国家旅游经济合作的基础。随着泛北部湾经济合作与大湄公河次区域合作的展开，中国—东盟自贸区的建成，广西与东盟各国间的旅游合作迈上了一个新的台阶。二是交通网络基础逐步完善。据《广西统计年鉴 2016》显示：2015 年广西高速公路通车里程达4288 公里，内河码头长度 23451 米，广西北部湾港码头长度 35937 米，铁路营业里程 5086 公里。[1] 已建成 6 个民航机场，以及"一轴四纵四横"铁路运输网络主动脉，形成了海陆空立体化交通格局。三是产业规模不断扩大。近年来广西旅游产业规模迅速扩大，旅游

---

[1]　广西统计局：《2016 年统计年鉴》，广西统计局门户网站（http://www.gxtj.gov.cn/tjsj/tjnj/2016/indexch.htm）。

景区（点）、宾馆饭店、旅游交通、旅游购物、娱乐等设施完善，配套齐全。据《广西统计年鉴2016》显示：2015年广西共有旅行社638家，星级饭店466家，5A级旅游景区4个、4A级旅游景区132个。2015年接待入境旅游人数4500562人次，国内游客人数33661万人次；国内旅游收入3136.4亿元，国际旅游外汇收入19.17亿美元，旅游总收入3254.2亿元。①

第三，政策优势。2008年10月国家出台的《全国生态旅游发展纲要（2008—2015年）》指出中国发展生态旅游的原则、方向、目标及保障措施，并提出"生态文明呼唤生态旅游"。2011年国家"十二五"规划纲要提出"全面推进生态旅游"，生态旅游成为国家旅游业发展的主要方向。依托全国旅游产业的转型升级的契机，广西继2010年12月自治区政府作出《关于加快建设旅游强区的决定》之后，2013年自治区政府先后出台《关于加快旅游业跨越发展的决定》《加快旅游业跨越发展的若干政策》等相关文件，提出支持有条件的地方发展生态旅游，到2020年使广西成为全国一流、世界知名的区域性国际旅游目的地和集散地。② 另外，自治区对旅游相关项目的投入已明显加大，2013年自治区本级旅游发展资金比2012年增长了3倍多。同时，金融机构注入旅游的资金也逐渐增大。2013年，广西旅游部门分别与中国人民银行南宁中心支行、建设银行广西分行、中信银行南宁分行、广西农村信用社联社等签订框架合作协议；与广西金融投资集团签订《广西担保基金》合作协议；与中国人民银行共同制定印发了《关于金融支持广西旅游业发展的实施方案》。广西各级金融部门加大对旅游重大项目扶持。

---

① 广西统计局：《2016年统计年鉴》，广西统计局门户网站（http：//www.gxtj.gov.cn/tjsj/tjnj/2016/indexch.htm）。

② 刘静静：《论广西生态旅游》，《环境与发展》2015年第2期。

这一投资趋势，为旅游区开发奠定了融资基础。① 政府的重视和政策的支持、扶持对提高广西旅游产业的整体竞争力，推进旅游发展方式的转变无疑起着重要的作用。

2. 广西生态旅游产业发展面临的问题

广西生态旅游业历经多年的发展，已初步实现从旅游资源大省到旅游产业大省的历史性跨越，并向着旅游经济强省迈进。总体而言，广西有发展生态旅游产业的独特优势，也存在着不少制约因素。第一，生态旅游富集区主要集中在大石山区、边境地区、革命老区、水库库区和少数民族聚居区，这也是广西落后贫困地区的主要集中区。由于旅游投入不足，旅游基础设施和配套设施薄弱，致使一些非常具有开发潜力的生态旅游资源至今仍处于"养在深闺"的状态，不被世人所熟知。第二，广西第三产业比重偏低。《2015年广西壮族自治区国民经济和社会发展统计公报》的数据显示："2015年，广西第一、第二、第三产业增加值占地区生产总值的比重分别为15.3%、45.8%和38.9%。"② 其中第三产业占GDP比重与全国相比低了11.6个百分点。旅游业过于依赖丰富的自然旅游资源和观光旅游产品，文化挖掘深度不够，产品结构单一且同质化明显，产业融合度不高，形象特色不够鲜明。第三，对生态旅游理解错误，生态旅游理念在实践中被泛化甚至庸俗化了。一些地方存在粗放式开发思想，对生态旅游的可持续发展的观念理解不够彻底，片面强调旅游的经济价值，低估了环境破坏、生态失衡后带来的反作用力。第四，在生态旅游经济实践中，由于各个主体中追求的目标都不相同，造成主体之间存在着一定的利益冲

---

① 韦义勇：《构建黔桂喀斯特世界自然遗产地走廊（广西）国际旅游目的地的思考》，《桂海论丛》2015年第5期。

② 广西统计局、国家统计局广西调查总队：《2015年广西壮族自治区国民经济和社会发展统计公报》，广西统计局门户网站（http://www.gxtj.gov.cn/tjsj/tjgb/qqgb/201604/t20160417_121817.html）。

突。加上生态旅游区中当地社区参与的广度和深度都十分有限，如果利益协调不到位将不利于生态旅游地的生态环境保护和生态旅游的可持续发展。

第二节 广西低碳经济和低碳生活的基本状况

一 广西低碳经济发展的基本状况

（一）广西低碳经济发展的成效

1. 污染减排任务超额完成

在全球低碳经济发展的大背景下，广西加大力度发展低碳经济，加大减排力度。2010 年，广西做出了发展节能环保工业经济和建设生态文明示范区的重大部署。广西自治区党委、政府出台了《关于做大做强做优我区工业的决定》及 40 个配套文件等政策措施，明确提出了实施"18 项技术改造工程""30 项技术创新工程"和创建百家应用信息技术实现节能降耗示范企业、百家应用信息技术实施循环经济建设企业的"双百工程"。"十二五"期间，广西持续深入地推进污染减排，主要污染物排放总量得到有效控制，2015 年，全区化学需氧量、氨氮、二氧化硫和氮氧化物排放量分别为 71.7 万吨、7.67 万吨、42.12 万吨和 37.34 万吨，分别比 2010 年削减 11.9%、9.2%、26.39% 和 17.22%，超额完成"十二五"期间国家下达的目标任务。广西主要开展了以下工作：实施产业结构调整优化，推行清洁生产技术改造，对煤炭消费实施总量控制；实施造纸、制糖、淀粉等行业深度治理；强力推进城镇生活污水处理设施及配套管网建设，新增城镇污水处理能力 150 万吨/日，新建污水管网 4922 公里，全区生活污水处理量达到 477.7 万吨/日，城镇污水处理率已突破 85%，比 2010 年增加了 14.4 个百分点；全面开展农业源污染减排工作，实施完成 3401 项规模化畜禽养殖改造项目；全面完成火电厂、水泥厂脱硫脱硝工程建设；机动车污染减排取得明显突破，累计淘汰黄标车 23 万辆；"十二五"时期落后产能淘汰任务提前一年完成。①

2. 清洁发展机制项目实现新突破

截至 2016 年 8 月 23 日，国家发展改革委批准的全部清洁发展机制（CDM）项目 5074 项，其中广西获得国家发改委批准的清洁发展机制（CDM）项目 128 个。② 截至 2015 年 7 月 14 日，在 EB 注册的全部 CDM 项目 3807 项，其中广西有 82 个。③ CDM 项目开发推动了应对气候变化的国际合作，在促进企业积极参与温室气体减排方面发挥了重要作用。

3. 新能源发展比较迅速

开发和利用新能源是促进低碳经济发展的重要途径之一。新能源的类型丰富，如太阳能、水能、风能、生物质能、地热能、海洋能，等等。目前，我国新能源行业已经在多个低碳产品和服务领域取得世界领先地位，新能源产业正呈现加速发展的势头。广西的太阳能光伏、风能、生物质能发电及其相关配套产业也得到迅速发展，开发利用新能源得到重视，新能源产业已经从单纯的开发利用，向产业链条延伸、产业集聚、规模发展的方面迈进，并逐步成为推动广西经济发展、促进就业的重要支撑。2006 年国家发改委将广西列入可再生能源利用示范省（区），这又为广西新能源产业发展奠定了重要基础。广西开发利用新能源起步虽然较晚，但发展比较迅速。

---

① 广西壮族自治区人民政府办公厅：《广西壮族自治区人民政府办公厅关于印发广西环境保护和生态建设"十三五"规划的通知（桂政办发〔2016〕125 号）》，广西壮族自治区人民政府门户网站（http://www.gxzf.gov.cn/zwgk/zfwj/zzqrmzfbgtwj/2016gzbwj/201611/P020161114397464386258.pdf）。
② 国家发改委应对气候变化司：《国家发展改革委批准的 CDM 项目（5074 个）》，中国清洁发展机制网（http://cdm.ccchina.gov.cn/NewItemAll0.aspx）。
③ 国家发改委应对气候变化司：《在 CDM 执行理事会成功注册的中国 CDM 项目（3807 个）》，中国清洁发展机制网（http://cdm.ccchina.gov.cn/NewItemAll1.aspx）。

从 1999 年开始，广西新建沼气池数量跃居全国首位，占全国年新增总量的 1/3。2015 年全区水电、火电、核电、风电、太阳能发电装机规模分别达 1640.2 万千瓦、1655.4 万千瓦、108.6 万千瓦、40.85 万千瓦和 9.65 万千瓦，占比分别为 47.5%、47.9%、3.1%、1.2% 和 0.3%，火电装机比重比 2010 年提高 6.9 个百分点，清洁能源装机比 2010 年增加 355 万千瓦。2015 年全区煤炭消费比重为46%，比 2010 年下降 7.8 个百分点；石油消费比重为 17.7%，比2010 年提高 1.1 个百分点；天然气消费比重为 1.1%，比 2010 年提高 1 个百分点左右；非化石能源占一次能源消费比重达 25%。[①]

4. 能源利用效率稳步提高

2015 年广西能源消费总量 9760.7 万吨标准煤，"十二五"时期年均增长 5.8%，比"十一五"时期降低 4.4 个百分点；全社会用电量 1334 亿千瓦时，年均增长 6%，比"十一五"时期降低 8.1个百分点。能源消费弹性系数为 0.57，电力消费弹性系数为 0.59，分别比 2010 年下降 32% 和 48%，单位生产总值能耗 0.631 吨标准煤（2010 年价），累计下降 18.1%。全面完成国家下达的目标任务。全区 6000 千瓦以上的火电机组每千瓦时供电煤耗由 2010 年的329 克下降到 2015 年的 319 克。电力行业二氧化硫、氮氧化物排放量累计削减 68.8% 和 57.9%。[②]

5. 绿色循环发展成效显著

"十二五"期间，广西按照绿色发展、循环发展、低碳发展理念，围绕打造循环经济示范省区，全力推进产业生态化、生态产业化的发展。到 2015 年，全区规模以上万元工业增加值能耗累计下降 33.2%，

---

① 广西壮族自治区人民政府办公厅：《广西壮族自治区人民政府办公厅关于印发广西能源发展"十三五"规划的通知桂政办发〔2016〕104 号》，广西壮族自治区人民政府门户网站（http：//www.gxzf.gov.cn/zwgk/zfwj/zzqrmzfbgtwj/2016gzbwj/201609/P020160927384778038657.pdf）。

② 同上。

超额完成"十二五"目标任务，万元工业增加值用水量累计下降53.4%，实现结构性节能763万吨标准煤。制糖、电解铝、火电、新型干法旋窑水泥、林板等资源型行业全面推行循环经济，相关企业循环经济主要技术指标达到国内一流、国际先进水平。工业固体废物综合利用率达到63%，制糖企业循环利用率达到90%以上，糖业综合利用产值占食糖产值的比重提高到40%，稳居全国第一。循环化改造重点园区达到13个，南宁、梧州、贺州、河池4个生态产业园区加快建设。累计培育超过90家工业循环经济示范（先进）企业，发布全国第一个工业行业循环经济评价考核地方标准。[①]

6. 林业碳汇优势明显

丰富的森林资源，是建设美丽广西的根基，也是发展生态经济的"家底"。截至2014年，广西林地总面积2366亿亩，活立木蓄积量6.8亿立方米，其中森林蓄积量6.47亿立方米，森林覆盖率62.1%，为全国平均水平的2.8倍，在全国排名第三。2014年全年完成造林面积299万公顷，其中人工造林有146万公顷，保持"十二五"以来年均增长约0.6个百分点的态势，年均增加森林面积达200多万亩。[②]

（二）广西低碳经济发展面临的主要问题

1. 向清洁低碳高效转型发展的压力较大

广西工业发展占据经济发展的主导地位，能源消耗大的产业主要是有色金属冶炼及压延加工业、黑色金属冶炼及压延加工业、化学原料及化学制品制造业、非金属矿物制品业、造纸及纸制品业、热力的生产和供应业、电力、农副食品加工业等，明显带有高碳特征。2015年广西能源消费总量9760.7万吨标准煤，其中煤炭、石

<hr>

① 广西壮族自治区人民政府办公厅：《广西壮族自治区人民政府办公厅关于印发广西工业和信息化发展"十三五"规划的通知桂政办发〔2016〕140号》，广西壮族自治区人民政府门户网站（http://www.gxzf.gov.cn/zwgk/zfwj/zzqrmzfbgtwj/201611/P020161121400005484243.pdf）。

② 廖戎戎：《快速城镇化背景下广西低碳经济发展路径研究》，《大众科技》2015年第8期。

油、天然气、非化石能源占比分别为 46%、17.7%、1.1%、30%。① 广西能源禀赋不足，能源利用的效率较低，并且广西正处于由工业化发展初期向中期转型，第二产业仍然是广西经济发展中最重要的产业，产业结构还不够合理。2015 年，广西第一产业、第二产业、第三产业的结构比例分别是 6.7%、52.2%、41.1%。可见，第三产业发展滞后，制约了产业结构的升级，并影响了能源利用效率。第二产业比重较大，能源消耗较多。在能源消费结构中，化石燃料是主要的能源消费，煤炭消费占比较高，如 2015 年，煤炭、石油等化石能源的比重分别为 46%、18%，水电及其他能源的比重为 36%。② 可见，能源消费结构仍以煤为主，向清洁低碳高效转型发展的压力较大。电力结构有待升级，水电装机容量占总装机容量比重接近 50%，受丰枯期季节性因素影响较大。新能源利用规模偏低，核电、太阳能发电仍处于起步阶段，风电、太阳能发电并网问题没有得到根本解决。广西烟尘、二氧化硫和二氧化碳主要是由燃煤排放的，广西当前正处在工业化中期的爬坡阶段中，这种以煤为主的能源结构还要延续一个阶段，这必将是广西向低碳经济转型发展的重要制约因素。广西的产业结构优化受到能源约束影响，低碳经济发展面临着优化能源消耗结构的问题。

2. 能源综合利用水平尚待提高

广西仍处于工业化中期阶段，产业结构偏重的特征短期难以根本改变，2015 年八大高耗能行业能源消费量占规模以上工业的比重达 92% 左右，但增加值仅占 50% 左右。③ 经济增长贡献与能源消

① 广西统计局:《2016 年统计年鉴》,广西统计局门户网站（http://www. gx-tj. gov. cn/tjsj/tjnj/2016/indexch. htm）。

② 同上。

③ 广西壮族自治区人民政府办公厅:《广西壮族自治区人民政府办公厅关于印发广西能源发展"十三五"规划的通知桂政办发〔2016〕104 号》,广西壮族自治区人民政府门户网站（http://www. gxzf. gov. cn/zwgk/zfwj/zzqrmzfbgtwj/2016gzbwj/201609/P020160927384778038657. pdf）。

费不匹配的矛盾突出。煤炭资源清洁高效利用水平不高，集中供热、分布式能源、能源互联网等高效能源利用方式尚未大规模推广。单位生产总值能耗、规模以上工业增加值能耗均高于全国平均水平，能源利用方式较为粗放，综合利用效率不高。低碳经济发展面临着能源综合利用水平有待提高的问题。

3. 低碳技术相对落后

低碳技术是低碳经济的"驱动力"，广西在低碳技术的研发能力，关键设备的制造能力，科技成果的转化、推广能力以及相关领域科技人才的储备和资金投入等方面相对比较落后，使得广西在能源开发利用和工业生产领域的生产技术水平相对落后，低碳经济的发展仍面临着很大的困难。2015 年全区高技术产业增加值达到 545 亿元，同比增长 16.9%，占同期规模以上工业增加值的比重为 8.6%。① 根据广西统计年鉴的数据显示表明，2015 年广西大中型工业企业共有 1465 个，但有科技活动的单位数仅为 139 个，其中与发展低碳经济相关的科技活动数量更少。相对而言，这些大中型工业企业已经是广西企业中资金和技术力量比较雄厚的单位了，但它们在科技方面依然表现平平，更不用说广大的小型工业企业了。

二 广西生态宜居城市建设的优势与障碍分析

（一）广西生态宜居城市建设的优势分析

1. 生态理念形成共识

多年来，广西坚持开展生态建设的宣传普及和实践活动，如水日主题宣传、义务植树活动、文明卫生城市、森林城市和园林城市创建活动，使城市生态理念和生态建设在市民中形成共识并成为自

---

① 广西壮族自治区人民政府办公厅：《广西壮族自治区人民政府办公厅关于印发广西战略性新兴产业发展"十三五"规划的通知桂政办发〔2016〕108 号》，广西壮族自治区人民政府门户网站（http://www.gxzf.gov.cn/zwgk/zfwj/zzqrmzfbgtwj/2016gzbwj/201609/P020160927393330846022.pdf）。

觉行动。

2. 良好的区位优势

广西位于中国南部，属低纬度地区，气候温暖且舒适宜人，因雨水丰沛，光照充足，常年花红柳绿，四季常春。另外，由于背靠大西南，毗邻粤港澳，连接东南亚，具有独特的综合区位优势，是我国西南的出海通道和连接东南亚国家的桥头堡，铁路、水运、公路、航空等优势均十分显著。

3. 丰富的文化资源

作为西部少数民族地区，广西山清水秀，民族风情各异，历史文化遗迹众多，各民族的文化传统中蕴含着丰富的生态文明思想和价值观念。同时，在长期的革命与建设实践中，广西各族儿女已经形成"忠诚守信、勤劳勇敢、务实苦干、开放创新"的广西精神，这些都为广西生态文明建设和创建生态宜居城市奠定了深厚的文化基础。

4. 环境质量不断改善

2015 年，广西环境质量继续保持良好并位居全国前列，全自治区环境空气质量优良天数比例为 88.5%，高出全国平均水平 10 个百分点；39 条主要河流的 72 个断面水质达标率为 93.1%，同比上升 1.4 个百分点，高出全国平均水平 29 个百分点；设区市集中式饮用水水源地水质达标率为 97.9%，县级城市为 93.7%；近岸海域海水Ⅰ、Ⅱ类水质占 90.9%，同比上升 9 个百分点，其中Ⅰ类为 77.3%，同比上升 6.8 个百分点；地下水位动态变化平稳，水质总体优良；城市功能区声环境良好，达标率总体上升①。良好的生态环境，是广西的金字招牌，也是广西加快发展的看家本钱，为广西拓展发展空间、增强发展后劲奠定了坚实基础。

---

① 孔晓梦：《强化生态立区理念，为绿色发展保驾护航——2015 年广西环境保护工作综述》，《中国环境报》2016 年 1 月 18 日第 4 版。

（二）广西建设生态宜居城市的障碍分析

1. 经济基础薄弱

相对于沿海发达地区，广西属于经济欠发达地区，经济总量较小，经济结构和布局不尽合理，产业层级水平较低；经济发展由劳动、资源密集型和数量规模型向技术密集型、资源节约型和质量效益型转变还有待取得质的突破。经济基础薄弱，制约了地方财政对城市建设的投入能力。另外，因为经济落后，地方经济发展的需求与国家重点生态功能区保护的限制矛盾容易凸显，个别地方往往选择经济发展，而对生态环境的建设和保护重视不够。

2. 城市基础设施有待优化

随着广西城市化加速、城市的快速扩张和城市人口的不断增加，城市建设中供给与需求之间的矛盾逐步显现，如城市的教育、住房、医疗、就业、养老等民生事业面临重大考验；交通、通信、环卫、防灾、信息化、供水供气、排水排污等市政公共服务与基础设施建设有待优化，支撑能力也有待提升。这些问题使得城市居民生活的舒适性和便利性受到限制，同时也严重制约着生态宜居城市的发展。

3. 城市能源资源面临瓶颈

城市化是当今世界最重要的经济社会现象，城市化进程中人口的密集、产业的集聚和城市规模的扩大给城市生态环境带来不小的压力。广西乃至全国所有的城市都属于紧凑密集型城市，城市的集聚效应使城市能源资源面临瓶颈，环境承载力和环境容量压力倍增。

4. 城市文化特色不够明显

文化是城市的灵魂，体现着一个城市的精神风貌。在城市文化建设上，一些城市对自身的历史文化资源宣传、保护、挖掘和开发力度不够，公共文化设施建设配套不足；部分城市居民的生态意识和环保意识还比较淡薄，参与度不高，公众对于生态城市建设的功效发挥有限；城市文化品位不高，建设风格千篇一律，缺乏自己的鲜明特色和韵味，尤其是广西一些原来颇具地方特色及民族特色的城市，没有很好地展现城市独特的风格和个性。

三 广西绿色消费的障碍性因素分析

（一）消费者的绿色需求消费意愿和能力不强

消费者是消费行为的主体，消费者的绿色消费能力是实现其绿色消费行为的关键因素。绿色消费属于一种比较高层次的消费方式，对消费能力提出了较高的要求，它要求消费者具有较强的绿色消费意愿和较高的收入水平。目前广西消费者在这两方面都存在不足。

一方面，广西属于西部欠发达地区，居民的收入水平整体不高。大部分人还没有足够的消费支付能力来支撑这种高质量、高层次的消费方式。受到经济收入的约束，他们可能更加倾向于对普通商品的购买。另外，广西城乡、不同区域的群体收入存在一定的差距，绿色消费大范围推广难度较大。另一方面，部分群众绿色消费观念还比较淡薄。实现绿色消费是以消费者拥有较高的生态环境保护意识和社会责任感为终极支撑的，受不良社会氛围和舆论导向的影响，奢侈消费、面子消费、快捷性消费等与国情区情不相适应的消费习惯和行为还有市场；一些人认为只有政府部门才操心公益，把环保的责任全部推到政府的头上，而自身则做着各种不利于环境的非理性行为；一些人认为绿色消费就是要抑制消费，过紧日子，那样会降低生活质量和生活水平。这都说明消费者的绿色生态环保意识离实现绿色消费的要求还有不小的差距，绿色消费观念还有待进一步深入人心。

（二）企业绿色消费产品供给面临瓶颈

相对于传统产业，绿色产品在生产和研发上都属于一个新的投资领域。尽管广西近年来先后建立了一系列符合广西区情，广覆盖、多层次的绿色产品体系，但绿色消费产品的供给仍然面临着瓶颈。一是广西绿色消费起步较晚，涉及或专门从事绿色产品生产的多为中小型企业，绿色产品的规模小，绿色产业实力弱，市场容量有限，难以形成规模效应，导致绿色消费产品生产难以在短期内占据主导。二是研发和生产绿色产品对于技术、人才和资金的要求较高。由于广西缺乏更多实力雄厚的大型企业的参与，受种种条件限制，企业对绿色产业的资金、研发、技术改造、宣传推广、员工培训等的投入有限，导致产品的知名度和竞争力低，培育绿色生产与消费的增长点都有相当难度。三是由于绿色产品的服务技术含量和要求较高，在开发前期难度大、成本高、周期长、风险高，如果没有外部的强力支持，必然会造成企业生产绿色产品的动力不足。四是由于市场认证、市场准入、市场流通和市场监管等制度还不够规范和完善，导致产品流通不畅，营商环境受损，也打击了生产者响应发展绿色消费号召的积极性。

（三）政府的主导作用发挥不够

由于绿色经济及绿色消费模式在我国和我区还处于起步和探索阶段，政府在引导绿色消费过程当中还存在着较多的不完善之处，主要表现在：

首先，绿色消费的政策法规体系还不够健全。专门鼓励企业、公民和社会组织实行绿色消费的政策法规还不多见，相关的法律法规大多数是原则性的；针对绿色消费的指导政策也相对缺乏；绿色消费权责不明，也在一定程度上影响了绿色消费的推进。

其次，绿色消费的管理机制不够完善。政府对发展绿色经济、绿色消费科学具体的规划比较缺乏；相关质量检查标准、配套的激励惩罚措施也不够具体；绿色产品的生产、质检、认证标准也不够统一；市场准入和监督管理机制还不够完善；政府在绿色消费基础设施建设中的投入有待增加；绿色消费信息网络系统和服务体系有待进一步完善。

最后，政府及有关部门对绿色消费的宣传力度有待加大。节约、生态、环保、低碳等绿色理念需要大力宣传，加强人们对发展绿色消费和绿色生活方式的认识。

第三节　广西生态补偿机制建设的现状与存在问题

构建生态补偿机制，是落实科学发展观，促进广西生态安全的必然要求，也是统筹区域协调发展和建设和谐社会的重要途径。在探索生态文明建设道路的同时，广西在生态补偿方面也进行了许多探索和试点工作，取得了一定成效，也存在一些问题。

一　广西生态补偿机制建设的现状

（一）制定和完善了相关政策法规

早在20世纪80年代，广西就开始进行生态文明的探索。2005年，广西与四川、贵州等西部地区省市就生态补偿等问题达成共识，积极进行实践，并取得一定的成效；2006年制定了广西森林生态补偿基金制度，规定了森林生态补偿标准、资金来源、监督主体等，并于同年出台了第一部生态公益林地方型法规《南宁市生态公益林条例》；2008年成立广西生态补偿机制研究和试点课题组，通过调查研究，确定进行生态补偿的试点区域，并划分生态功能区；2009年，广西钦州市人民政府出台《钦州市建设用海养殖补偿办法》，《办法》中对建设用海的补偿标准、资金来源、监督主体等做了明确的界定。[①] 2010年7月，广西第一个市级生态功能区划——南宁市生态功能区划正式出炉，将南宁市划分为3类一级生

---

① 刘雪春：《对广西水资源生态补偿机制的思考》，《桂林航天工业高等专科学校学报》2011年第4期。

态功能区、8 类二级生态功能区、55 个三级生态功能区，确定了 8 个重要生态功能区。①《广西生态功能区划》将生态功能区划分为 3 类一级生态功能区、6 类二级生态功能区、74 个三级生态功能区，确定了 9 个重要生态功能区。② 2012 年 5 月，广西印发实施《滇桂黔石漠化片区区域发展与扶贫攻坚广西实施规划（2011—2015 年）》，《规划》把广西片区 35 个县（区）划分为重点开发区域和限制开发区域，确定了基础设施、产业发展、生态环境保护等六大类建设项目，项目总投资 6612.19 亿元。③ 2013 年 8 月，广东省委主要领导在湛江和广西考察时提出，广东和广西在九洲江流域进行试点，以广东对口帮扶广西的形式，破解流域生态补偿难题。在两省（区）主要领导的大力推动下，2014 年 8 月，粤桂两省（区）政府签署了《粤桂九洲江流域跨界水环境保护合作协议》，各出资 3 亿元设立合作资金用于流域上游环境基础设施建设和污染治理工作，开启了两广九洲江流域共治共享之路。④ 另外，针对对矿山过度开采造成的矿山地质环境的严重破坏，自治区采取了一系列措施，先后出台了《广西壮族自治区矿产资源补偿费征收使用管理暂行办法》《广西壮族自治区矿产资源管理条例》《广西壮族自治区矿产资源规划实施管理暂行办法》《广西壮族自治区矿山地质环境恢复保证金管理办法》等地方性法律法规，为加强对矿山开采的管理与矿山地质环境的恢复提供了法律制度上的保障。⑤

---

① 资料来源：南宁市环保局：《南宁市生态功能区划》，http://www.nnhb.gov.cn/contents/3e5b7a25 – 87e4 – 44d2 – adf2 – f818dc53c081. shtml。

② 滕云梅等：《对建立广西生态补偿机制的探讨》，《中国环境管理》2014 年第 1 期。

③ 孟维娜：《粤桂珠江—西江流域生态补偿机制研究——以广西为视角》，《辽宁行政学院学报》2015 年第 1 期。

④ 谢庆裕：《广东破题横向跨省生态补偿》，《南方日报》2016 年 3 月 22 日第 A6 版。

⑤ 刘雪春：《对广西水资源生态补偿机制的思考》，《桂林航天工业高等专科学校学报》2011 年第 4 期。

（二）生态补偿的工作格局已初步形成

广西生态补偿实践还主要体现在森林生态效益补偿、重要生态功能区补偿、煤炭资源生态补偿费实践、矿区生态补偿、工程建设森林植被恢复费、自然保护区基础设施建设和管理费、国际组织赠款支持生物多样性保护等方面。另外还建立广西河浦海草示范区，在保护沿海生态系统方面是一个新的尝试，具有重要意义。①

1. 森林生态效益补偿

从 2001 年开始，国家每年安排广西区 233.33 万 hm² 森林生态效益补偿面积，补偿资金 1.75 亿元，是全国获得补偿资金最多的省区之一。这几年来，广西森林生态效益补偿面积不断增加，据 2010 年的统计数据显示，全区共区划界定自治区级以上的公益林面积 546.88 万 hm²，占全区土地总面积的 34.67%（其中，纳入中央财政森林生态效益补偿的公益林面积为 527.23 万 hm²，尚未列入补偿范围的公益林面积为 19.56 万 hm²），补偿标准为 75 元/（hm²）（此标准自 2001 年实行至今没有改变），其中 67.5 元/hm² 为补偿性支出，7.5 元/hm² 为公共管护支出。补偿基金主要用于建立森林资源消长变化监测系统、森林病虫害防治、森林防火、森林管护人员生活经费和公益林的抚育和补植等。在落实补偿面积时，全区规定应优先安排国有林场、自然保护区以及高等级公路、铁路、重点河流沿线的自治区级以上的重点公益林区域。② 2001—2009 年广西公益林补偿标准为 5 元/亩，2010 年提高到 10 元/亩，2013 年再提高到 15 元/亩。据统计，全区纳入自治区级以上财政补偿范围的权属集体和个人生态公益林面积有 7245 万亩，按每亩增加 5 元计算，全区新增国家和自治区公益林森林生态效益补偿基金

---

① 滕云梅等：《对建立广西生态补偿机制的探讨》，《中国环境管理》2014 年第 1 期。
② 巨文珍、农胜奇：《对广西生态公益林补偿问题的思考》，《林业调查规划》2011 年第 2 期。

达 3.6 亿元，受惠林农 189 万户。①

2. 水土保持的生态补偿

广西积极推进水土流失和石漠化的治理工作，并颁行了《广西壮族自治区水土保持设施补偿费和水土流失防治费征收使用管理办法》。尤其是新的水土保持法实施以来，广西水土流失综合治理投入逐年快速增长，治理面积大幅增加。2011—2013 年，中央和自治区财政累计安排近 5 亿元用于水土保持工程建设，广西全社会治理水土流失面积约 4100 平方公里，坡耕地改造 10 万亩，国家和自治区安排 60 多条重点小流域进行水土流失综合治理，治理面积 747.8 平方公里。② 从 2005 年到 2011 年，国家实施岩溶地区治理工程，投入大量的人力物力和资金进行石漠化综合治理，效果显著，全国石漠化面积减少 96.0 万 hm^2，减少 7.4%，年均减少面积 16.0 万 hm^2，年均缩减率为 1.27%。其中广西石漠化土地面积减少最多，共减少 45.3 万 hm^2，减少了 19.0%，占全国石漠化土地缩减总量的 47%。以广西桂西北地区为核心的珠江上游百色河池地区，2011 年石漠化土地面积为 115.6 万 hm^2，比 2005 年净减少 27.1 万 hm^2，减少 19.0%，年均缩减率为 3.5%，比全国平均水平高 2.22 个百分点。③ 这说明，广西的石漠化治理水平处在全国的前列。

3. 矿山的生态补偿

为了保证水源安全，2012 年 5 月，广西国土资源厅出台了《加强矿产资源监管促进产业结构调整工作实施方案》。一些靠有色金属产业"吃饭"的地区为了确保根除污染隐患，将造成污染的企业全部关停。以环境保护倒逼产业转型，给广西经济发展带来了

---

① 国家林业局：《广西公益林补偿标准提到每亩 15 元》，中国林业网（http://www.forestry.gov.cn/main/72/content-647592.html）。

② 广西人民政府：《广西治理水土流失面积 4100 平方公里》，广西人民政府门户网站（http://www.gxzf.gov.cn/zjgx/jrgx/201403/t20140304_429252.htm. 2014-03-04）。

③ 陈燕丽、张宇：《广西石漠化地区生态补偿促进精英移民与生态可持续恢复》，《农业研究与应用》2014 年第 5 期。

"阵痛"，但也提升了广西经济的可持续发展能力，也确保了下游的广东珠江流域水资源安全。①

4. 河流水域环境保护的生态补偿

为了保护西江水源，在实施两期珠江防护林工程基础上，2013年广西启动第三期珠江防护林工程，总投资78亿元人民币，造林2500多万亩。②

5. 重点生态功能区建设

广西共有29个县级行政区划为重点生态功能区，并逐步加强了对这些重点生态县域的财政转移支付力度。2014年自治区重点生态功能区县域共获得中央财政转移支付资金15.37亿元、地方配套资金1亿元，涉及30个县市，其中新增蒙山、靖西、那坡、富川、罗城和环江6个县，并将其纳入自治区级重点生态功能区转移支付补助范围，自治区生态环境保护县域的基础建设能力进一步增强。③

经过多年的探索，广西在生态补偿机制方面取得了可喜的成绩，但目前的生态补偿措施，仍不能满足生态保护的要求，仍不能有效地调节生态利益相关者的利益关系。补偿不能完全按照规定进行，生态保护者以及服务提供者的权益和利益得不到保护的事情时常发生，生态破坏和生态服务功能持续退化的问题仍没有得到根本遏制。

二　广西生态补偿机制建设存在的问题

（一）政策法律法规体系不够健全

1. 法律法规层面

首先，法律法规有待完善。生态补偿是一项新生的环境管理和

---

① 孟维娜：《粤桂珠江—西江流域生态补偿机制研究——以广西为视角》，《辽宁行政学院学报》2015年第1期。
② 同上。
③ 李巧茹：《广西少数民族地区生态补偿机制的实践探索》，《桂林航天工业学院学报》2015年第1期。

保护制度，十分需要专门立法对各主体的利益边界做出明确的界定和规定，从而调整和指导社会主体的行为，以满足新形势下生态补偿的现实需要。目前我国无论是资源法或环境基本法，还是具体领域和要素的环境法，都落后于生态环境管理、保护和建设的实践。迄今为止，国家还没有出台一部严密的、统一的、可操作的、专门涉及生态补偿的法律法规或具体办法，生态补偿的规定主要散见于有关自然资源及环境保护单行法的个别法条、规章和规范性文件之中。就中央立法而言，仅《森林法》中有生态效益补偿不成熟的原则性规定，《矿产资源法》《水土保持法》《土地管理法》《农业法》《渔业法》《水法》《退耕还林条例》《自然保护区条例》等相关法律法规中只有一些零星的规定，系统性、权威性不够。就地方立法而言，广西已有的生态补偿规定比较零散且不完善，一般散见于不同部门，或者是不同层级的规章中，缺乏法律法规的适用性。由于立法上的空白，零星的条文，在立法层次和法律效力上又较低，加上立法主体多元，导致法出多门，容易出现无序和混乱状态，使得地方在推动生态补偿机制建设的过程中遭遇困难，一些自然资源和生态系统类型在补偿过程中无法可依、无章可循，致使生态保护和建设缺乏有力和有效的法律法规支撑。

其次，操作性不强。生态补偿的影响因素十分复杂，不仅涉及生态治理保护投入，还涉及对生态环境资源稀缺性的客观评价和损失、受益标准的评估，生态补偿量化技术难度较高。在已有的散落的生态补偿法律法规条文中更多的是原则性的描述，虽然法律的刚性比较强，但缺乏系统性、约束性和具体实践的指导性。另外，由于很少涉及生态补偿的主体和对象，对补偿内容、范围、方式、标准和生态补偿重点领域的规定都相对模糊，使得生态补偿不易量化且缺乏应有的可操作性。

最后，责权利划分不清。生态补偿是多个利益主体（利益相关者）之间的一种权利、义务、责任的重新平衡过程，涉及复杂的利益关系调整，现有的法律法规条文缺乏对各利益相关者的权利、义务及责任的明确界定，致使生态补偿各利益相关者无法根据法律界定自己在生态环境保护方面的责、权、利关系，无法按照共同原则和法律法规约束各方的经济行为。

2. 政策扶持层面

首先，政策选择面临两难境地。广西是一个多山的省区，广西的贫困县、贫困村大多数都分布在山区。山区的共同特征就是地域偏远、自然条件差，尤其是石漠化严重、少数民族人口多、基础设施薄弱、生产生活条件恶劣，经济发展缓慢和生态失调。和其他西部地区一样，因兼具生态功能区和欠发达地区的二重性，广西资源输出和环境保护方面做了巨大贡献，而群众试图利用本地资源优势致富，由于限制和禁止开发，土地、山林等资源不能再继续使用，使得"靠山吃山"的西部农民失去了发展的基础，部分居民连生计来源都成为大问题。广西近10年来公益林建设财政投入资金达300亿元以上，占2013年全广西财政收入的30%左右。同时，广西珠江生态涵养地区主要分布在桂北桂西等民族欠发达地区，相对比的是其森林生态价值截至2012年已超万亿。① 但限伐和禁伐政策使"绿色银行"只能存不能取，生态价值难以体现。广西金秀瑶族自治县作为珠江流域广西境内最大的天然"绿色水库"，其为保障水源的充足和安全供应，造成农业粮食以及经济作物年损失达25.8亿元；2011年金秀农民人均纯收入只有3708元，比全国的6977元低3269元，只有全国平均数的53.15%，全县6.8万人无地可种，只能外出打工。② 广西地方政府和广大群众一方面保护自然生态环境，确保我国的生态安全；另一方面又要解决经济社会发展、提高生活水平和消除贫困问题。地方政府任务重、责任大、压力大，迫

---

① 马晓红：《珠江流域民族地区生态补偿机制的构建》，《贵州民族研究》2014年第7期。
② 同上。

切需要加大政策扶持力度以提高地方的自我积累和自我发展能力。

其次，政策缺乏长期性和稳定性。区域生态环境是一个复杂的整体，其保护建设与补偿政策应该从系统的角度出发。从目前我国实施的生态补偿相关政策来看，很多都是短期性的，缺乏一种持续和有效的生态补偿政策，导致政策的延续性不强，实施效果的变数和风险较大，所能发挥的功能和作用限定在特定的范围和时间。如我国最有影响的退牧还草、退耕还林、生态公益林补偿金等生态补偿政策大多以计划、工程、项目的方式组织实施并规定明确的时限。"退牧还草""退耕还林"的补助期限是5~8年，在政策实施期内，农户进行生产活动的转移，不再依附于土地开展农业生产以达到保护和改善生态环境的目的。然而，农户总担心今后政策有变，这在很大程度上影响了生态保护的效果。另外，从政策实施情况来看，效果不是特别显著，不少农、牧民还很难成功离开土地寻找到新的社会定位。期限一过，当他们的利益得不到应有的补偿时，为了基本的生计以及发展需要，他们在生产、开发时就很少会顾及到生态利益和环境价值，这不仅不能改善和保护当地的生态环境，很可能还会出现新一轮的生态破坏。

最后，政策制定过程缺乏广泛性。生态补偿政策的制定涉及众多利益相关者，其根本是调节生态建设和保护相关利益者的经济利益关系。然而，在现行生态保护补偿政策的制定往往缺乏相关利益方广泛、公平参与机制和实现途径。比如，需要得到生态补偿的山区、农村居民、欠发达地区和上游流域居民等大多为弱势群体，而需要做出补偿的城市或大城市居民、企业、发达地区和下游流域居民往往又是强势群体，这两者在博弈和谈判中的地位极不均衡，一些利益相关者的参与权和话语权被剥夺，当利益受损时，受自身条件所限，一些被侵害者只能选择忍让。以广西红水河流域水能开发的龙头工程——龙滩水电站为例，龙滩水库的淹没范围包括了河池市的南丹、天峨自治县和百色市的乐业、隆林、田林自治县。为了支持大电站的建设，水库淹没区的居民忍痛离开了他们世世代代辛苦创建的家园，期望电站的建设、水能的开发能够实现他们富裕繁荣的愿望。然而，根据龙滩水电站的建设方案，库区移民们却不能分享建成电站所能带来的巨大经济效益。① 因此，政策制定过程缺乏广泛性不仅容易导致现行政策一刀切，脱离实际，同时也难以保证政策的合理性、政策的质量和政策执行的效率。

（二）生态补偿体系不够完善

目前广西在生态补偿体系建设，构建生态补偿机制上有不少地方需要完善，还需要做大量的基础性工作。比如，如何建立健全资金保障的长效机制，提高生态补偿资金的使用效率的问题；如何界定各利益相关者的权责利，明确补偿主体与受体关系的问题；如何统筹兼顾各方利益，制定科学合理的生态补偿标准的问题；如何有效地拓宽和扩展生态补偿的渠道、方式和范围的问题等。

1. 补偿主体和受体关系不够明确

由于流域具有流动性和开放性的特征，流域产权界定存在一定的难度，加上环境保护者和环境保护受益者之间的利益关系不对称，使得生态补偿涉及的各方利益主体无法明确划分权责利关系，难以确定生态效益的提供者和受益者，尤其在非自愿的情况下，对权利双方关系的认证更为困难。如对于珠江—西江流域的生态补偿，就广西来说，觉得广西作为西部生态屏障，为保护生态环境付出了巨大成本，牺牲了自己的利益和机会让下游的更多人受益，而作为直接受益地区，即下游发达的广东地区对于上游地区地方财政减收、农民的减收理应给予补偿。而从广东来看，在分税体制下，地方政府的事权和责权的倒挂已经使其本身承担了较为沉重的责任，自己虽是西江水资源保护的受益者，但上缴的税费已经包括了

① 张颖、岳巧红：《西部能源矿产资源开发中的利益分配与生态补偿研究——基于对广西调研的思考》，《黄河科技大学学报》2008年第6期。

生态环境保护和修复相关项目，不应再由广东承担。

2. 补偿方式相对狭窄

生态补偿的方式有多种，目前生态补偿主要采取的是现金补偿和实物补偿的方式。广西当前的生态补偿几乎全为经济补偿，而且主要局限于矿区植被恢复、退耕还林、天然林保护等内容，其他补偿形式如政策补偿、技术和智力补偿、项目补偿等相对十分缺乏，呈现出"四多四少"的特点，即部门补偿多，农牧民补偿少；直接资金、物资补偿多，产业扶持、结构调整和生产方式改善的补偿少；自上而下的纵向补偿多，区域流域、不同社会群体之间横向的补偿少；"输血型"补偿多，"造血型"补偿少。如果不致力通过补偿调整经济、产业和能源结构、改善当地人们的生产和生活方式，就难以形成生态环境保护和建设的内在动力和地区生态与经济发展的良性循环。

3. 补偿标准偏低

以生态公益林为例，我国生态公益林补贴标准是 5 元/亩，远低于专家估测的每年平均产出 36 元/亩的林地经济效益，这一补偿标准事实上使得退耕农民所获得的经济补偿远远低于其在同一土地进行农业生产的经济效益。在 470.85 万 hm² 的广西公益林总面积中，除了集体所有的生态公益林占 65% 之外，其余的是由国有林场管护的国有生态公益林或各类自然保护区负责。尽管目前"中央补偿基金"的补偿性支出已经提高到了每年 67.5 元/hm²，但仍不足以弥补林农的损失。① 大量森林因禁伐导致农民收入锐减，农民更无法将林地用于商品林的营造和其他用途。在广西，1 株马尾松割脂年收入 10—12.5 元，每公顷马尾松近熟林可割脂株数最少有 750 株，1 年收入 7500 元/公顷以上，远远高出 67.5 元/公顷的公

---

① 苏杰南、秦秀华：《广西森林资源管理中的主要问题和解决措施》，《湖北农业科学》2011 年第 3 期。

益林补助费，林农极不愿意把自己的林地界定为公益林。对于依靠林木的经济价值作为生活来源的林农来说，其丧失的经济利益得不到充分补偿，自然就有偷砍偷伐破坏生态环境的不法行为。①

---

① 尹闯、林中衍：《建立和完善广西生态补偿机制的对策》，《广西科学院学报》2011年第2期。

第三章

构建广西生态文明建设的
认识机制

对于广西环境与发展问题，既需要技术和市场手段，也需要政策措施，但更重要的还是观念的更新，如思想观念、伦理价值、消费观念、发展观念等。目前，最重要的就是通过开展生态文明教育，繁荣民族生态文化，引导广大民族群众转变思想，培养生态文明意识，在科学发展观指导下依托社会主义价值观的支撑去解决环境问题，承担起建设社会主义生态文明、促使人与自然和谐相处的历史责任。

第一节　转变思想　树立生态文明观

以"人类中心主义"为基础的传统工业文明让人们切身地感觉到了水土流失、资源短缺、环境污染、生物灭种、气候异常等带来的生态危机和资源危机，也倒逼人类去反思"生存环境问题"，探求更高层次的文明形态。作为一种新兴的现代文明形态，生态文明意味着人类对自然的征服不再是现代社会发展的依托与主线，取而代之的是人与自然的和谐相处与共存共荣。观念是行动的先导，生态文明建设依赖于人的观念与意识的发展。不摒弃那些长期束缚我们头脑的、不科学的传统观念，就不可能有建设生态文明的科学决策和科学行动。

一　生态文明观的含义

（一）生态文明观的界定

生态文明建设是一个内涵丰富的系统工程，涵盖了经济、制度、文化、环境、安全等多个方面的内容。生态文明观是生态文明精神成果的一种形式，是对人类生态文明的主观反映和理性提升，树立生态文明观是生态文明建设的思想前提和重要内容。概括来说，生态文明观就是指人类将自身作为自然生态系统中的组成因素来考虑人、自然、社会三者和谐共生、永续发展的基本态度和观点的总和。协调人类与自然的关系，实现人与自然和谐发展是生态文明观的核心理念，尊重自然、顺应自然、保护自然是其本质体现。

（二）生态文明观的内容

生态文明观作为对人与自然、人与人、人与社会关系的再审视与再思考的结果，是精神文明在自然环境方面的反映，是对传统工业文明观念的扬弃与超越。生态文明观有着显著区别于工业文明的内容，具体表现在：

1. 在自然观上

传统的工业文明把人与自然的关系归之为主客体关系，自然客体作为人类征服和主宰的对象被看成是属人的、工具意义的存在，人作为万物之灵，则是可以操纵、支配和降服自然的。"向自然界宣战""征服自然"是传统自然观的核心理念。在这些观念的支配下，人们在认识自然、利用自然、改造自然和征服自然的过程中充分展示人类的聪明才智和本质力量，把人与自然完全地对立起来，把自然作为人的奴隶，把人作为自然的主人，人与自然的关系逐渐演变成了破坏和掠夺的关系，使得自然环境日趋恶化，生态安全屡遭威胁。

生态文明视域下的自然观，不仅肯定自然界对人有用性，也尊重自然界自身存在和发展的内在规律性和价值性，指出人与自然之间是理性、平等、共生的相互依赖关系，人类要做的就是与自然"和谐共处"，实现自然生态系统的健康运行与可持续发展。正如罗尔斯顿所说，"自然系统本身就是有价值的，因为它有能力展露（推动）一部完整而辉煌的自然史，唯一负责的做法，是以一种感激的心情看待这个生养了我们的自然环境"①。

2. 在技术观上

传统的技术观崇尚"科技万能论"和"技术功利主义"，把科技当作征服自然最强有力的工具手段，相信科技的力量能使人为所欲为地利用和管控自然。基于这些认识，人类创造的先进技术和手段被用于无度地掠夺自然资源，成为损害人类生存环境的工具，为人类挖掘了一个又一个环境陷阱，科学技术被异化了。科技水平的提高在为人类获得高效率和高效益的同时，由于人类的肆无忌惮，也极大地破坏了自然生态环境的动态平衡，不可避免地引发了生态问题。就像恩格斯所说，"我们不要过分陶醉于我们人类对自然界的胜利。对于每一次这样的胜利，自然界都对我们进行报复"②。科技不是解决生态问题的根本方法，如果不转变人的观念，重新审视人与自然的关系，再先进的科学技术也只能是暂时地"治标"，不能彻底地"治本"。

生态文明下的科技观，反对以集中化和功利化的巨型工业技术对自然生态系统的存在状态、内在规律和演变进程强行干预和肆意摆布，提出要保持生态友好，通过技术创新突破原有技术壁垒，提高资源使用效率和效益；通过节能减排、减少污染和清洁生产，使科技成为建构生态文明的"助推剂"。

3. 在发展观上

工业文明的发展观把发展和经济的增长、物质财富的积累简

---

① ［美］霍尔姆斯·罗尔斯顿：《环境伦理学》，杨通进译，中国社会科学出版社2000年版，第269页。

② 《马克思恩格斯选集》第4卷，人民出版社1995年版，第383页。

单地等同起来，同时又把自然视为无偿索取的资源宝库和任意排放废弃物的垃圾场。这种观念主导下的文明必然是以资本的高投入、资源能源高度消耗、自然环境高度污染和破坏为代价的"黑色文明"，利用和改造自然的力量必然异化为损毁和破坏自然的力量。

与传统工业文明"为发展而发展"的单向度发展观不同，生态文明下的发展观摒弃传统纯粹以追求人类物质价值和经济价值为核心的发展模式，立足于经济、资源、环境、人口之间的辩证统一，着眼于经济社会与自然环境的互相协调、共同进化、可持续的发展，倡导以生态平衡代替以简单物质经济价值作为社会发展的评价标准，更多地思考"要什么样的发展和怎样发展"问题。这种科学发展观给发展注入的人文关怀，体现了以人为本的精神实质，这种以清洁、绿色、循环、低碳、环保为特征的可持续发展模式必然成为未来经济发展的主导。

4. 在消费观上

随着科技的发展和生产力水平的提高，人类创造了比历史上所有文明成果总和还要多、还要巨大的物质财富。然而，物质财富的增加和积累却催生了消费社会和消费主义思潮的盛行。在消费社会中，传统工业文明倡导的消费主义消费观以是否能够获得无度消费的最大满足来衡量幸福指数，以消费的奢华程度作为衡量生活质量的标准，把物质财富的占有与享受作为人生目的和价值所在，消费不再是目的而是被异化为财富炫耀和身份建构的工具和手段。消费与理性、需要、使用价值渐行渐远。肆意消费、无节制消费和过度消费必然造成人类对自然资源的疯狂攫取和无情掠夺，从而使人类面临生态危机的威胁。从某种意义上说，当前的环境问题与人们消费观念、消费心理和消费行为的异化有很大程度的关联。正如施里达斯·拉夫尔在《我们的家园——地球》一书中指出："消费问题是环境危机问题的核心，从本质上说，这种影响是通过人们使用或浪费能源和原材料所产生的。"①

生态文明的消费观顾及自然资源和生态环境承载的有限性，以实用节约为原则，以适度消费为特征，崇尚精神和文化的享受，倡导绿色、低碳、合理、节制的生态消费，追求基本生活需要的满足，降低能源资源的过度消耗和废弃物的过度排放，从而保证人类在环境与资源利用中兼顾代内与代际的公平性。

概括起来，生态文明观的内在规定性应包含：（1）人与自然和谐相处的生态平等观念；（2）尊重生态规律的生态科学意识；（3）体现社会共同利益的代内公平观和体现社会未来利益的代际公平观；（4）以生态关怀、生态责任和生态义务为核心的生态正义感；（5）保护环境，拒绝污染的生态意志。

二 培育生态文明观的途径

生态文明不仅是社会经济转型与重构，也是一种思想观念的转型与重构。建设生态文明要求人类重新审视与界定自己的行为和人与自然之间的关系，并在深层次的意识领域做出相应的改变，树立科学的生态文明观。这个过程是由低级向高级、由理论到实践、由自发到自觉、由培育到践行的过程，这个过程有赖于个人、企业和政府等多方面利益需求的博弈与各利益主体生态意识的觉醒。

（一）以构建生态型政府为目标，转变政府执政理念

将绿色、环保、低碳等生态文明观念纳入到政府的责任与行为之中，是当今政府执政理念的发展创新，也是当代世界人类政治文明发展的历史潮流。尤其是党的十八大明确提出了大力推进生态文明建设的要求后，树立低能耗、低排放、低污染的低碳行政意识，构建生态型政府已经是大势所趋。"所谓生态型政府的特有内涵也

---

① ［美］施里达斯·拉夫尔：《我们的家园——地球》，夏堃堡译，中国环境科学出版社 1993 年版，第 87 页。

规定为是指致力服务于追求实现人与自然之间的自然性和谐的政府。"① 构建生态型政府，必须转变政府执政理念。

1. 要有危机意识，要意识到公共政策的失灵或者说偏差是生态危机产生的重要根源；要充分认识到生态环境问题是迄今为止人类面临的最严重的问题之一，诸如环境污染、能源匮乏、生物灭绝、土地退化等，生态环境安全关系到社会的稳定和经济社会的可持续发展。

2. 树立责任意识，生态利益不仅关系到当代人、更关系到后代人的发展。政府作为生态利益的调节者和公共产品的提供者，在政策决策、宣传教育、制度安排和管理监督时要融入生态文明观念，促进人与自然的和谐发展。

3. 树立生态政绩观，要打破单纯经济增长的价值观念，将生态价值观念引入政府系统之中，避免以 GDP 论英雄，尤其要加强生态法规、生态行政和生态民主的建设，促成生态公共政策的输出，努力使生态文明建设成为符合科学发展观要求的新的政治形态。

4. 树立生态行政意识，要把生态环境保护纳入到政府决策、规划和管理的各个环节，从社会经济发展规划的制定和实施，到经济体制与结构调整及日常行政管理，都需要充分考虑生态环境保护使其符合可持续发展的要求。

5. 树立生态公平观念，生态文明视角下的社会公平，也就是强调环境资源的代际公平与代内公平，政府要树立生态公平观念，以建设"资源节约型"和"环境友好型"社会为指向，大力支持和扶持节能环保项目和生态产业，努力促进代际间的良性发展和代内的环境公平。

---

① 黄爱宝：《生态型政府理念与政治文明发展》，《深圳大学学报》（人文社会科学版）2006 年第 2 期。

（二）以可持续发展为导向，增强企业的自律意识

企业作为社会的基本经济单元，是推动经济发展的主体。企业作为"经济人""社会人"和"生态人"的集合体，不仅要以赢利为目的进行生产经营活动，为社会创造和积累财富，同时也要对自然资源的合理开发、生态环境的保护和社会公益事业等承担相应的责任和义务。关爱自然生态，以尊重自然、保护自然的生态责任意识引领经营和生产；关注产品的环保绿色功能和品质，打造企业知名品牌；注重节能减排，发展生态经济，实现企业与环境协调发展；营造良好的生态环境，赢得社会支持和公众信任，树立良好企业形象，这些都已经成为现代企业家和学者们的共识。尤其是在当前严重的生态危机面前，企业的"生态位"角色将日益突出。提高环境道德意识、增强环境法制观念是企业可持续发展的必然选择。

1. 树立环境伦理观。企业生态伦理品质是企业重要的"道德资本"，是企业跨越"绿色壁垒"参与国际竞争的"通行证"。自20世纪90年代以来，制定和采用伦理守则已成为发达国家公司的普遍做法。顺应发展潮流，企业应以可持续发展思想作为企业发展的指导思想，在制定企业目标定位和战略规划时要注重对生态环境进行综合评价和分析，在自己的发展方向中融入环境责任的要素，体现环境责任理念；在生产经营中要珍惜资源，合理开发和综合利用双管齐下，通过引进和改进生产方式和管理方式，努力做到低耗费、低排放、高产出，在环境伦理观的指引下，不断优化自身行为，增强企业核心竞争力和发展后劲。

2. 树立统筹协同观念。企业的经营行为是在一定的生态环境系统中进行的，需要把人与生态环境的双向利益关系纳入道德思考的范畴，把生命联合体的利益作为道德的终极目标。这就需要企业改变过去以经济增长为唯一目标的观念，正确认识和处理好经济、资源和环境三者之间的辩证关系，寻求三者的最优组合，通过探索适合企业生存和发展的机制体制，建立既符合企业生存与持续发

展，又符合生态环境客观要求的企业与环境间的新型伦理道德关系，实现彼此的良性循环。

3. 树立环境法制观念和生态法治意识

这就需要在企业进行多形式、多方位、多层面的环境保护知识、政策和法律法规的宣传和学习，强化生态责任意识和环境法制观念，逐渐将环保观念和他律性规则内化为生态保护的自觉行动，强化自我约束和规范企业行为，做到依法生产、依法经营、依法进行环境管理。唯有如此，才能实现企业的生产经营向着绿色化方向发展，才能真正为生态文明的科学发展奠定坚实的基础。

（三）以公众参与和生态消费为带动，提高公民的生态责任意识

公众是环境最大的利益相关者，环境状况如何直接关系到他们的生活质量。他们作为建设生态文明实践最广大、最直接的社会参与者和行动者，是生态环境保护的主要力量和生态文明建设的主体。公民是否关注、认同并参与生态文明建设，其态度和价值观是关键。因此，生态文明建设不仅需要政府、企业转变观念，更需要培养每个公民的生态道德自觉，使生态文明意识和环保观念大众化。

1. 培育生态文明建设的参与意识

公民参与生态文明建设的程度，是公民生态文明意识的最高层次和最成熟的发展阶段，直接体现着一个国家生态文明的发展状况。[①] 生态文明建设与经济、政治、文化、社会建设互相交融，不能仅靠政府或企业一己之力，更需要激发和引导公民的参与意识和参与热情，构建参与型社会生态治理网络，形成社会凝聚力和协同行动，从而实现利益在网络内部的自我均衡分配。因此，广大群众

---

① 卓越、赵蕾：《加强公民生态文明意识建设的思考》，《马克思主义与现实》2007 年第 3 期。

要提升生态主体意识，强化人们环境权利的归属感，克制破坏生态和污染环境的冲动；要增强生态权利意识，明确拥有良好的生态环境是公民最基本的权利和最大的利益诉求，提高对自身生态人权的保护热情，增强责任感和能力，自觉维护每个人的共同利益；要增强民主监督意识，对政府、企业的决策、行为和效果依法建言献策并进行有效监督，使人与自然的和谐秩序得到充分的保障；要增强法律意识，协调好公民之间各种利益关系，为生态治理和建设过程中引发的矛盾和纠纷提供解决途径。

2. 树立生态价值观念

环境与生活在其中的每一个公民都密切相关，谁都离不开环境，谁都希望能够生活在优美舒适的环境中。只有树立生态价值观念，才能唤起人们的感恩之心，强化人们对生命价值和自然价值的尊重；才能端正生态判断，以"爱护环境为荣，以破坏生态为耻"；才能培育环境的友善观念，践行环境的友善行为，如自觉维护环境卫生，绿化美化环境，追求资源节约，低碳高效的生活方式等；才能激发人对自然的道德责任感，自觉抵制环境污染和生态破坏，形成保护环境人人有责的社会风尚。

3. 倡导绿色消费观念

绿色消费观念是以崇尚自然和保护生态、注重节约、适度节制消费等为特征的消费理念和生活态度。倡导绿色消费观念，培养良好的消费习惯和健康的生活方式，提倡在日常生活消费中选择自然、健康、绿色的食品，自觉节约资源并提高利用率，主动回收利用废物；倡导适度消费，自觉抵制奢侈性消费、炫耀性消费和超前消费，主张合理、节制的物质享受；倡导精神文化的体验、消费与创造，更多地关注精神需要的满足，消除依靠奢华的物质消费获得精神快乐的狭隘状态。

第二节　开展生态文明教育　培养
生态文明意识

2012 年，党的十八大报告上正式提出"五位一体"的总体发展布局。2015 年 4 月，中共中央、国务院印发《关于加快推进生态文明建设的意见》，这不仅表达了党和政府治理环境和保护生态的坚定决心，也表达了对提高全民生态素质的迫切愿望。教育是培养人的活动，在生态环境遭到了巨大破坏，人与自然、人与人之间的矛盾逐渐凸显的今天，要从根本上革新落后的思想观念，培养人们的生态文明素养，需要教育尤其是生态文明教育的引导和培育。生态文明教育是生态文明建设的基础性工作，是推进可持续发展战略和促进人全面发展的关键。

一　生态文明教育的含义

（一）生态文明教育的概念

生态文明教育是指为实现人与自然和谐共生，根据社会发展和生态文明建设的要求，教育者通过恰当的教育手段培养人们的生态文明素养，形成良好的生产生活消费行为的有目的、有计划、有组织的教育活动。从总体上看，生态文明教育主要涉及知识、技能、观念、态度、行为习惯等方面的素质培养。根据教育对象的不同生态文明教育有广义和狭义之分，狭义的生态文明教育是专指在学校开展教育，广义的生态文明教育是指对于社会全体成员的教育。

（二）生态文明教育的主要内容

1. 知识教育

生态文明知识教育是培养生态文明意识的前提，是生态文明教育的基础，其内容包括：中国传统自然观、马克思主义生态思想、生态环境现状、环境保护基本常识、生态平衡的基本规律、交叉学科生态文化形态等方面的宣传与教育。

2. 素质培养

生态素质培养包括：开展生态平等观、生态消费观、生态审美观等方面的教育，对人们的生态理性、生态人格和生态文明的思维方式进行合理有效的引导，形成正确的生态价值取向和价值追求；把道德诉求和道德关怀引入到人与自然的关系中，开展生态伦理道德教育，引导人们关注自然生态的存在价值，社会公众养成良好的"生态德性"；开展生态法制观教育，引导人们树立正确的生态权利义务意识、生态法治意识和生态维权意识，在全社会形成知法、懂法、守法、护法的社会风尚。

3. 行为养成

生态文明的理念和素养不仅要内化于心，还要外化于行，变成生态文明的实践能力，这需要社会实践活动的教育，引导人们积极参与生态实践，把所学知识和技能转化为实际行动，达到知行合一。

二　在全社会广泛开展生态文明教育的路径思考

（一）明确教育对象

1. 各级党政领导干部

各级党政领导干部是政策法规的制定者、重大事项的决策者和社会的管理者，他们做出的每一项决策都关系到一个地区的经济社会发展和生态环境保护的全局，他们的思想觉悟和身体力行对整个社会的生态文明教育起着重要的示范带头作用。因此，要加强领导干部这一群体的教育，增强贯彻落实科学发展观的主动性以及完善政策法规、加强生态环境治理自觉性，在带动全社会生态文明的建设过程中充分发挥先锋模范作用。

2. 企业经营管理者

要通过生态文明教育，增强他们的生态责任意识、忧患意识、法制意识和生态环保理念；引导他们改造和淘汰不利于资源节约和环境保护的落后设备和生产工艺；激励他们通过技术革新节省资源、减少污染，踊跃生产节能环保产品；支持他们进行清洁生产，发展低碳绿色环保的生态产业。

3. 青少年群体

青少年群体是祖国的未来建设者和接班人，生态文明教育要"从娃娃抓起"，要以创建"绿色校园"为契机，在各级各类学校开展生态文明教育，将环境保护教育纳入学生素质教育当中，采取符合青少年群体成长规律和喜闻乐见的教育方式方法，培养学生关爱自然环境的良好的生态道德意识，使他们树立起正确的生态道德观。

4. 社会公众

公众是生态文明建设的主要参与者和推动力量，通过开展"绿色社区""绿色家庭"等创建活动，提倡科学、健康、文明、可持续的生活方式，引导社会大众践行以提高生活质量为目的的绿色消费，把绿色生活理念落实到社会生活之中。同时，要把生态文明教育工作延伸到广大农村，把生态文明教育同提高农民素质、建设社会主义新农村结合起来，同全区开展的美丽广西系列活动结合起来，以清洁家园、清洁水源、清洁田园为主要任务，动员广大农民自觉地参与到生态文明建设的伟大实践中来。

（二）整合教育力量

1. 政府及各职能部门

政府作为生态文明建设主导力量要掌握全社会传播生态文明观念的主动权，建立由环保部门牵头，农业、国土、气象、林业、教育、法制等部门积极配合的生态文明教育组织领导体系；环保部门作为实施全民环境教育工作的主体单位，要积极把全民环境教育工作纳入日常工作的职责范畴，充分发挥环境教育主阵地的引领示范作用，有序推进、带动全民环境教育工作。

2. 高校及科研院所

要利用高校及科研院所教学科研的资源优势，一方面构建多形式、多渠道、多层次的环境教育体系，有目的、有计划地培育一批熟悉生态环境保护、资源节约、绿色消费等方面基本知识和技能的管理干部、教学人员、科研人员和志愿者，让他们成为生态文明建设的骨干力量；另一方面，有针对性地对生态文明建设的相关问题进行基础理论研究和技术攻关，解决经济社会发展、生态建设和环境保护中的实际问题。

3. 非政府组织

非政府组织也称民间组织，在国际上称为 NGO，是推进环保工作不可忽视的力量。民间环保组织和志愿者群体在开展环境保护的宣传教育，参与社会监督，鼓励检举和揭发各种环境违法行为，推动环境公益诉讼，促进生态文明教育民主制度的建立等方面发挥着重要的作用。通过组织相应教育培训、提供必要物质资助和具体工作上的指导，整合和发挥环保非政府组织的巨大潜能，引导他们积极有效地参与环保事业，这无疑是实施全民环境教育的有效手段。

4. 离退休人员

这个群体的最大优势是有时间、有热心，同时也积累了丰富的工作和生活经验，他们中不少人有高度责任感和使命感，希望能够发挥余热体现自己的社会价值。这批老同志是一笔宝贵的财富，要保护好、发挥好他们的积极性，地方有关部门可以倡导、组织和资助这些想为环保做点事情的退休人员，从事一些力所能及的环保宣传活动。

（三）完善教育机制

一是要完善领导机制，建立健全各级各部门生态文明教育组织领导机构，负责统筹规划、推动落实、资金筹措、督促检查，确保生态文明教育工作的常态化；二是完善生态文明教育指导文件、法规条例等规章制度，为生态文明教育的健康发展提供制度保障，使生态文明教育在科学化、法律化、制度化和规范化的轨道上运行和开展；三是积极探索资金投入机制，加大对生态文明教育投入力度，政府应设立专项教育基金，在财力上保障生态文明教育工作的顺利开展，同时拓宽融资渠道，鼓励、支持和引导企业、个人与国际组织投入学校、社区的生态文明教育建设；四是建立有效的监督评估和奖惩机制，保证生态文明教育依法依规开展，保障资金落实到位并通过奖勤罚懒、惩恶扬善抑制不良现象，调动和激发各方面的积极性和主动性；五是建立交流合作机制，加强与有关部门、基地间、国际间的交流与合作，共同推进生态文明教育上水平、上档次。

（四）拓展教育渠道

1. 家庭教育

一个人良好的生态伦理道德不是先验的，而是后天教育和培养的结果。家庭是每个人最重要的生活领域，家庭教育的起始性和终身性特点决定了它是整个教育环节的起点和基础，可以为个人生态责任意识的提升提供道德启蒙。一方面，家庭要有意识对子女进行生态启蒙教育，尤其要尊重孩子自身发展的规律，注重用丰富、直观和生动的生态现象引导孩子感知日常生活对自然环境的影响，让孩子学会观察、学会辨别、学会思考和学会行动，把生态知识的传授、生态情感的培养与行为习惯的养成有机结合起来，引导孩子自觉养成正确的生态道德观念、保护生态环境的行为习惯和健康的生活方式。另一方面，家长在家庭生活中要严以律己，率先垂范，以自己的生态行为给孩子树立榜样，如做到不铺张、不浪费，节约每一度电，节约每一滴水；爱护环境，不乱丢垃圾，对垃圾要进行分类处理；爱护花草树木，不践踏草坪，保护小动物等。这虽然是琐碎细小的生活片段，但榜样的力量是无穷的，必然对孩子生活习惯、消费观念和环境价值观念起着潜移默化的熏陶和导向作用。

2. 学校教育

学校是对学生进行系统教育的主要场所，学校教育是传承人类文明成果的主要途径和方式，也是培养学生生态文明素质的主渠道和主阵地。因此，要把生态文明教育贯穿于各级各类学校教学、科研、管理、改革和建设的全过程。

首先，构建学校生态文明教育体系。各级教育部门要将生态文明的内容贯穿于学校教育的全过程，建立和完善学校生态素质培养体系。就基础教育而言，要推动环境保护理念和知识进课本、进课堂、进头脑，在中小学师生中广泛开展生态文明行为规范和生态道德习惯的养成教育，以确保生态文明教育的顺利进行。就高等教育而言，高校要加强生态文明课程体系建设，强化学生的生态意识、环保意识和节约意识；加快生态道德课程体系建设，改革课程结构，建立相关多学科交叉和相互渗透的课程体系；结合各学科专业的特点开发利用生态文明教育资源，使课程内容与生态文明理念相融合，引导学生学会如何与自然、与社会乃至与自身和谐共处。

其次，加强校园环境建设和校园文化建设。学校是个小型生态系统，学校的环境对学生的思想和行为习惯起着潜移默化的影响。一方面，要加强校园环境建设，建设生态文明校园。这就要把生态意识引入校园整体规划之中，使校园建设各个环节中渗透生态文明的要素和理念；在建设过程当中要注重低碳环保节能，避免资源浪费和环境污染；加强对校园环境的综合整治，做好校园的绿化美化工作。另一方面，要加强校园文化建设，用生态文明的思想文化引导学生成人成才。这就要通过校园的宣传栏、广播、校报、校园网等媒介及时传播生态文明的教育内容；通过论坛、讲座、演讲、研讨、比赛、竞赛等形式宣传生态知识和观念，形成良好的校园生态文化氛围，使学校自身成为生态文明建设的先行者和示范者，让尊重自然、顺应自然、保护自然的观念逐渐深入人心，从而形成良好的生态文化氛围。

最后，丰富生态实践活动。"纸上得来终觉浅，绝知此事要躬行。"生态文明教育必须深入到实践中，将学生置于一定的生态关系及生态情境之中，在生态互摄的状态下使学生的生态认知得到验证、领悟、升华和践行。学校可以定期分批次组织学生到附近的森林公园、鸟类观测站、野生动植物园、野生动物救护繁育单位、自然博物馆、自然保护区接受生态环境知识和普及教育；到绿色社区、生态企业和生态工业园中参观和调查，了解污染物的危害和企业污染物的治理过程；参与开展水源监测、垃圾分类处理、清理白色污染、保护母亲河等环保志愿者行动，环保公益宣传和普法宣传活动等，让学生在实践中感受和领悟生态文明行为的重要性和生态建设的成效，从而使自己的认知和行为不断加以改进和提高。

3. 社会教育

人是环境的产物，社会作为一个开放性的、包容多样的教育环境，它对每个人思想和行为产生直接或间接的影响，这就决定了社会教育是进行生态意识教育的大舞台。生态文明教育不应仅局限于家庭、学校，它也是一种面向大众的、全面的终身教育。充分利用媒体、设施、社区等各方面社会教育资源引导和教育公众，提高公民生态文明素质，这是当今生态文明教育体系不可或缺的重要内容。

首先，加强舆论宣传引导。发挥大众传媒的影响和导向作用，借助广播、电视、网络等传统和新兴的公共媒体，广泛宣传绿色产业、低碳消费、生态人居环境、生态城市等有关生态文明建设的科普知识；建立交流沟通的互动平台，宣传党和政府有关生态环境保护政策，生态环境保护工作的进展与成效；鼓励和支持生态文化志愿者服务和文艺创作队伍建设，深入开展各种生态文化宣传活动，将生态文明的理念渗透到生产、生活各个层面。

其次，加强教育硬件设施建设。要加大投入，做好自然保护区、野生动植物保护基地、公益林区、水土涵养区的保护和建设并充分发挥其教育功能；建设一批生态农业示范基地、生态工业园区、生态社区，营造绿色的社会教育环境；利用博物馆、图书馆、科技馆、展览馆等场所开辟生态科普展馆，通过图片或实物展示、知识讲解和科学实验增强生态教育的科学性、直观性和趣味性。

最后，发挥社区教育的作用。社区教育是提高全社会生态文明素质与生态文明参与的重要途径。一方面，社区教育有助于普及生态文明知识。社区教育就是在学校教育的基础上充分利用终身教育这一优势，紧随观念更新、科技发展的步伐，及时有效地向社会大众传播生态文明的新观念、新知识，促进大众生态文明知识的更新与普及，从而有效地弥补学校教育的劣势和不足。另一方面，社区教育有助于强化生态文明意识，塑造生态文明行为。思想行为习惯的养成不会一蹴而就，也不会一劳永逸。人们的观念和行为的可变性及学校教育的局限性决定了生态文明终身教育的体系构建的必要性，必须把社区教育和学校教育结合起来，把知识技术和人们的生活紧密地结合起来，把宣传教育与实践参与结合起来，只有这样，人们的生态文明意识和行为习惯才能长久地保持下去，生态文明建设才有切实的保障。

第三节　促进广西生态文化的传承与发展

在生产生活实践中，广西各地的民族群众创造出了一套适应当地自然环境的传统生态文化体系，这成为他们表达特定自然观、宇宙观的思想理论基础，经过历史的积淀，构成了少数民族生态文化的独特内涵。其生产方式、宗教信仰、历史习俗和生活习惯均蕴含着浓厚的生态保护意向、生态保护智慧和生态文明精神。对维持生态平衡、保护生态环境和促进可持续发展有着独特作用与功效。因此，加强广西民族生态文化建设，促进民族生态文化的保护、传承与创新具有重要的意义。

一　生态文化的含义

一般来说，生态文化是指人们遵循"人—社会—资源—环境"相适应的规律，调整自己的意识、制度和行为，在人与自然和谐相处的过程中，形成人类的生存智慧和生存方式。其核心价值是人与自然的和谐发展，是主导人类健康、文明、有序发展的力量源泉。因此，生态文化可以分为精神、制度和物质三个层面：精神层面的生态文化是生态价值观，是人们在生产和生活中的生态伦理准则；制度层面的生态文化是政府为了保护生态环境而制定的法律和政策；物质层面的生态文化是生态价值观的有形体现，生态主题公园、生态博物馆以及相关技术设备不仅反映着人类的生态价值观，而且展现着人类的生态环保成就和能力。① 生态文化决定人们的思维方式，影响经济增长模式的选择、相应的制度安排以及对生产行为和生活方式的选择。

二 广西民族生态文化的具体表现

长期以来，广西各族群众在对自然环境的依赖和利用的实践中，积累了朴素的生态环境保护的经验和人与自然和谐相处的智慧。它不仅体现在各民族的宗教信仰中，也体现在其生产方式、乡规民约、生活习俗、节庆文化等不同侧面，形成了一系列民族生态文化的行为表现，其中不少与当代生态文明特征相吻合。

（一）生产方式

自古以来，八桂大地以山地、旱地和水田为主，主要以种植业为主。耕作方式采取了轮种、套种、间作、歇耕等多种措施轮歇休耕，不过度开发，减轻甚至避免了土地的荒漠化；在一些干旱山区和山区，还采取建造梯田和打拦水堤坝等措施，对预防水土流失也具有很好的效果。另外，广西人有使用农家肥的传统，一般尽量避免使用化肥和农药，这不仅经济实惠，而且不污染环境，也有利于增强土地肥力。这些生产习惯体现了民族群众的生态保护意识，有利于农业的可持续发展。

---

① 王禁、莫宏伟：《科学发展观视角下的生态文化建设》，《中共山西省直机关党校学报》2010 年第 2 期。

（二）生活习俗

广西群众认为花香鸟语、绿茵铺地、森林茂密、山泉叮咚，是大自然给山乡同胞的福祉，一些少数民族在村寨的选址上透视着人与环境的密切关系。如居住在山地的瑶族有句"下面宜耕、中间宜居，上面宜牧"的谚语就体现了他们与自然相适应、相和谐的生产生活方式。居住在平地的村寨，通常都选择前有水有地，后有山的地方。村后的树林既可美化环境又可放牧及采摘，村前的土地可进行耕种保证生活来源，形成一条系统利用生态的链条。村后的山习惯上就叫"后山"，一般林木茂盛，被视为该村"龙脉"所在，不但禁止砍伐，甚至到后山上拾柴，也被视为不好的行为，会受人诟病。居住在大瑶山的瑶族砍伐柴薪很讲规矩。他们将山林划片，实行有计划砍伐。今年砍这一片，明年砍那一片，按户均分所砍柴薪。砍伐时间从正月至清明止。清明以后是树木生长期，不准再砍。砍后不准挖蔸，不准放火烧，不准锄地种植作物，以利树木再生长。这样循环往复，十至十五年以后又可再砍。从这里看出，瑶族民众这样有时间性有计划地砍伐，是充分考虑了森林的可再生性的。[①] 合理节制、充分有效地使用有限的资源，这对生态环境的可持续发展无疑是有益的。

饮食方面，忙吃干、闲喝粥，既吃白米也吃五谷杂粮。装饰方面，衣服、生活用品、房屋上大多有花朵的绣饰，动物、植物图案及造型。居住方面，与广西山区水边地湿、虫多相适应，广西各民族的传统民居是高脚屋（吊脚楼），也可称为干栏建筑，其中又以壮族和侗族民居最有代表性，这种建筑能更好地防范地理环境造成的危害，这些都跟广西民族群众热爱自然、顺应自然与适应自然的生态理念是分不开的。

---

① 陈贻琳：《可持续性：西江流域生态文化的本质特性》，《艺术科技》2013 年第10 期。

（三）宗教文化

宗教文化的传播也对广西各民族先民的传统生态文化和伦理道德带来了不同程度的影响。生活在广西山区的一些少数民族因世代农耕生产而对大自然产生了崇拜和敬畏的心理，大多相信"万物有灵"，许多保护自然生态的习惯，更多的是为了不触怒、亵渎"神灵"或期望得到神灵庇佑，从而获得更好的生存环境。如广西不少民族都信奉"树神""水神""山神""土地神"等，甚至是动植物图腾崇拜，其间蕴含着丰富的生态观念、生态意识和生态行为方式。这些敬畏生命，敬重自然的教义和信仰传统不仅流露出他们对大自然的信赖和热爱，而且强化了人们对水、林木、土地等自然资源的尊重和保护。

（四）乡规民约

广西少数民族很早就通过一些习惯法、村规民约从制度层面来捍卫生态环境，尤其是一些惩戒性的规定对自然生态环境的保护发挥着重要作用。

侗族的《款规》中，有对破坏地脉、毁坏田塘、破坏森林、偷柴偷笋、偷水截流等行为的规范和对犯者的处罚规定。① 各地的乡约、民约中都有保护林木、水源、耕地的规定和处罚方式，如罗城仫佬族民国 23 年的乡村禁约规定：不拘公有私有的山林，概行禁止放火；各村山场多是田水发源地点，不论何人，不准入山乱行砍伐，偷取林木，如有违犯，罚金三十元以下。武阳区乡村禁约规定：凡水源山内所有树木森林，只许取伐干柴，生柴则不准，更不准遍山砍倒留干；只准肩挑，不准放大帮柴火由河放下发卖。如有违背公议，私自砍伐者，处以十元以下之罚金，并谢证人花红三元六角。②

罗城县的仫佬族乡村大梧村有块石碑名为《孙主堂断祠记》，

---

① 杨和能、周世中：《略论侗族款约的当代价值——黔桂瑶族、侗族习惯法系列调研之五》，《广西社会科学》2006 年第 10 期。

② 张有隽：《广西通志·民俗志》，广西人民出版社 1992 年版，第 187 页。

列了三条类似乡规民约的文字，其中第二条第三条（表示逐一罗列，所以每一条的序号都是"一"）的内容是：

一、村内各家收养六畜，自行照看检管，不得任其践踏毁坏（庄稼），如被六畜伤残，原主即禀甲长点验，去一赔二，而村内亦不得借事生枝，如有行赶人六畜入田地，借甲款勒罚，查知论反坐罪，送官究治。

一、各坝水沟，春夏秋冬四季，俱要取水灌养禾苗生理。如有不法贪心，私行撬挖戽鱼，截沟装签，查知，甲长理处责罚，如抗不遵，甲长送官究治。①

上述可看出，广西各族群众不仅重视环境的原生性，而且还能够自觉地通过多种方式去优化自然生态环境，实现人与自然和谐相处。

三　繁荣广西民族生态文化的路径思考

广西是一个多民族省份，在各民族的文化传统里，都孕育着丰富多样、博大精深的生态文化。它植根于当地的生产生活方式，并以宗教信仰、曲艺文学、道德伦理、乡规民约、风情习俗等形式保存下来，形成各族群众朴素的生态伦理观念。在生态文化建设中，要把深入发掘和有效保护结合起来，批判地继承和发展中国传统文化和广西各民族的传统生态思想和地方性知识，建立健全一套与之相适应的生态文化体系，让扎根于民族和民间社会生活中的生态观念和生态文化传统与现代生态理念有机地结合起来，使之得以更好的传承并发扬光大，这是当前广西生态文化建设的重要途径。

（一）吸取我国传统文化的精髓

中国古代的生态文化博大精深，源远流长，我国古代文化正是

---

① 罗城仫佬族自治县志编纂委员会：《罗城仫佬族自治县县志》，广西人民出版社1993年版，第582页。

以传统生态文化观念为核心呈现了人与自然、人与人、人与社会和谐共生的生态文明环境,其基本精神与生态文明的内在要求具有高度的一致性,其固有的生态和谐观,为生态文明建设提供了坚实的哲学基础与思想源泉。如古代的"中""和"思想,认为达到了中和,天地就能各安其位,万物就生长发育,就能享受生态文化之美、生态文明之乐;"道法自然"就是因顺自然,合乎自然,把崇尚自然、敬畏天地和尊重自然规律作为人生行为最高准则和基本遵循。"天人合一"就是要天人相应,顺应天时,把自然界作为统一的生命系统,强调尊重自然界中一切生命的价值,对自然界不能随心所欲,要在顺应自然规律的基础上利用其为人类谋福利;"阴阳五行"就是对立统一,相辅相成,要求正确处理人与自然的关系,适应特定的自然生态承载力,蕴涵着丰富、深刻的生态系统思想。一个民族的文化是不断延续并影响深远的,这些植根于中华民族优秀文化深厚土壤的哲学理念和生态观念,对中国乃至世界产生了深远的影响,生态文化建设必须回溯到灿烂的中国传统生态文化中寻找启示并加以借鉴,吸取传统生态文化的精髓,提炼有利于生态文明建设的思想内容,才能更好地完成生态文明建设的重大使命。

(二) 弘扬广西本土的民族生态文化

广西传统生态文化是各民族对其所处独特的地理环境和自然资源的一种社会生态适应。自古以来,广西各民族的经济发展模式就以农林牧渔业生产为主。在长期的生产实践活动中,人们积累了丰富的生产经验,同时也积累了一套如何与自然协调的生态知识与认知体系,构成了广西本土的民族生态文化。本土生态文化建立在本地区特有的自然生态和人文生态基础上,是对本地区人民长期的生产方式、生存智慧和生活经验的总结,在内容上与其所在地区的生产力状况、自然地理环境和生态要求有着天然的联系与契合。这其中蕴藏着许多我们还未知或未能理解的知识宝藏,其中生存意义、生态意义和发展意义还需要后人更为细致地去挖掘和开发。例如,广西一些少数民族宗教文化中有很强烈的自然崇拜特征，其实质是与农耕文明相适应的大生态观。反映了古代民族群众珍爱自然、保护环境的价值取向；一些民族有讲究风水的习俗，如侗族村寨的山林、水塘被认为是有"风水"的地方，不许乱挖乱填。当然，我们也要清醒地认识到，经验性、朴素性、直观性是传统生态文化最大的特点，同时也是它的局限性，需要对民族生态文化进行去粗取精、去伪存真，合理扬弃，以适应时代发展潮流。

需要强调的是，广西属于西部欠发达地区，与中东部地区相较而言，生产力水平低且发展不平衡，尤其是少数民族聚居的山区地区经济社会发展滞后，对本民族文化信心不足，文化自觉性不强，作为文化自觉者的责任与使命不仅要挖掘和利用本土的民族生态文化，也要结合时代要求和现实需要，超越定见偏见，增强民族的自信心和自豪感，唤醒其文化自觉意识，才真正有可能使生态保护的观念成为社会长久共识。

（三）加强和完善生态文化的制度建设

在长期的社会生产生活实践中，广西各民族形成的生态文化是在特定的自然环境、经济社会状况和文化背景下形成和发展起来的，遵从的是族群伦理、乡规民约、宗教教义和风俗习惯，并通过它们表现出来，没有严格的权利和义务之分，本身缺乏制度化层面的内容，如在广西一些侗族聚居村寨，特别重视对森林的保护，每当新生儿刚刚出生，其父亲就要购来杉树苗在荒山栽下并要护理保证它成活。这种自发的种树育林，在侗族已有千百年的传统，然而这种缺乏系统性和制度性的形式离生态文明建设所要求的却还有不少差距，这就需要我们在坚守民族生态文化的合理内核，传承民族生态文化规范的基础上实现对传统文化的发展与创新。要对民族群众生产生活中生态文明理念给予充分肯定，对其良好的生态行为，给予表彰和奖励；要利用民族地区的自治条件，制定适合本地实际的地方法律法规，并把自然禁忌、族群伦理、宗教信仰、乡规民约、习俗习惯中有利于生态环境保护的一些理念和做法体现于其中；要实行严格生态保护制度，严格执法，"以事实为根据，以法律为准绳"，及时有效地打击生态破坏和环境污染行为。

（四）充分发挥政府在生态文化建设中的主导作用

政府作为社会管理的主体，是生态文化建设的第一责任者。政府要制定相应的法规条例，使生态文化建设走上规范化、法律化和制度化轨道；要加强政策保障和制度安排，把资源节约、环境友好的要求落实到生产生活的各个领域；生态文化的发展要与政策法规的完善结合起来，加快生态文化建设的顶层设计，健全生态文化考核指标体系；建立健全生态文化建设群众监督举报制度，设立领导接待日和举报热线、信箱等；完善生态文化扶持政策，促进银、政、企紧密合作，构建主体多元、渠道和方式多样的投融资机制，加大对生态文化建设的投入；要利用报纸、广播、电视、网络等各种大众媒体，展开全方位多层次多形式的舆论宣传和理论知识普及；广泛开展生态文化建设宣传教育活动，围绕节约资源、保护环境、绿色消费等主题，结合世界地球日、世界环境日、爱鸟周、植树节、世界无烟日等开展形式多样的环保实践活动，组织、动员全体社会成员参与到生态文化建设的实践中来。

（五）加大基础设施建设，完善生态文化载体

生态文化基础设施是传播文化科学知识和精神的重要阵地，是生态文化建设的重要物质基础。要结合新农村建设加强农村生态书屋、乡村生态文明大舞台和乡镇生态文化站建设，配备生态文化服务车、电影放映车和流动舞台，帮助和扶持基层兴办生态文化馆、图书馆、剧团和影院，使之成为群众享受生态文化、增强文明意识的主阵地；加强生态公益林建设、自然保护区建设，城市公园绿地建设，最大限度地发挥森林的生态效益；加大自然保护区、森林公

园、文化馆、科技馆、博物馆、图书馆等生态文化产业基础设施建设投入力度，加强城乡清洁工程、园林城市创建工程和生态文明示范工程建设，建设一批"生态文化示范企业""生态文化示范村""园林示范城市""生态文化示范基地"和"生态文明教育基地"，发挥榜样的教育引导、模范带头和示范带动作用，以点带面推动广西生态文化建设。有资料显示，广西"加大生态示范创建力度，积极推进生态建设示范区创建，南宁市良庆区那马镇等 47 个乡镇获得"自治区级生态乡镇"的命名，柳州市柳城县冲脉镇指挥村等659 个行政村获得'自治区级生态村'的命名。全区'自治区级生态乡镇'已达 118 个，'自治区级生态村'已达 1469 个"①。"北海市海洋生态文明示范区获国家海洋局批准通过，成为我区第一个国家级海洋生态文明示范区"②。"南宁市荣获首批'国家生态园林城市'称号，南宁市、桂林市、柳州市、梧州市、北海市、百色市、玉林市、钦州市 8 个设区市和县级北流市已获'国家园林城市'称号，凌云县、鹿寨县、乐业县、平果县 4 个县获'国家园林县城'称号。14 个设区市和 26 个县（市）荣获'广西园林城市'称号。贺州市、融水苗族自治县、东兰县、金秀瑶族自治县、凌云县入选生态保护与建设示范区；玉林市、富川瑶族自治县入选第一批全国生态文明先行示范区；桂林市、马山县成为第二批国家生态文明先行示范区"③。

（六）大力发展生态文化产业

生态文化产业是生态文化体系建设的重要支撑，要遵循经济效益、社会效益与生态效益相统一的原则，使生态文化产业成为绿色产业新的经济增长点；充分利用广西丰富的森林资源、生物资源和

---

① 广西壮族自治区环境保护厅：《2015 年广西壮族自治区环境状况公报》，《广西日报》2016 年 6 月 3 日第 6 版。

② 同上。

③ 同上。

海洋资源，以自然保护区、森林博物馆、湿地公园、海洋公园、地质博物馆、生态文化教育示范基地等为主要载体，构筑以森林文化、湿地文化、地质文化、茶文化、药文化、花果文化、野生动植物文化、生态旅游文化等主要内容的生态文化宣传体系，做强做大广西生态文化产业；利用广西独具特色的民族原生态文化、历史文化资源，大力发展民族特色的生态文化产业；扩大文化传播交流渠道，开展多种形式的生态文化交流，打造广西生态文化品牌，在南宁"大明山国际山地养生旅游节"、金秀"世界瑶都生态养生文化节"等一批新兴生态文化产业品牌培育的基础上，鼓励、支持和引导各方投资者投资生态文化产业，提高生态文化产品生产的市场化、专业化和规模化水平。另外，重点培育和建设一批民族生态文化旅游基地、民族生态物质文化和非物质文化遗产保护挖掘整理基地、民族生态文化演艺基地、民族生态文化工艺品生产基地、民族生态文化艺术摄影基地、民族传统体育项目训练基地和民族生态文化绝技绝活基地等。[①] 以广西百色市靖西县为例，靖西县位于云贵高原边缘，地处广西西南部中越边境，全县总面积3322平方公里，辖19个乡（镇），总人口65万人，为广西边境人口大县，居住着壮、汉、苗、瑶、回、满等11个民族，其中壮族人口占99.4%，为全国典型的壮族人口聚居县。靖西优美的自然景观，众多的人文古迹以及浓郁的民族风情，被誉为"壮民族原生态文化活的博物馆"。靖西壮族织锦技艺2006年被列入第一批国家级非物质文化遗产名录。靖西端午药市、陶器制作技艺、末伦等6个项目同时获自治区级保护名录。旧州街被文化部授予"中国民间艺术之乡""国家文化产业示范基地"称号，靖西县壮锦厂2011年10月列为第一批国家级非物质文化遗产生产性保护示范基地。先后建成全国首个

---

① 韦仁忠：《论青海生态文化及其体系构建》，《甘肃联合大学学报》（社会科学版）2011年第5期。

壮族生态博物馆——旧州壮族生态博物馆和广西首个非物质文化遗产展示馆——靖西非物质文化遗产展示馆。靖西淳朴的民风民俗及浓郁的壮族风情正彰显其独特的魅力。①

<hr>

① 赵京武：《靖西：壮民族原生态文化活的博物馆》，《百色学院学报》2014 年第6 期。

第四章

构建广西生态资源的
可持续利用机制

回顾历史，人口、环境、资源、经济、社会的关系失衡和失控是工业革命以来人类社会最严重的失误；展望未来，它们彼此之间的一体化研究和控制是 21 世纪人类社会所要面对的最重要的课题。1992 年在巴西召开的联合国环境与发展大会通过的《21 世纪议程》提出，要把可持续发展作为全球的基本行动指南和发展战略。我国是一个人口众多、生态环境脆弱、人均资源占有量少的发展中国家，我们不能再复制发达国家通过大量消耗资源和严重污染环境来促进经济增长的传统发展模式和"先污染，后治理"的发展道路，必须从我国的国情和广西的区情出发，探索促进广西的人口、资源、环境与经济、社会协调可持续发展道路。

第一节　广西人口发展与资源环境
承载相协调

一　人口因素与资源、环境因素的辩证关系

（一）人口、资源与环境

自然界包括了人类在内的一切物种及其生存环境，而人口、资源、环境是其中相互关联、不可分割的三个重要因素。

1. 人口

人口的概念并不能等同于人或者人类，因为人或人类只是区别于动物的一种物种的总称，而人口则是有一定时间和地域限制的。具体来说，人口是一定历史时期、一定区域和社会范围内由单个人有机组合而成的社会群体。作为一个综合、复杂的社会实体，从静态来看，人口有地域、年龄、性别和种族方面的自然构成，也有在生产关系中不同地位的经济构成，还有在社会阶级、阶层不同层次的社会构成。从动态来看，人口有规模、结构、质量、分布、迁徙和流动等变化和变动过程。一般来说，人口发展是指人口的总量、结构、质量和分布等的变动。人口是全部社会生产和社会生活的主体，作为开发资源、改变环境和物质消费的能动力量，人口本身是一切社会结构体系存在和发展的基础和前提。人口作为一种特殊的形态的资源，具有生产和消费的两重性，主要通过经济系统和社会系统与生态环境系统发生相互关系，通过生产方式和生活方式对资源环境产生影响。人口作为社会物质生产和消费的基础性要素和能动性因素，在"人口—资源—环境"复合生态系统中处在关键的位置，居于主动的地位，人口要素在发生变化的时候，必然会导致资源环境发生相应变化。当然，对生态环境现状和评价也可以通过人口、资源、环境的协调水平来反映和实现。可见，人口变量与资源环境的动态均衡是实现可持续发展的基本要素之一，人口与资源环境问题，总的来说就是协调和可持续发展问题。

2. 资源

资源，有广义和狭义之分，就广义而言，是指在一定历史条件下，某国或某个区域范围内所拥有的人力、物力、财力等各种物质要素的总和，它包括自然资源和社会资源。就狭义而言，主要是指自然资源，包括土地资源、水资源、矿产资源、能源资源、气候资源和生物资源等。自然资源可分为可再生资源和不可再生资源。区域资源的丰裕程度是影响地区人口和经济社会发展的重要因素之一，资源的开发和利用效率又反映一定区域的生产力和科学技术的水平。在当前经济全球化的背景下，人口、经济、科技和社会因素的快速变化，使得自然资源的利用方式、目的和途径都发生了急剧的变化。对于一个国家或地区来说，正确分析人口发展与自然资源变化的辩证关系，揭示当前自然资源的变动的规律性，科学、合理地整合、开发和利用自然资源，对于促进该地区和国家自然资源的可持续利用无疑具有重要意义。

3. 环境

环境与资源是既有联系又有区别的两个范畴。在这里，环境是指影响人类生存和发展的，已经成为或将要成为人实践对象的自然要素的总体以及它们之间相互作用形成的生态关系的总和。构成环境的基本要素包括大气、水、土地、动植物、自然遗迹、人文遗迹以及人与自然要素长期共处形成的各种依存关系。环境是人类及其他一切生物的栖息地，基本物资的供给、废弃物的消纳、生态服务和舒适性精神享受的提供是其基本功能。

总的来说，资源与环境是大生命体系为人类的生存和发展提供的自然馈赠，是一个国家和地区发展的基础性资本。然而，资源环境作为人类生产生活的物质供应者和承载者，一方面，人类对资源的开发利用改变了环境的表象和构成。另一方面，人类经济活动产生的废物和废能量均排向环境，可能对环境造成污染和破坏。在人口与资源、环境的关系中，环境自始至终处于被动地位。人作为生态文明建设中的唯一能动因素，要处理好人口容量和资源环境承载，物质生产和生态环境约束的关系，倍加爱护人类生存的支持系统，实现人口、资源与环境的动态、综合平衡和社会的全面协调可持续发展。

（二）人口因素对资源环境的影响

我们所处的生态系统是一个以人类活动为主导，以资源利用为基础，以自然环境为依托，以一定的生产方式为经络的"人口—资源—环境"的复杂、复合系统。人们通过经济和社会系统不断改造和利用资源环境的同时，资源环境对人口发展产生反作用，两者互相耦合又相互制约，构成辩证统一的交互体。

1. 人口数量对资源环境的影响

人口数量问题的一个表现形式是人口的容量问题。人口容量是一个国家或地区利用本地资源所能持续供养的人口数量，其实质是资源与人口的恰当比例关系。一般来说，一个国家或地区都需要有一定数量的人口作为其发展的前提和基础。在一定的时空条件下，存在一个社会理想状态的适度人口，这个适度性受生产力发展水平和资源环境的丰裕程度制约。伴随着经济社会的不断发展和人口总量的持续快速增加，造成在同等消费水平下的总消费需求的扩大，人类赖以生存的资源环境消耗和压力在不断加大。日益膨胀的人口规模必然导致人类对自然资源和自然环境的过度索取，使自然生态系统偏离有利于平衡的状态，有些区域甚至远远超过当地所能承受的人口容量。生存的需要或者发展的需要驱使人们不顾环境的承载能力，加紧对自然资源进行掠夺式开发经营以追求物质产品总量，这必然造成资源枯竭和环境恶化，使人类赖以生存的自然基础遭到破坏。从历史上看，传统的"高投入、低产出"的经济增长方式就产生了许多生态环境脆弱性问题。可见，人口激增一方面会导致生态系统的良性循环受到干扰和破坏；另一方面造成了巨大的资源短缺并加剧了环境污染，最终将威胁到人类自身的生存。如粮食需求的增长增加了土地资源的压力，过度农垦可能导致土地退化、水资源污染、水土流失、森林植被减少、动植物栖息地受到破坏和物种灭绝；推进城镇化和工业化的需要，过度开发可能导致能源紧张、原料短缺、气候恶化、环境污染；生产生活废弃物排放超出了生态环境的消纳、同化能力和自我更新水平，可能导致环境质量下降和环境污染等。因此，控制人口无序增长无疑是防止生态环境进一步恶化的一个重要方面。

2. 人口分布对资源环境的影响

人口分布是影响自然生态环境的又一个重要因素。如果人口分布合理，不超过资源环境的承载能力，自然生态系统可以通过自身的调节功能进行自我净化和自我更新，从而保证人与自然和谐相处。如果人口分布过于稀少，资源环境没有得到合理、充分的开发和利用，就会造成环境资源的浪费。如果人口分布过于集中，那么资源的开发和污染物的排放就会相对集中，如果得不到有效的调节和控制，超出自然生态环境系统承受的阈值，就会造成污染甚至是破坏该地区的生态环境。

我国目前人口数量分布是南多北少；经济指标是南高北低、东高西低；人均自然资源则南少北多，东少西多，区域之间差别较大，结构不是十分合理。尤其是城乡人口的分布对资源环境影响比较突出。西部民族地区（比如广西）的广大山区和农村，既是国家的生态屏障地区和生态脆弱区，同时也是相对贫困和落后的地区。贫困落后地区的群众家庭户的人均收入水平较低，大多以当地自然资源为基础进行初级生产活动，对生态环境依赖很大。人们为了满足生存的需要和改善生活状况，过垦过牧，造成了环境的破坏和生态的恶化。加上当地生育率较高，人口自然增长率较高，更加剧了人与自然的矛盾。可以说，贫困、人口增加和环境退化之间的恶性循环是西部民族地区山区农村的贫困机制。

城市化是世界发展的趋势，农村向城市为主体的人口流动的现象，将在我国中长期内持续存在。随着大量农户家庭市民化和向中心城镇集中，自然地理条件薄弱、交通不便、生产生活恶劣的边远山区和农村地区的人口压力和资源环境压力将逐渐减轻，生态贫困问题也将得到有效解决。从某种意义上来说，农村劳动力的城市转移和农民工的市民化无疑是西部生态脆弱地区比较好的扶贫模式。然而，在一般情况下城市化水平与资源环境破坏呈正相关关系，大量人口涌向城市尤其是大城市，势必会增加对资源能源的消耗和废弃物的排放，还会给城市环境带来诸多问题：空气污染、噪声污染、水污染、城市生活垃圾污染、交通拥挤、住房拥挤等，加剧了城市的人地、人与资源、人与环境的矛盾，产生了一系列威胁人们工作和生活的环境问题，直接威胁人类自身的生存与发展。

3. 人口素质对资源环境的影响

人与自然能否和谐相处固然与人口的数量、分布紧密相关，但是人口的素质问题也不容忽视。人口的素质通常用德、智、体来表述，包括思想观念、道德品质、劳动技能、生产经验、身体素质及科学文化知识水平等。人口素质影响着人们的思想意识、价值判断、行为取向和行为模式，决定着人口、资源、环境之间的互动和运作。人们以什么样的生态伦理来规范自身的行为，通过什么样的手段和途径去处理与自然的共存关系是解决资源环境问题的根本途径之一。通常情况下，人口的文化素质与环境污染之间呈现出一定的负相关关系。人口素质过低意味着人们节约资源、爱护环境的意识淡薄，综合利用资源、保护环境的技术手段落后，从而无法自觉、有效地约束和控制自身活动，甚至有些人还有意识地、不择手段地破坏生态环境。相反则表现为人们有着强烈的环保意识、较高的科学技术素养和文化程度，这对于提高资源的利用效率，有效防治环境污染是非常有利的。

（三）资源环境因素对人口的影响

在人口系统和自然资源环境系统组成的社会大系统中，资源环境对人口有反作用，生态环境的优劣影响着人口的数量、分布和质量状况。

1. 影响人口数量

每一个个体是人口构成和资源需求的最基本单位。个体衣、食、住、行等生存和发展所需的资源主要来自自然界。在一定的时空条件下这些资源的获得与利用是有一定限度的，而人口的数量与其资源需求密切关联，因此，自然资源的总量与人口总数存在着是否合理承载的关系。

2. 影响人口质量

人靠自然界存活，良好的资源环境条件是提高人口素质和人口质量的自然条件。反过来资源破坏、环境恶化对人口的发展有非常明显的限制和约束作用。主要表现为：生态资源环境恶化，会影响人们的身体健康，缩短居民寿命，也危及后代人生存发展；生态环境的脆弱引起各种灾害发生，使人们蒙受生命和财产的损失，影响人口生活质量的改善；生态资源的破坏和生态环境的退化加剧了贫困和脱贫人口返贫，使人们丧失经济物质基础；自然资源的短缺造成资源争夺加剧，摩擦与冲突增多，影响社会的和谐。

3. 影响人口分布

一般来说，个人或家庭往往出于福利最大化的考虑而从一个地方迁移到另一个地方。相对于其他地区来说，资源匮乏和生态脆弱地区的经济发展水平普遍落后，人均收入较低，人们从资源匮乏和生态脆弱的地区迁移到资源环境条件较好的地区，是因为该地区的自然生态条件较好，资源相对丰裕，工商业发达，人们的生活质量较高。

二 促进广西人口、资源、环境协调发展的路径思考

（一）合理调控人口规模，优化人口结构

广西是我国的人口大省，人口多、增长快、资源环境压力大仍是广西当前人口发展面临的主要问题，促进人口增长与生态环境的可持续发展，已成为广西当前一项刻不容缓的任务。

1. 开展人口科学研究

要在科学发展观的指导下，开展人口科学研究工作。一方面，做好人口普查、人口调研、资源勘测、环境调查等基础性工作，摸清全区人口、资源、环境的状况，为政策的制定和政府决策提供依据；加强广西区情的研究和人口与可持续发展理论和实践的研究，

探索符合广西区情的人口发展模式；加强区内外的学术交流与合作，积极吸收借鉴区外和国外先进的人口控制与管理经验，推动广西人口、资源、环境协调发展。

2. 控制人口数量

广西的生产力水平不高，经济基础薄弱，生产社会化程度低，人口增长受资源、环境容量的约束力大，回旋余地有限，合理的人口增长是可持续发展的必要条件。因此，要减轻人口对资源环境的压力，计划生育工作仍应坚持开展下去，不能放松；要围绕战略目标，制定和完善计划生育政策，控制人口规模。就当前而言，广西要严格执行国家的"二孩"政策，稳定生育水平。一方面，通过建立利益导向机制引导人口增长，对于遵守国家生育政策的家庭给予一定的物质和精神奖励；对于违反生育政策的要征收社会抚养费和相关惩罚费，切实维护党的政策的科学性和严肃性。另一方面，要倡导新型婚育生育观念，摒弃养儿防老的旧有传统观念，完善计划生育奖励扶助政策、社会救助机制和社会保障体系，尤其要改善和完善医疗机构与建立健全社会养老保障机制，解除广大群众的后顾之忧。

3. 加强人口管理

人口发展目标是建立在现行生育政策基础之上的，全区各级政府和相关部门应该根据人口系统中存在的主要问题，不断调整和完善现行的人口管理政策和措施。要坚持"以现居住地管理为主，有关部门齐抓共管，综合治理"的原则，党政一把手亲自抓、总负责，严格责任追究，有效控制人口增长；要充分考虑到人口、资源、环境问题的长期性、累积性和交织性的特点，尽可能保持人口政策和管理措施的稳定性和连续性；严格执行国家的"二孩"政策，杜绝计划外生育，在控制人口数量的同时，合理调控人口结构；加强计划生育管理和服务网络建设工作，整合现有人口管理方式和手段，实现人口管理体制创新；依法管理人口，将人口控制纳入规范化和法制化管理轨道。

（二）提高人口质量

人口质量是人口在质的方面的规定性，是指人口群体在一定生产条件下认识世界、改造世界应具备的能力和素质。身体素质是人口质量的载体和自然条件，思想品德、文化素养和专业技能是人口质量的社会条件。一般来说，人们往往把后者作为衡量人口质量的主要标志。因此，促进广西人口与自然生态环境协调发展，除了适度的人口规模，更重要的是要有人口质量意识，把人力资源的开发放在可持续发展的中心环节，逐渐从过分依赖自然资源开发向偏重社会资源和智力资源开发转变，通过提高人口素质把人口资源转变为保护和建设生态环境的人力资源，从而形成人口、资源、环境与发展的良性循环。

1. 优先发展教育事业

"百年大计，教育为本"。教育是提高人口素质的前提条件和最基础性的工作。广西各级政府要切实落实"科教兴国"战略，加大教育经费投入，大力发展基础教育和高等教育，尤其是要重视广大山区、农村人口的教育状况和文化素质的提高，切实改善广西人口素质结构城乡分布不均衡的局面；重视兴办成人教育、职业教育，构建终身教育体系框架，尤其要注重整合各级各类职业学校的培训资源，因地制宜地开展各种形式的职业辅导和职业技术培训，提高劳动力的职业素质和职业技能；鼓励社会力量办学，实行投资主体多元化，拓宽教育的渠道和途径；提高教师素质，优化教师结构，建立一支素质高、业务精、有活力、有作为的教师队伍。

2. 加强宣传教育和舆论引导

加强舆论引导和宣传教育普及工作是提高人口质量意识和生态意识的关键，要充分应用各种新闻媒体、传播手段或者通过各种群众喜闻乐见的活动和形式，多层次、高密度、全方位地向广大群众宣传生态建设的知识和技术，促进他们生态建设素质和能力的提高；注重人们婚育观念的转变，加大宣传力度，从正面引导群众优生优育，用科学文明进步的婚育观念教育群众，消除重男轻女的封建思想禁锢，提高实行计划生育的自觉性；提高不同层级的领导干部的生态素质，使决策和政策的制定更符合当地实际，更有利于提高当地生态建设的水平和质量；要加强环境道德教育和生态法制教育，不仅使人们认识到生态环境遭到破坏后的危害，更使人们认清人类为自身生存所应履行的道德义务与法律责任；加强生态审美的宣传教育，唤起人们欣赏自然的审美情趣，激发他们热爱自然、崇尚自然的热情，端正他们珍惜、爱护自然环境的态度，促使他们自觉保护自然和创造美好的生态环境。

3. 大力发展医疗卫生事业

人口的身体素质是人口质量的载体和自然基础，一方面要培养和激发人们的保健意识和健康意识，增强身体机能，为进一步提高广西人口身体素质打下良好的基础。另一方面，进行医疗保健制度改革，改善人口的医疗卫生条件，完善医疗保健及服务工作，使人力资源的健康得到充分的保障。

（三）提高资源环境承载能力

从生态适度人口的计算结果来看，目前广西资源环境承载能力相对较低，致使一些地方生态赤字人口的出现。如果能够提高环境资源的承载能力，可以直接增加适度人口容量，减少生态的赤字人口，实现人口、资源、环境共同约束下的理性发展。

1. 构建资源环境综合评估机制

为加强生态风险的防控，实现资源环境的优化管理，更好地评价广西人口、资源、环境与经济社会的协调性，各级政府有必要建立可持续发展框架下的广西资源环境综合评估体系。通过建立广西生态综合评估指数体系和风险资料库，建立资源开发利用的生态效益评价系统和生态灾害预报预警系统。通过构建评估机制，一是可为广西生态资源环境研究提供基础数据，为政府及有关部门制定政策和科学决策提供可靠的依据；二是有利于监控人口发展与生态环境脆弱性现状及变化，科学评估人类行为对资源环境的影响过程和调控能力；三是通过对生态灾害进行科学准确的预测和预报，降低生态风险；四是可以落实部门职责，便于部门间工作的协调、配合以及责任的追究。

2. 合理有效地开采和利用资源

人类的生存与发展离不开资源的利用，资源的可供给量的多少将直接影响人口、经济和社会的可持续发展。因此，在开发利用资源时，要充分考虑广西的区情和广西的资源约束条件，注意资源节约，积极开发和使用节能环保型和资源节约型产品，积极研究和探索资源尤其是稀缺资源和不可再生资源的替代品，以寻求自然资源的不断增殖和永续利用；要改变过去只重 GDP 的增长而过度耗费资源、牺牲环境的做法；要通过科技创新和产业创新，提高资源的利用效率和废弃物的综合利用率，通过节能、降耗、增效，提高资源的利用效益；要改革资源价格体系，发挥市场在资源配置中的决定性作用，通过市场机制调节调控资源的优化开发和合理有效配置，最大限度地发挥资源的效率，以获得资源开发利用最佳的经济效益和社会效益。广西作为一个农业大省，尤其要加大农村土地制度改革力度和加快农业综合开发，在保证基本农田数量的基础上，加强土地集约利用，建立现代农业，挖掘耕地的生产潜力，努力提高土地的投入产出率，增强当地土地人口的承载能力；将工程措施与生物措施相结合，扩大森林和植被的覆盖面积；合理开发地表水，科学利用地下水，提高水资源的综合利用率，做好水源涵养和水土保持工作；依靠科技进步不断提高矿产资源的开发利用水平。

3. 减少和治理污染，保护生态环境

大量生产、大量抛弃、过度消费的生产消费方式不仅会造成资源的极大浪费，同时也会对环境造成损害。要建设生态广西，实现生产、生活与生态"三生共赢"，就要抓好排污工作，加大环境污染整治的监督力度和执法力度，对排放大户要坚决整改，对无证和超量排污企业坚决取缔；对高科技、轻污染、低消耗、重循环的产业给予金融、财政和税收等方面的扶持和优惠；政府应增加治理生态环境的投入，努力实现环保投资占 GDP 的比重不少于 1.5% 的目标；加强重点流域水污染综合治理，积极推进珠江流域中上游水污染综合治理与修复，建设珠江—西江经济带绿色走廊；科技是第一生产力，是人类智慧的结晶，要引导行业和企业通过产业结构的优化升级和科学技术水平的进步创新来克服工业化的负面效应；要通过宣传教育树立正确的消费观念，倡导适度消费、绿色消费，形成良好的生活习惯和生活方式。

（四）引导人口合理分布

广西要以科学发展观为指导，把引导人口流动和分布与生产力的布局有机结合起来，在科学规划国土功能分区的基础上引导人口有序流动、适度聚集与合理分布，在资源环境可承载范围内扩大人口的生存与发展空间，缩小人口发展的区域差距，实现资源在城乡、区域间的有效配置。

1. 科学规划人口发展功能区

广西要根据国家主体功能区和人口发展功能区编制规划，统筹考虑国家重大战略安全，根据不同地区的生存资源禀赋、人口密度、资源环境承载力、社会经济发展水平与人居环境适宜性，把人口分布的调整作为资源配置、产业布局、政策扶持、基础设施建设、福利安排等的主变量。明确不同类型区域的发展重点和发展方式，采取不同的政策分别加以调节，引导区域内人口在国土空间上有序迁移和合理分布；通过人口发展功能区规划进行人口发展的空间管制，从而实现人口分布与资源环境相协调。具体来说，人口集聚区是指人居环境比较适宜的地区，要执行推进产业集聚、增强吸纳能力的政策；人口稳定区是人口与资源环境基本协调的地区，要执行强化人口集中、稳定人口规模、优化人口结构的政策；人口疏散区是人与自然矛盾尖锐的地区，要执行引导人口迁出的政策，鼓励和支持人口在集聚点上集中发展；人口限制区是国家的生态屏障区或生态脆弱区，要执行全面保护生态、有序组织迁出、禁止人口迁入的政策。

2. 加快人口城镇化进程

以县域和中心城镇为重点，促进人口向发达地区和城市转移，提高我区的城镇化水平，是解决因为区域间人口分布不平衡造成的一系列生态环境问题的可行策略。在推进城镇化过程中，根据广西各区域区位特征、资源禀赋、产业集聚的不同整合人口布局，充分发挥小城镇连接城市和农村的纽带作用，并与秀美的自然风光、多彩的民族风情深度融合，建设一批各具特色的中小城市，吸引人口向资源环境承载力较强、人居环境比较适宜的地区集中，通过优化人口结构促进人口发展机会的均等性；加快户籍制度改革，各类城镇要根据综合承载力和发展潜力，有序放宽中小城市和城镇户籍限制和落户条件，将流动人口纳入本地化管理，逐步将转移过来的入城人群转为城镇居民，为他们享受城镇公共资源和公共服务提供便利；通过发挥城镇对资源的集聚效应和扩散效应，引导农村富余劳动力向第二、第三产业转移，促进人口产业结构分布的合理化，既提高了农民收入，也降低了对土地等自然资源的依赖；通过土地的流转推进土地经营管理的集约化和规模化，减轻人们对自然资源的过度利用，缓解人口与资源的矛盾，有利于保护耕地和自然植被，促进生态系统的良性循环；城市丰富、高质的教育资源和资源的高效利用有利于人口科学文化素质的提高，为资源环境的有效利用与保护创造了条件。

3. 完善和创新人力资源的管理机制

广西生态建设重点地区，往往也是人才较少、人力资源状况较差的地区。广西在加快培养高素质人才的同时，也要注重人才引进战略。拓宽人才引进渠道，出台相应的政策，增强对人才的吸引力和聚集力；要切实加强广西的硬件条件和软件环境建设，为人才施展才能创设优质平台，做到"感情留人、事业留人、待遇留人"，甚至可以按"不求所有、但求所用"的思路，采取更灵活的政策，进一步扩大对高层次人才的引进和使用。另外，人口流动是人力资源优化组合和合理配置的重要形式，要逐步消除劳动力和人才流动的制度性障碍，完善人才和劳动力市场体系建设，通过市场机制实现人才和人力资源的自由流动和有效配置；通过制度创新，鼓励和支持优秀人才和优质的人力资源向山区农村及不发达地区流动，改善人才分布和人口素质分布结构不合理的局面，缩小城乡和区域差距。

第二节　广西生态资源的可持续开发与利用

一　广西水资源的可持续开发与利用

（一）完善水资源管理体系

首先，认真落实最严格的水资源管理制度，控制用水总量、用水效率以及纳污总量控制，守住水资源三条红线。当前，重点是要认真贯彻《广西水资源综合规划（2010—2030年)》的部署，抓好各项工作，实现规划目标。要根据《规划》建立和完善实施细规，做好水资源合理开发、优化配置的基础性工作；要严格按照有关规定实行建设项目水资源论证制度、取水许可制度、水资源有偿使用制度，严把取水许可审批关；要建立和完善水资源可持续利用指标体系和监测体系，加强对全区水资源利用状况的及时而全面的监控；建立水行政执法责任制，规范水行政行为，建立健全有效的水行政执法监督制约机制，真正做到执法与监督并举。其次，落实水资源管理一体化。应打破传统的地区、部门之间的水管理界限，综合地方在节水、供水、排水、防洪、污水处理等各方面的职能，以水资源的"优化配置、统一调度、科学管理、有效保护"为方针，推进实施水资源统一规划、统一调度、统一取水许可、统一征收水资源费，促进各类水资源管理一体化，从而理顺水资源管理体制，规范管理，消除目前水资源管理政出多门、相互推诿的现象，实现水资源管理的科学化与管理手段的现代化。最后，建立科学的水价体系。深化水价改革，建立健全合理的水价形成机制和科学的水价体系，让水价真实地反映出水资源的紧缺程度和水作为资源性产品的价值，从而实行不同地区、不同水质和不同用途等综合各种因素在内的阶梯水价，发挥价格对水资源配置、节约用水和水环境保护的杠杆调节作用。

（二）节约和高效利用水资源

广西要严格用水效率控制管理，将节水工作贯穿于水资源管理的全过程。首先，根据水资源承载能力，合理调整经济结构，以水定发展，建立与区域水资源相适应的经济结构体系。另外，广西作为欠发达地区在承接东部产业转移上，尤其应认真分析，绝不能抱着"以资源换产业来发展经济"的思路盲目引进那些高耗水、高排放的产业。其次，要转变经济增长方式，依靠科技提高水资源利用效率。工业方面要严格限制并逐步淘汰科技含量低，耗水耗能大，污染重的工业企业；促使企业进行节水改造和建设节水设施，推广先进的节水技术和工艺减少用水；发展循环经济，通过循环用水、一水多用，努力提高工业循环用水重复率。农业方面要规范农业产业体系，推进农业种植结构调整，鼓励和支持发展节水高效农业；从减少输水损失和提高田间灌溉技术着手，通过改良水土管理，推广节水灌溉技术，提高水的综合利用率和单方水的经济效益。生活方面要改造城市供水管网，降低供水管网漏损率；加强中水、雨水等非常规水的资源化利用，提高水资源的有效利用率；加快节水型设备和器具及节水产品的推广应用，使节水、惜水成为城乡居民良好的生活习惯。最后，建立起覆盖自治区、市、县三级行政区的用水总量控制体系，落实水资源管理专职机构和人员，将最严格的水资源管理纳入各级政府的绩效考评，建立健全用水、节水的责任制和绩效考核制，实行严格的问责制，严格考核监督，做到层层有责任，逐级抓落实。

（三）加强水资源保护

首先，坚决防止水污染，抑制重污染的行业的发展，大力倡导循环经济发展模式和推行清洁生产；落实企业减排治污的主体责任，激励企业通过技术改造减少废水和污染物的排放量；推进重点流域和大中型水库水污染的综合治理，加强水质监测，实施水域纳污总量控制；推广高效低毒且能够快速分解的农药，控制农药、化肥施用量，将面源污染减少到最低限度；鼓励和引导民间资本进入农村饮水安全工程、污水处理、生活垃圾处理等公共服务的运营。其次，加强水源地保护。开展植树造林、退耕还林，防治水土流失，尤其要加强水源林建设，涵养和修复重要地表水和地下水生态系统；解决饮用水水源地安全保障，全面遏制地下水滥采超采；切实有效地保护江河湖库水功能区、重要生态保护区、江河源头区、水源涵养区和湿地。最后，建立准确、完善的水资源基础数据体系，加强水文水资源监测能力建设，准确掌握水资源开发利用情况；健全水资源安全预警和应急机制，提高环境突发事故的应急应变能力；进一步完善大江大河的防洪减灾体系，不断提高抗御水旱灾害的能力。

（四）加大水利工程设施建设力度

水利工程设施是开发和利用水资源的主要载体，应根据广西经济社会发展需水预测加快水资源开发和利用工程建设的步伐。首先是做好山洪灾害防治工程、水土保持工程、水库除险加固、城市防洪排涝工程、农田水利工程、城乡供水水源工程和储备引水工程等专项工程的建设，让水利真正成为广西经济与社会发展的基础与保障；其次是加快中小河流和大江大河治理，尤其是加快推进南宁、柳州、贵港、梧州等重点城市的防洪工程建设以及北部湾经济区的重要海堤建设；最后是抓住珠江—西江经济带建设的战略机遇，加快西江黄金水道开发建设，打造广西的水资源综合利用体系和综合交通运输体系。

二 广西土地资源的可持续开发与利用

（一）严格保护现有耕地和基本农田

首先，耕地是农业的基础，是人口生存需求的保障，耕地的数量直接关系国计民生，严格保护和合理利用耕地是土地利用的核心内容和战略重点。因此，要切实保护和保障好粮、油、棉、蔬菜等基本农产品的生产用地，巩固农业的基础地位；基本农田保护是耕地保护的重中之重，要建立健全以生产粮食为主的永久性基本农田保护区和基本农田保护制度，严厉查处打击乱占乱圈农田的违法行为，保障我区粮食的稳产和增产，确保粮食安全。其次，随着广西经济社会的发展，人民生活对耕地的需求与基础设施建设、城市建设的需求之间的矛盾日趋尖锐。因此，要重点控制建设用地，坚持以供给引导需求，统筹安排各种用地。一方面，要严格按照规定划分保护区范围并实行用途管制，严把耕地尤其是基本农田向建设用地转用的关口，落实耕地资源保护，避免由于追求眼前的短期利益随意征收农业用地。另一方面，要构建土地供给引导土地需求的约束机制，激发各方盘活存量和内部挖潜的主动性，做到"管住总量、严控增量、盘活存量"，从而有效减少耕地征用数量。最后，在具体的历史时期区域的土地承载力是一定的，人口数量超过一定载荷必然会影响和破坏土地资源的合理和可持续利用。因此，要以广西的土地资源承载力为前提，合理有效地控制人口增长，缓和人地矛盾，实现人地平衡。

（二）提高土地利用效率

首先，提高耕地和农田利用效率。通过平整土地，改良土壤肥力，提高耕地质量等级；通过兴建、修复、更新和完善农田基础设施条件，推进高标准基本农田建设；继续推进农业机械化进程，加大农业用地中科技的投入比例，发展新型农业生产方式，增加农业的产出量；采用科学的方法改造中、低产田，发掘和提高现有土地的生产力；鼓励和支持土地规模经营和农业产业化经营，通过土地流转和实行"公司＋基地＋农户"模式进行合理有效的生产布局和要素配置，实现"种养加贸易"一体化集约经营，提高土地产出效益。其次，整治城乡建设用地。统筹优化农村建设用地布局，有序推进中心村和集镇建设，逐步引导分散农村居民点合理集聚与归并；整理农村居民宅基地，减少一户两宅或多宅现象，控制宅基地对耕地的占用；优化配置土地布局，合理布置商、住、工等用地比例，提高城市土地的集约利用度；加强对旧城区和现有"城中村"的改造，通过统一规划、拆迁补偿、改造回迁和异地安置等措施，进一步拓展用地空间，提高城镇土地利用效率；提高建筑密度，增加建筑用地容积率，合理配置人均居住面积；严格控制闲置土地，对一些达到收回标准的闲置土地，要坚决收回并统一纳入政府土地储备库；加强工业园及配套设施建设，推进产业向园区的集聚进程，做到土地集约化利用。最后，加强土地的整理和复垦。土地的整理和复垦就是通过土地内部挖潜来实现土地的再次利用，主要是对农村腾退的宅基地、基础设施建设活动造成的损毁土地、自然灾害造成的损毁土地、废弃工矿用地、荒废低效土地和未利用土地进行分类整理，根据土地的生产能力与特性重新对其进行再利用。这就需要以科技为依托，积极引入市场机制。调动政府、社会和个人积极性参与到土地复垦工程，增加土地供给。

（三）提高土地资源生态承载力

提高土地资源生态承载力就是要协调好土地利用的时空演变与生态系统功能实现之间的关系，促进土地资源利用与生态环境保护的平衡发展，推动广西土地资源可持续利用。因此，一方面要加强对土地污染的控制，发展循环经济、推行清洁生产，从源头上减少对生态环境的直接危害；加强生活污水和生活垃圾的集中处理并提高处理效率，减轻土地污染；发展生态农业，科学种田，合理施肥，减少农药、化肥的使用，保护农业用地的土壤肥力。另一方面，要有效治理水土流失，科学处理采伐与植树关系，杜绝乱砍滥伐现象，增加地表植被覆盖率，降低土地沙化和石漠化；有计划有步骤地退耕还林、还草，通过植树造林以保护涵养水源和避免水土流失。

（四）加强石漠化治理

石漠化治理是广西当前一项紧迫而艰巨的生态建设任务，要从政策扶持、技术支撑、资金投入等多个方面进行科学规划和综合治理才能取得成效。广西按照"以人为本、因地制宜、科学规划、综合防治"的指导思想，将石漠化治理与恢复重建生态、改善民生、发展经济紧密结合，以小流域为基本治理单元，采取人工造林、封山育林（草）、发展草食畜牧业、水利水保等生物措施和工程措施开展石漠化综合治理。2014 年广西下达 5.97 亿元的项目计划（中央预算内资金投入 5.25 亿元，地方配套投入 7200 万元），人工造林 3567.87 公顷，封山育林 1.16 万公顷，人工种草 608.76 公顷，栅圈建设 11.22 万平方米，建青贮窖 9338.25 立方米，坡地改梯田 225.3 公顷，开挖排灌沟渠 521.69 千米，建蓄水池（水窖）618 口。① 通过一系列工程的实施，治理区域石漠化加剧发展的势头得到了初步扭转，植被状况逐渐好转。

三 广西森林资源的可持续开发与利用

（一）森林资源的培育

首先，构建健康稳定的森林生态系统。加强天然林保护，加快人工林建设的速率，实施植树造林，退耕还林（草）工程，通过开展低产（效）林改造和林冠下以及疏林地补植，不断扩大林地面

---

① 广西壮族自治区地方志编纂委员会：《广西年鉴·2015》，广西年鉴出版社 2015 年版，第 46 页。

积、拓展森林规模；尊重自然规律，因地制宜，适地植树，尤其是中龄、幼龄林的抚育管理工作，提高树种的成活率和保存率，提升单位面积森林生长量；结合广西地情采取抽针补阔、间针育阔等措施，逐步增加乡土树种和混交林的培育比重，调整优化森林资源的林分密度和树种结构；加快培育和引进优质、速生、抗逆性强的林木新品种，促进森林更新，提高森林生产力；加强生物多样性保护和外来物种管理，防止森林有害生物的侵入，保护本区域森林的生态平衡和生态安全。

其次，完善投入保障体系。一方面各级政府增加林业建设投资力度，要把林业生态建设纳入公共财政体系，尤其对于公益林必须保证全额供给。广西作为国家生态屏障区，要争取国家对林业建设的投资和转移支付；建立和完善中央级和省级林业基金制度，做实林业发展专项资金账户。另一方面，各级政府可通过财政补贴、降低税收、减少收费、贷款优惠等扶持林业的优惠政策以及运用市场手段拓展融资渠道，引导社会资金甚至国外资金参与到林业生态建设中来，构建以公共财政投入与多种渠道融资相结合的多元化林业投入保障体系。

最后，依靠科技发展生态林业。实施科技兴林是实现林业的可持续发展的关键，要抓好林木良种、种苗繁殖、栽植抚育、森林有害生物防治等技术的研究与攻关，提高林木的成活率和生长效率以及单位面积土地的林木生产能力；针对广西地情开展困难地段造林技术和石漠化综合治理的技术研究，促进林业科技更好地带动生产力的发展；研发有较高科技含量的产品，提高林业产品附加值，变资源优势为产品优势，带动林区获得良好经济效益；借助高科技手段建设林业信息化系统，对森林生态系统和森林资源进行动态监测、评估和管理，打造数字林业。

（二）森林资源的管护

首先，推进林业改革。林业改革是理顺林业生产关系，解放林业生产力，促进林业经济快速发展的动力源泉。一方面深化林业产权制度改革，建立现代林业产权制度。在明确林业产权权属的基础上，鼓励林地使用权的合理流转，支持各类社会主体通过政策框架内的各种形式参与流转；建立完善森林资源资产评估，林地使用权和林木产权的担保、抵押、转让、拍卖、入股等各方面的机制体制，探索现有国有林业企业、林场和国有苗圃实行有限股份制、公司制改革，建立现代企业制度，激发生产经营者的热情与活力，提高森林资源质量和效益。另一方面加快林业管理体制改革。林业资源管理体制是林业资源管理的依据和保障，要根据国家林业管理体制的改革方向理顺林业部门的条块关系，明确工作目标与职能。同时，要建立林业资源管理的责任制度，落实岗位职责、严控岗位权限，确保森林资源得到切实的保护。

其次，加强森林资源管理。要建立和完善森林资源管理政策体系和法律法规体系，使政策法规与现行林业生态建设的需要相适应，使森林资源管理工作既能确保各项森林资源管理政策落到实处，又能做到有章可循、依法治林；创新林政执法手段，加大林政执法力度，积极开展林政执法检查和林区综合治理工作，严厉打击各种违法犯罪行为，同时加快推进林业综合行政执法试点工作；要将林业生态保护与地方政府工作绩效考核相联系，建立健全林业生态保护的激励、制约和考核机制；要依法行政，依法依规进行行政行为，执法的过程中要做到公平、公正、透明、规范，诚恳接受社会大众和舆论的监督，增强林政执法的权威性和公信力。

最后，加强森林资源保护。森林资源保护是促进林木生长、提高林业质量、确保森林生态系统保持平衡的重要举措。要加大宣传教育力度，提高干部群众对林业资源的保护意识、责任意识和法律意识；建立一支严格执法的管理队伍，同时提高护林队伍的整体素质，适当提高护林员的工资待遇，调动护林积极性；地方政府要把提高森林覆盖率当成刚性的指标，制订科学合理的森林开采计划，有计划、有步骤地进行商品林采伐；合理确定采伐的方式和强度，实行限额总量管理，及时对林地进行封山，并做好补种工作，提高森林自我修复能力；杜绝盲目砍伐，打击和控制超范围、超强度采伐林木，严惩毁林开垦和乱占林地，避免林地朝着疏林地、无林地的方向发展，防止林地非法流失和林地逆转；加强林场的病虫害预防、检疫、监测和治理工作，提高森林尤其是人工林自身抗御有害生物的能力；建立预防森林火灾的严密体系，除加强防火宣传教育、建立防火规章制度、组建森林防火巡逻队外，还要采取发布火险天气预报、设置瞭望台、预设防火线、设置防火沟和生土带、营造阔叶树防火林带、建立化学灭火站等技术措施进行全方位防控。

（三）森林资源的合理利用

森林资源既是经济资源，也是环境资源，既是经济社会发展的重要物质基础，也是保护生态平衡的重要条件。因此，需要合理利用森林资源，协调好森林资源的经济效益、生态效益和社会效益三者的关系。

一方面，要对森林资源进行集约管理，分类经营。根据森林培育用途和生产经营目的的不同将森林、林木和林地划定为生态公益林、商品林和兼用林，并按照各自的特点和运营规律进行有针对性的经营和管理。生态公益林按照公益事业进行保护和管理，以政府投入为主，由国家和社会团体出资组织建设，追求社会效益和生态效益最大化；商品林则以市场为导向，按照市场机制组织生产，在确保生态安全的前提下采取多种手段提高林木生长速度和蓄积量，实现经营效益最大化；兼用林则应根据社会发展需求和林木繁殖生长条件，充分考虑森林的恢复能力和承受能力，实现森林采伐量与生长量的基本平衡。

另一方面，优化林业经济结构，促进林业的可持续发展。一是发展以用材林资源培育为主的林业第一产业，通过充分挖掘广西本地乡土树种和大力引进外来速生、优良阔叶树种，发展名贵、珍稀树种的造林培育，利用林地进行立体复合经营，开发林下经济等多种措施，激发林地生产潜力。二是除了改造传统的木材加工业外，第二产业应寻找新的增长点，拉长产业链，提高产品附加值。广西尤其要提高肉桂、八角、松香、松节油等优势林产品的深加工能力，同时要促进以低层次原料加工向高层次综合精深加工转变的步伐，如林产品与生物制药、森林药材的多元利用及精加工。三是充分发挥省级和国家级自然保护区、特色森林公园的森林旅游资源优势，形成森林旅游文化特色，发展生态旅游业，同时也带动苗木苗圃、花卉业的发展，使森林资源发挥最大效能，实现保护和合理利用森林资源的双赢，从而有效促进林业的可持续发展。

四　广西海洋资源的可持续开发与利用

（一）加强海洋资源与环境的保护

一方面，严格控制污染物排放。广西的海洋污染源主要是陆源性污染物，要严格控制进入海域内的污染物总量，防止生态灾害出现。一是重点扶持高效低耗产业，严格控制企业的污染物排放，坚决打击超标排放和污染直排，引导沿海分散的排污企业向工业聚集区聚集，集中处理废弃物，统一达标排放。二是严格控制农牧渔业生产所产生的自原性污染，海域滩涂种植、养殖所产生的农药化肥残留、饵料饲料残余、生物排泄物、药品、废水要进行有效处理和净化，避免直接排入海域造成海水富营养化，加剧水域环境的恶化。三是要严格控制海上的排污，减少港口、船舶、海上石油平台、海岸工程建设等的排污入海量。四是提高完善沿海城市生活垃圾和污水处理设施建设，提高污染物的处理效率和处理能力，逐步实现生活污水达标化排放和垃圾的无害化、有价值化处理，减轻海洋生态压力。

另一方面，加强海洋污染的治理和修复。对于被污染区域和治污重点区域进行有效的治理和修复。一是通过化工技术、环境技术、生物技术等科技手段，从生物、化学等方面进行综合治理，降低海域污染物浓度，改善海洋生态环境；投放人工鱼礁和建立人工藻场，采用不同鱼种的底播和放流技术，恢复近海海洋生物种群资源；实施退养还湿工程、退耕还湿工程，投放人工鱼礁，营造海洋牧场，逐步恢复污染海域的生态系统服务和环境纳污功能；保护和扩大自然滩涂、珊瑚礁、红树林和沿海生态林的面积，建立海洋自然保护区，恢复生物多样性和湿地生态系统功能；对海洋倾废、海域围垦、水利发电、矿藏石油开发等海洋工程项目进行生态评价，对造成海洋环境破坏的工程实行生态补偿。

（二）海洋资源的合理开发与利用

一方面，提高资源开发的水平和效率。海洋拥有化学、生物、动力、矿产及海洋空间等多种资源，需要对广西的海洋资源进行全面规划和综合开发，才能保证其可持续利用。要降低海洋捕捞强度，控制海洋捕捞量，提高补助和扶持力度，鼓励和引导渔民转产转业，促进海洋渔业资源的可持续发展；拓展海洋开发领域，由近及远，从海岸带到领海、毗邻区向专属经济区、公海逐步推进；实行海陆联动，通过合理布局海陆产业，推进广西沿海经济向海陆整体开发、联动发展的方向迈进，提高海域资源利用的综合效益；科学划定广西海洋生产、生活、生态空间开发管制界限，落实自然岸线保有率总量控制制度，维护海洋空间资源，提高海洋资源环境的承载力；处理好北部湾经济区与周边地区和国家的利益关系，在竞争中求合作，在合作中求发展，有效提高海洋资源的配置和利用效率。

另一方面，优化海洋经济结构。优化海洋经济结构需要结合广西社会经济发展和海洋资源开发的需求，合理调整海洋产业结构。第一产业发展，要推广生态养殖模式，提高养殖品质，改变单纯依靠量的扩张来提高产量的传统发展模式，走内涵式发展道路；第二产业发展，应以海洋资源为基础，以科技和人才为依托，在发展海洋食品加工业和海洋能源工业的同时大力促进海洋生物医药业、海洋电力（潮汐能、风能）、海洋文化产业、海水利用等海洋新兴产业的发展，减少对海洋资源的过度依赖；第三产业可大力发展海洋交通运输业和现代物流业，如整合北海、钦州、防城港三大港口资源，完善港口功能，建设符合广西地区和东南亚发展需要的海上贸易中转站和物流集散基地。另外，广西具有独特的滨海旅游资源，要坚持地区特色和市场导向原则，大力发展海洋生态游、沙滩海岛游、休闲渔业游以及民族风情游等旅游产业。

（三）实施"科技兴海"战略

海洋资源与环境的保护，海洋资源的深层次、可持续开发与高效利用，海洋新兴产业的发展都离不开科学技术的支撑。广西要大力发展海洋科技，走科技兴海之路，促进海洋开发由资源密集型、劳动密集型产业向技术密集型产业的转变，沿海经济由粗放型向集约型转变。

一方面，加大科技投入。要根据广西海洋发展的实际构建一个包括政府、企业、民间、外资为主体，财政拨款、金融贷款、单位自筹和外资利用为支柱的，多渠道、多层次的海洋科技投入新体系；根据广西经济社会发展的需要，投入向传统海洋产业技术革新、海洋新兴产业发展、关键性高新技术引进、海洋高科技风险投资等领域倾斜；重点支持广西海洋开发中急需解决的科研项目，如海水利用、海洋生物技术、海洋石油勘探、海洋监测和海洋综合管理等；加大对海洋科技基础设施建设、海洋科学研究试验基地建设、海洋科学数据公共服务平台建设等方面的投入，为广西全面认识、研究、开发、管理和可持续利用海洋资源提供坚实的物质基础。

另一方面，提高科技创新与转化能力。广西要加强海洋科学的基础理论和应用技术研究，注重海洋科学分支学科间的协调、均衡发展，为海洋资源开发利用规划和政策的制定提供科学依据；建立跨学科、跨部门、跨领域、跨国别的海洋技术研究开发的联合工作机制，高起点、高水平地开展自主创新研究，提高广西海洋科技的总体水平；将海洋基础理论研究与应用研究相结合，加强对重大技术问题的突破性研究，解决制约广西海洋产业发展的瓶颈问题，培育一批海洋高科技产业群和产品群；加速政产学研用的一体化进程，建立政产学研用联动机制，建设先进实用技术推广转化的平台，迅速有效地将科技成果转化为产业成果，打造广西新的区域支柱产业，进一步提高海洋产业对广西经济发展的贡献率；加强国际国内的交流与合作，引进国内外先进的、适用的科技成果和资源，在移植、消化、吸收、改进的基础上进行再创新，提升广西海洋科技的自主创新能力和竞争力；通过多种途径培养和引进海洋开发各个领域的现代化、高水平、复合型的专业人才和管理人才，为实现广西海洋的科技化发展奠定人才基础。

第五章

构建广西生态文明建设的产业机制

长期以来，我国的经济发展主要是以依靠增加物质投入和扩大投资规模为主，这种传统现代化模式下的发展理念和粗放型发展方式已经成为制约我国经济社会可持续发展的瓶颈。现阶段，广西处于建设生态文明、实现"美丽广西"和全面建成小康社会的关键期，也是经济结构和产业结构调整的关键期，更是环境质量改善的关键期。基于此，广西要调整经济结构，优化产业结构，大力发展生态产业和新兴产业，建立符合生态文明要求的绿色集约的产业机制和经济生产方式。

第一节　发展生态经济

党的十八大报告指出："着力推进绿色发展、循环发展、低碳发展，形成节约资源和保护环境的空间格局、产业结构、生产方式、生活方式，从源头上扭转生态环境恶化的趋势，为人民创造良好的生产生活环境，为全球生态安全作出贡献。"① 这为我国经济发展模式的转变提供了理论依据。

---

① 胡锦涛：《坚定不移沿着中国特色社会主义道路前进　为全面建成小康社会而奋斗——在中国共产党第十八次全国代表大会上的报告》，人民出版社 2012 年版，第 39 页。

一　发展循环经济

（一）循环经济的内涵

循环经济（circular economy）一词是美国经济学家 K. 波尔丁在 20 世纪 60 年代提出的。我国从 20 世纪 90 年代引入循环经济的思想，在二十多年的发展历程中，国内对循环经济的认识已经形成比较一致的观点，认为循环经济是一种建立在自然生态系统论和物质能量循环论基础之上，把清洁生产、资源循环利用和废弃物的综合利用融为一体的新型社会经济发展模式。2009 年 1 月 1 日起施行的《中华人民共和国循环经济促进法》第 2 条则加以明确："循环经济，是指在生产、流通和消费等过程中进行的减量化、再利用、资源化活动的总称。"循环经济在倡导物质不断循环利用基础上，关注经济活动与生态环境的共生共荣，强调人的劳动效率和自然的生态效率协同发展，注重人与自然界和谐相处，其本质是生态经济，提高资源利用效率和经济社会系统运行生态化是其核心内容，其目标是协调处理好经济发展与资源环境之间的关系，使得物质资源的利用价值实现最大化，实现经济发展和环境保护的"双赢"。循环经济与传统经济的发展模式有着本质的区别（见表 1）

表1　　　　　　　**循环经济与传统经济发展模式的区别**

	流程运行模式	流向	特征	经济活动对自然环境的影响
传统经济（线性经济）	资源—产品—污染物排放、资源—产品—污染物排放—末端治理	单向式物质流动、一次性单向线性流动	高投入、高开采、低利用、高排放	科技含量低、效率低、掠夺自然、破坏环境、对自然环境影响大
循环经济	资源—产品—废弃物—再生资源	反馈式物质流动、反复性物质闭环流动	减量化、再利用、再循环	科技含量高、效率高、对自然环境影响小、人与自然和谐相处

（二）循环经济遵循的原则

循环经济作为一种先进的新型经济形态，强调人们在生产、消费等经济活动过程中应遵循"3R"行为准则——"减量化（Reduce）""再利用（Reuse）""再循环（Recycle）"。

1. 减量化原则

减量化原则要求从经济活动的源头节约资源和能源使用，在产业链的输入端最大限度地减少进入生产、流通和消费过程的物质量和能源量；在生产过程中尽可能通过技术改进减少资源耗费，通过产品清洁生产减少污染物和废弃物的产生与排放，优化资源能源利用结构，减少不可再生资源消耗，增加替代性的可再生资源利用比重，注重产品质量体积的轻型化和小型化以及产品包装朴实化，以最少的物质消耗达到最大的生产和消费目的；在消费环节，提倡消费者有意识地选购包装简易、可循环使用的产品，减少对物品的需求依赖程度，提高环境的同化能力。

2. 再利用原则

再利用原则主要针对产业链的中间环节和过程性控制，要求尽可能延长资源和物品的使用和服务周期，增加产品使用的场合、方式和次数，避免物品过早地成为垃圾，以节约生产这些产品及其包装材料所需要的各种资源，缩小和减缓生态系统与经济系统之间资源能量交换的规模与速度。通过经济系统物质能量流的多次重复使用和高效运转来实现资源产品的使用效率最大化和减少一次性用品的污染，从而为整个生态系统提供一定的适应时间。另外，在生活中，倡导人们持久使用产品，捐献自己不再需要的物品、减少使用一次性物品和将修复、翻新的物品返回市场体系供别人使用。

3. 再循环原则

再循环原则主要针对产业链的输出端，即废品的回收利用，以废弃物利用最大化和排放最小化为目标。再循环原则要求通过提高技术水平、工艺水平和管理水平，对废弃物进行集中有效的回收，将其直接作为原料加入到新的生产循环或者进行再生、再造，再次应用于新产品制造过程，在多次反复利用的过程中最大限度地实现废弃物的多级资源化和资源的闭合式良性循环，在化害为利，变废为宝的过程中尽可能地减少资源使用量和污染物排放量，实现排放的无害化和资源化，有效保护自然资源和生态环境。

总之，循环经济的"3R"原则可以保证以最少的资源投入，达到最高效率的使用和最大限度的循环利用，实现污染物排放量的最小化，使经济活动与自然生态系统的物质循环规律相吻合，从而实现人类活动生态化转向和经济规模效益递增。

（三）循环经济的实现层次

循环经济的实施具有层次性，可以从微观、中观和宏观三个层面来展开。在循环经济的现实运行中，三个层面相互衔接，相互促进，形成一个企业内部、工业园区、社会三个不同而又相互关联的，由低到高依次递进的有机整体。

1. 企业内部的小循环

企业作为社会经济的基本单位，其活力将直接影响循环经济应用与发展的进程。构建企业内部的小循环需要企业在整个生产经营活动中采用生态环保的规划设计、工艺流程、管理和技术，有效推行企业内部的清洁生产，将单位产品污染物的排放量和各项消耗限定在先进标准许可的范围之内，提高资源综合利用率，减少原材料使用，降低污染。

2. 区域内的中循环

区域循环经济倡导以生态产业链发展为导向，以企业间的能量、物质、信息和市场集成为纽带，引导一系列在产业链上彼此关联的企业类群、企业群落形成上下游合作关系并结成企业互利共生的生态系统，通过企业或者产业间的原材料与可再生利用废弃物的交换、梯级（多级）使用和循环再生，形成共享资源和互换副产品的生态工业链，实现物质、能量和信息充分高效地交换与循环。这一生态链条甚至可以扩大到包括工业、农业和畜牧业等一系列企业。这种产业集聚发展的重要组织形式是生态产业园区。大力发展生态产业链和生态产业园区，不仅能优化产业链和园区内所有物质和能量的使用，节约资源，减少企业的成本，更能有效发挥循环经济的规模效应、聚集效应和生态效应。

3. 社会大循环

社会大循环将循环经济理念和企业生态系统扩大到社会层面，从整个国家和社会的宏观层面控制、规范生产和物质的运行。这一层面的循环经济强调通过制定相关法律法规，建立发展循环经济的制度体系，在全社会层面大力提倡绿色生产和消费，营造良好社会氛围；调动和整合政府、企业、社会团体、非政府组织和个人参与循环型社会建设的积极性，在整个社会范围内形成"自然资源—产品—再生资源"的综合利用，实现社会系统、经济系统和自然生态系统良性运行。

(四) 广西发展循环经济的对策建议

1. 健全发展循环经济的政策与法规

推动和规范循环经济的发展，一方面要完善循环经济配套立法。《中华人民共和国循环经济促进法》从 2009 年 1 月 1 日起开始实施，该法的实施为全面发展循环经济奠定了法律基础。从实践来看，相关的配套立法还不够完善。因此，在遵守循环经济基本法基础上，应针对不同行业和产业的具体标准和不同特点，建立健全相关产业、行业领域的配套法规；地方政府应根据广西的实际情况，建立促进循环经济发展的地方性法规和相应的实施细则，组织制定一批与广西循环经济产业技术创新相关的地方技术规范和技术标准，保证在市场经济条件下，发展循环经济有章可循，有法可依，为建设生态广西保驾护航。另一方面要强化政策导向作用。要充分发挥政策引导功能，对投资方向和项目选择进行科学定位，促进产业结构的优化升级和经济结构的战略性调整，以适应循环经济的发展理念；充分发挥政策的鼓励和扶持作用，对符合循环经济要求的产业、行业、企业、产品、服务和技术给予政策倾斜和支持；要严格按照环保产业政策标准和技术规范，规范各类废弃物的循环利用，对能耗高、污染高的产业、行业和企业予以限制，淘汰落后工艺和设备。通过鼓励与限制手段相结合，从源头上减少资源消耗、环境污染和生态破坏。

2. 完善循环经济的规划与管理

一方面，在制定循环经济发展规划方面应突出宏观性、战略性和全局性。要充分考虑广西各地区的生态环境容限幅度和经济社会发展水平的不平衡性，对各区域生态环境的功能定位和经济发展的空间布局要做到因地制宜、扬长避短、统筹规划；要结合主体功能区规划，解决产业发展定位问题并通过污染物总量控制解决功能区达标问题；制定循环经济发展规划要立足广西优势资源和优势产业，着力促进有比较优势和发展潜力的产业实现循环式、链条式发展，如桂西资源富集区可推广资源循环集约利用模式，西江经济带可推广循环型农业与服务业发展模式，北部湾经济区可推广第二产业循环发展模式等；要适时调整产业结构规划，提高非资源依赖型产业的比重，引导支持各类资本重点投向绿色产业和新兴产业，以投资的多元化带动产业结构的多元化、以产业高级化推动增长方式集约化。

另一方面，在循环经济发展管理方面应注重协调性和规范性。要高度重视并加强对循环经济发展的组织领导，创新工作机制，切实解决循环经济发展的热点、难点问题；打破条块分割的管理体制，建立健全跨区域、跨部门、跨行业的环境管治机制，促进区域、部门协调；相关部门要强化管理，依法依规加大监管考核的力度，严格执法，积极支持环境保护部门独立行使监督管理职权；建立科学的生态的循环经济评价指标体系和统计核算制度，遏制盲目投资和低水平重复建设；扩大国际交流与合作，广西尤其要抓住

"一带一路"建设的发展机遇，搭建和延长跨国家、跨地区、跨产业的循环经济产业链条。

3. 建设循环经济的载体与平台

建设循环经济的载体与平台就是要积极培育循环经济行业和企业，建设循环型企业和产业园区。一方面，企业是经济的细胞，是实现循环经济的重要载体，同时也是物质消耗和污染物排放的主要源头，发展循环经济首先要从企业抓起。从根本上说，循环经济的要求和企业的经营目标、利益诉求是具有一致性的。在建立企业小循环中，要尽力推进企业环境成本内部化，尽量消除企业生产行为的外部不经济性；建立健全奖惩机制，积极运用财政、税收、金融等经济手段，引导企业发展清洁生产和循环利用再生资源；充分发挥价格杠杆在发展循环经济中的调节作用，理顺环境资源的定价机制，建立完整的环境资源价格体系，利用价格杠杆促进资源利用综合化。

另一方面，要高标准、高起点地抓好生态工业园区建设。生态工业园区是一种维持生态平衡的新型工业组织模式，是循环经济产业聚集发展的重要平台。生态工业园区克服了在单个企业层面上推行清洁生产，发展循环经济的局限，它最明显的优势表现在其内部的企业相互关联、共生共荣的运作机制上。它通过建立企业间双向或多向的生产合作网络，在系统内部形成一个质能循环市场，相互间交换信息、技术、副产品以及层级使用资源能源，做到资源共享、循环利用、各得其利、共同发展。加强生态工业园区建设最重要的是发挥市场的驱动作用，形成以经济利益为纽带，产业链各主体互补互动、共生共利的关系，最终使生态工业园整体实现各企业质能消耗降低、生产污染排放减少、经济绩效显著提升。当前，广西要重点规划建设9家生态工业园区，即南宁市广西—东盟经济生态工业园区、玉林龙潭进口再生资源加工利用园区、贵港国家生态工业（制糖）示范园区、贺州（华润）循环经济工业园区、梧州进口再生资源加工园区、百色生态铝工业基地、河池有色金属采选加工基地、钦州市石化园区及中国石油广西石化公司一期 1000 万吨炼油项目基地，大力推进循环经济建设。

4. 强化循环经济的技术与人才支持

科技是第一生产力，先进的科学技术是发展循环经济的核心竞争力，生态化的科技创新是我们有效应对资源环境问题的重要依靠。当前，生态科技日益呈现出的技术链特征迫切需要整合和发挥各方面的科技能力，大力开展科技创新。一方面，要着眼于循环经济的发展，有针对性地开展基础研究和应用技术研究；要着力构建以企业为主导的产学研合作与协同创新机制，完善科技咨询和信息服务体系，增强企业的技术创新的水平和能力；要拓宽渠道、消除壁垒加快环保节能科技成果的推广与应用，提高转化率；强化知识产权管理，为企业科技开发提供制度保障；地方政府要加大科技投入，构建多元化投融资体系以促进科技创新；要积极推动区内外及国际间交流与合作，引进核心技术与装备。另一方面，加大培养循环经济专业人才的力度。着力培养适应未来科技发展，掌握循环经济工程技术方面的基础理论知识和实践能力的专业人才；搭建人才发展平台，引进一大批具备循环经济理念的高技术人才、复合型研究人才和企业管理人才。不仅要想方设法引进人才，更要千方百计留住人才，切实做到感情留人、待遇留人、事业留人。

二 发展低碳经济

（一）低碳经济概述

1. 缘起

"低碳经济"一词最早是美国著名学者莱斯特·R. 布朗在 1999 年《生态经济革命》一书中提出来的。2003 年英国政府颁布了能源白皮书《我们能源的未来——创建低碳经济》，首次在政府文件中提出了低碳经济（low carbon economy）的概念，率先从经济政策的角度阐释了低碳经济，明确宣布要从根本上把英国变成一个低碳经济国家。2008 年，联合国环境规划署将当年世界环境日的主题定为"转变传统观念，推行低碳经济"。2009 年哥本哈根大会和 2010 年坎昆会议的召开，标志着低碳经济时代的全面到来。2010 年 4 月 22 日第 41 个世界地球日的主题就定位为"珍惜地球资源，转变发展方式，倡导低碳生活"。由此，"低碳经济"逐步成为学术界、企业界和政界广泛关注的命题。在我国，2007 年 9 月，时任国家主席的胡锦涛在亚太经合组织第 15 次领导人会议上明确主张发展低碳经济，并强调研发和推广低碳能源技术，增加碳汇，促进碳吸收技术发展。

2. 内涵

低碳经济是在应对能源、环境和全球气候变暖对人类生存和发展形成严峻挑战的大背景下产生和发展的。所谓低碳经济，是指在可持续发展理念指导下，通过制度创新、技术创新、新能源开发、产业转型等多种手段尽可能地减少高碳能源消耗和温室气体排放，实现低能耗、低排放、低污染、高效益发展的一种经济发展模式。低碳经济本质上是一种生态经济，是低碳发展、低碳产业、低碳产品、低碳技术、低碳能源、低碳生活等经济形态的总称，其核心是资源环境问题。低碳经济强调对碳的排放进行计量，引入了碳排放的指标来衡量经济发展质量，带动了新能源新技术的研发、创新与应用，这不仅是对高污染、高能耗、低产出的旧经济发展模式的纠偏，更是一场涉及价值观念、国家权益、生产模式和生活方式的人类经济发展模式上的全球性革命。

3. 特征

低碳经济作为一种新经济模式，与传统经济发展理念和模式有着完全不同的新特征：一是时代性。历史唯物主义告诉我们，一定的社会文明是以特定的社会经济为基础的。农业文明时代是基于碳水化合物利用之上的农业经济，工业文明则是建立在碳氢化合物使用基础上的高碳经济。工业经济规模越大，二氧化碳的排放量就越大。20世纪70年代以来，人类文明的形式逐渐由工业文明向生态文明转变。生态文明作为一种继农业文明、工业文明之后物质文明发展的新阶段，它的建构必然与当今的经济发展状况相适应。低碳经济作为一种以低能耗、低污染、低排放为特征的经济发展模式是建设生态文明的基础，它必然成为21世纪全球经济发展的趋势。二是全球性。地球是全人类共有的家园，气候无国界，气候变化的影响具有全球性，应对气候变化是全人类共同面临的重大挑战。减少高碳能源和二氧化碳的累积与排放，控制温室效应和全球气候变暖，单靠个别或几个国家实行低碳经济作用不大。需要超越主权国家的范围，在全球范围内共同采取行动，共同努力推动工业文明向生态文明转型，这也是世界各国共同的责任与任务。三是全面性。低碳经济涵盖很广，包括产业链上游的资源能源开发，中游生产过程的节能减排，下游的低碳服务、低碳金融等。它不仅包括生产领域，也包括流通和消费领域；不仅是一个纯技术领域或经济领域的问题，还是涉及经济发展、社会公正等层面的全面性问题。四是实践性。低碳经济不仅表现为对现代经济运行的深刻反思以及生活理念、环境价值观的转变，作为一个科学的发展模式，它更注重通过开发与利用新型清洁的可再生能源，促进与碳排放和能源利用有关的技术及管理创新，在保持经济社会发展的同时，实现资源的高效利用，实现能源低碳或无碳开发，具有很强的实践性。

（二）广西发展低碳经济的对策及建议

1. 政府层面

第一，根据广西资源禀赋、产业状况和经济社会发展目标，制定适应广西低碳经济发展的行动规划。完善有利于低碳产业、低碳技术发展的有效政策和措施，为辖区内低碳经济的发展创造良好的社会环境和政策法规环境。

第二，各级政府应建立起有效的管理监督机制，严格控制重点

"碳源"，淘汰落后企业和落后产能，限制新上的高耗能项目，尤其是水泥、火电、铁合金、皮革、造纸、小型锰矿、化工领域的落后企业等，要将它们作为治理的重点；谨慎承接产业转移，重点承接低能耗、低排放产业；对企业实施严格的环保准入和污染排放总量的控制，建立健全环境会计保障体系和监督审核制度，鼓励、扶持和监督传统企业使用新工艺、新技术、新材料，新设备，提高节能减排能力和清洁生产水平。

第三，建立广西碳交易（即温室气体排放权交易）机制，通过公开的碳排放交易市场来开展二氧化碳等温室气体的市场交易，这有助于形成合理碳价，利用减量机会降低总碳足迹，从而把"有形的手"与"无形的手"结合起来，引导相关利益主体选择低碳的生产、经营和消费方式。

第四，鼓励培育以低碳技术产业为主体的产业集群，建设低碳产业工业园区，广西要确定高新园区低碳化发展的战略方向，加快南宁高新区、桂林高新区、北海高新区和柳州高新区的优化升级，示范带动广西低碳高新技术产业的繁荣发展。

第五，增加碳汇。据研究，森林覆盖率每提高1%，可吸收固定碳0.6亿吨—7.1亿吨。要大力推广植树造林项目，提高广西森林覆盖率以增加碳汇潜力，通过植被吸收，将大气温室气体储存于生物碳库，从而减缓热岛效应，间接减少碳排放。

第六，发展新能源产业，优化能源结构。广西拥有较为丰富的太阳能、风能和生物资源，具有优越的新能源产业发展条件。要把新能源产业作为广西低碳经济的重要增长点，借助广西的能源优势和现有项目优势，在有效利用煤、石油、天然气等常规能源的基础上，重点开发水能、风能和太阳能，长远规划发展生物质能、氢能、核能、潮汐能等新能源，形成多元互补的新能源消费结构和产业，加快以化石燃料为主的能源结构向清洁和可再生能源为主的能源结构转变。

2. 企业层面

企业在低碳经济发展的过程中扮演着非常重要的角色，发展低碳经济，是企业顺应时代潮流，提高竞争力的必然选择。

第一，承担起应有的社会责任。企业是国家经济政策的执行者，是发展低碳经济的基础。企业应把发展低碳经济作为一种自觉主动的行为，在获得经济利益的同时，还要注重社会效益，承担社会责任。企业内部要培育低碳文化，将企业承担环境社会责任融入企业整体发展战略体系和日常管理体系，将低碳理念贯穿于生产经营活动全过程；企业要自觉执行绿色标志制度，提供和生产符合低碳、节能要求的服务和消费品，为低碳消费方式创设物质基础；建立健全企业环境信息公开制度和环境责任报告书制度，将企业的生产置于社会监督之下，从而保障社会公众的环境知情权；建立环境会计标准的体系，健全企业环境的成本控制和收益核算机制以及精细化污染管控体制，将经济效益与环境效益相结合，实现环境控制的总体目标。

第二，新技术新能源的开发应用。企业要加强低碳技术的研发与推广应用，以科技进步和技术优化加快广西低碳经济的发展。一方面，要加强节能减排的技术创新，如副产品无害化处理和重复利用技术；碳捕集、利用与封存技术等。尤其是石油、化工、钢铁、有色金属、建材等重污染行业和企业要专门组织进行清洁生产技术的攻关，如煤炭企业的煤层气开发和利用，水泥企业的回转窑余热发电，钢铁企业的干法熄焦改造，电力企业的超临界机组更新改造等都能达到节能增效的目的。另一方面，要加强新能源应用和传统能源的技术改造。清洁能源、可再生能源的开发利用是企业能源利用的发展方向，企业要突破非化石能源领域的技术壁垒，增加清洁能源的供给；由于条件限制，新能源短期内还不能成为广西主要的消费能源，还需要提高传统能源生产、利用的转化技术和清洁化水平，通过生产组织结构、生产技术工艺和产品创新，实现对能源的高效、循环利用。另外，建立低碳技术研发的专门机构和专项基金，加大低碳科研的投入，重视和加快低碳技术人才的培养和引进工作也是必要的举措。

第三，加强部门与区域间的合作交流。加大与低碳经济发展较好的国内企业及外国企业之间的技术交流与合作。积极参与国际能源技术、低碳技术、低碳产品的国际协商、国际合作和国际贸易，引进、消化和吸收成熟的低碳技术，在共享资源，分享经验，共同研究低碳技术的同时，增强自主创新能力。另外，广西作为中国—东盟自由贸易区的桥头堡，尤其要重视与东盟各国的合作，共同推进双方低碳经济的发展；要加强与高校、科研院所、科技协会和行业协会的交流合作，同时提高自身科技成果的吸收、转化和应用能力，有效减少时间、资金、人力和物力成本的投入，实现最大的收益；加强政企合作，努力争取政府的政策支持、资金支持和平台支持。

3. 个人方面

公民要传承中华民族崇尚节俭的文化传统，厉行节俭，杜绝浪费，改变"便利消费""面子消费""奢侈消费"的嗜好；要树立现代的低碳经济意识，积极响应低碳经济的发展战略，主动参与践行"节能、减排、降耗、适度"的低碳化消费行为和生活方式，使低碳理念在各自的工作岗位和生活的方方面面变成实际的行动。如在衣、食、住、行、用等日常生活方面，逐步让家庭消费实现低碳化和低能耗，减少煤炭等高碳能源的使用，尽量选择和使用能够高效利用的、清洁的生活能源；住宅可采用低碳建筑材料和装饰材料，家庭可使用节能灯具和节能家用电器；减少购买高能耗的食品；使用自行车和公共交通工具等健康、低碳环保的出行方式等。比如，南宁市民在国庆长假期间主动选择了低碳环保的骑自行车旅游。比如，南宁市政府为促进居民主动节能，仅2010年就推广节能灯70.2万只，而市民在推广企业中标价的基础上可享受国家补贴 50%、南宁市补贴 15%，最终一只节能灯只需 2.5——3.5 元。①

另外，公众要有社会责任感，在理解、认同和接受低碳经济理念的基础上，应大力宣传低碳经济观念和低碳经济知识，积极参与社会低碳环保公益活动，通过自身的践行以点带面地教育和影响周围群众；要培养民主意识与习惯，公众可通过多种合法有效的管道，影响和参与有关部门低碳经济政策和制度的制定和实施；参与企业生产经营的监督，发挥社会公众对企业环境保护行为的约束作用；成立公益性的民间组织，有效发挥民间环保人士和志愿者的积极作用。当然，政府在构建健全的公众参与机制中起着关键性作用。

三　发展绿色经济

（一）绿色经济的概述

1. 缘起

"绿色经济"一词最早源自英国环境经济学家大卫·皮尔斯（D. Pearce）在 1989 年出版的《绿色经济蓝皮书》一书，皮尔斯主张从社会和生态条件的角度出发，建立一种"可承受的经济"。进入 21 世纪，绿色经济理论研究与实践，逐渐成为社会科学研究和经济社会发展的重要问题。在 2008 年 10 月，联合国环境署发起了"绿色经济倡议"，旨在推动世界各国经济转向新的绿色经济发展道路，得到了国际社会的积极响应。2011 年，联合国环境规划署（UNEP）发布了《迈向绿色经济——实现可持续发展和消除贫困的各种途径》的报告。报告指出，所谓的绿色经济就是"提高人类福祉和社会公平，同时需要显著降低环境风险和生态稀缺性的经济"。

---

① 田米香：《低碳经济的价值取向：民族地区发展的战略选择——以广西为视域》，《经济与社会发展》2013 年第 2 期。

2012 年，"里约峰会"在巴西里约热内卢召开，会议集中讨论两个主题：一是可持续发展的体制框架；二是绿色经济在可持续发展和消除贫困方面的作用。可见，绿色经济发展的全球化趋势受到了世界各国人民的高度重视和普遍认同。中国政府也顺应潮流提出要大力发展绿色经济。2010 年 5 月 8 日，国务院副总理李克强在"绿色经济与应对气候变化国际合作会议"开幕式上的演讲中指出，当今世界，发展绿色经济已经成为一个重要的趋势，许多国家把发展绿色产业作为推动经济结构调整的重要举措。2015 年 11 月 30 日，习近平主席出席气候变化巴黎大会开幕式并发表讲话，提出"中国将落实创新、协调、绿色、开放、共享的发展理念，形成人与自然和谐发展现代化建设新格局"。党的十八大以来，习近平总书记还在多个场合提到"绿色发展"理念，强调要突出绿色惠民、绿色富国、绿色承诺的发展思路，推动形成绿色发展方式和生活方式。

2. 含义

绿色经济的概念比较宽泛，不同领域的专家学者对其认识不同。学者主要围绕着资源能源消耗、可持续发展、技术创新、生态环境保护等不同角度及侧面探讨"绿色经济"的内涵和外延，目前还没有形成统一认可的定义，但对绿色经济核心内容的理解，业界和学界还是比较一致的。所谓"绿色经济"，是在统筹生态承载力的基础上，以经济与环境的和谐为目标，在合理利用资源能源和保护人类生存环境的同时兼顾当代人和后代人利益的可持续经济发展模式。绿色投资、绿色生产、绿色消费、绿色技术、绿色国民经济核算体系、绿色贸易保护等是其基本内容。绿色经济以市场为导向，以高新技术为支撑，以有利于人们的身心健康和生活质量的持续提高为落脚点，以人与自然和谐相处为依归，是实现市场化和生态化相结合，经济效益、生态效益和社会效益相统一，代内公平和代际公平相兼得的一种良性发展模式，是对传统经济发展模式的超越。

3. 特征

作为一种前沿的经济发展模式，绿色经济与传统的经济模式相比较，具有以下主要特征。

第一，先进性。传统经济以自然资源和环境系统遭受严重破坏和污染为代价获得增长，是一种损耗式经济。随着人们对人与自然界的相互依赖关系认识的深化，绿色经济突出了"以人为本"的思想，它以资源的节约和环境的改善为前提，以服务于人的需要和人的发展为主旨，以绿色投资为核心、以绿色产业为新的增长点，以科学技术的创新促进经济的绿色发展，提升了人们的生活质量和幸福指数，这是绿色经济与传统经济相区别的地方，也是其先进之所在。

第二，公平性。传统经济模式下的社会经济增长，仅仅满足了当代人或部分区域人的物质利益需求，忽略后代人或其他欠发达区域人的生存需要，将子孙后代或全体的环境资源用以满足当代人或少部分人的需要，这存在着不公平性。绿色经济以实现人类福利最大化为目标，把经济规模控制在资源再生和环境可承受的界限之内，最大限度地节约和利用自然资源，既考虑当代人生存发展的需要，又不能对后代生存发展造成危害；既考虑当期人们的开发利用，又要考虑跨期的可持续利用，从而保证经济社会一代一代永续发展。另外，绿色经济将自然资本纳入社会体系，突出了自然资本对经济增长的贡献及其约束作用，也降低了环境风险，促进了社会公平，改善了人类福祉。

第三，变革性。绿色经济体现在观念上，强调人类在经济活动中要亲和自然、尊重自然，克服过去物质主义、过度消费、短期利益的思想。绿色经济体现在实践中，不仅要大力发展节能环保的绿色产业，还要在绿色化技术体系的支撑和带动下加大对传统产业的绿色化、生态化改造。另外，绿色经济扬弃了传统经济发展模式一味追求经济增长的理论与实践，强调要用"绿色 GDP"来取代

"传统 GDP"，作为衡量经济进步与社会发展的指标。可见，绿色经济不仅是发展观念和发展方式的转变、经济评价方式的变革，也是对传统经济活动的变革、改进与提升。

（二）广西发展绿色经济的对策思考

1. 促进绿色转型

针对广西的传统产业，可结合绿色经济的发展特征和综合效益指数，采取不同的措施进行绿色转型升级。对于资源环境效益好且经济社会效益高的行业应给予鼓励和支持，通过重点培育、扶持和引进一批关联性强、技术带动效应大的龙头企业，引导产业做大做强并形成具有聚集力的产业集群，发挥其示范效应，带动产业整体转型，如广西的制糖业、中药产业、通用设备制造业、汽车制造业在这方面就具有明显的优势。对于资源环境效益较差但经济社会效益高的行业则需要通过加大技术改造投入、建设专业性园区和基地、完善环境污染治理配套设施等多种途径实现行业的绿色转型提升，如广西的采矿业、皮革加工制造业、有色金属、化工制品制造业等则多属此类。对于资源环境效益较差且经济社会效益不高的产业，则要加强限制力度和淘汰力度，利用要素价格差异化、环境保护问责、环境功能布局调整、行业整治执法、环评一票否决等多种措施，加大政策倒逼落后产能淘汰，如广西造纸及纸制品业、林木采伐及加工业可通过引导企业推进技术创新，向上下游延伸产业链的方式，实现产业的绿色转型提升；或者通过嫁接新兴产业，利用并发挥新兴领域的逆向传导机制和技术溢出效应，为传统产业注入新活力。

2. 推动绿色发展

绿色发展既是一种长期的、有利于代际公平的科学性发展，又是融经济增长、环境安全和社会公平于一体的包容性发展；它既注重经济发展过程中的绿色创新和环境限度内的弹性增长，又强调政府、企业、社会进行民主参与式的合作治理。因此，推动广西的绿色发展，要按照党的十八届五中全会精神和"十三五"规划要求，做好绿色顶层设计，制定具有民族地区特色的绿色发展规划；需要政府、学校、社区、志愿者等全方位、多层次、多渠道地广泛宣传，引导公民树立环保意识、责任意识、绿色发展观念和绿色生活理念，营造全区浓厚的绿色消费、绿色生产生活的绿色文明新风尚；要建立健全公众参与制度、环境执法监督制度和环境公益诉讼制度，完善绿色发展监督制约机制；要完善绿色财政税收优惠、绿色保险保障、绿色金融信贷支撑和绿色投资融资准入等绿色经济扶持机制，实现对资本、产业和行业的绿色引领；要根据环境容量和资源承载能力强化产业发展的"绿色化"布局，加快培育新兴环保产业、节能产业、生态产业、新能源产业的发展；加大政府绿色技术研发的刚性投入，构建绿色发展的技术支撑体系，激发和增强企业研发绿色经济关键技术的内生动力，提升绿色科技创新能力和成果转化推广能力；要以政府采购、绿色认证、绿色标识、绿色贸易补贴等方式引导绿色消费行为，扩大绿色需求，并通过扩大消费税的征收范围，提高税率引导消费者自愿购买节能环保产品，形成健康的绿色生活方式。

3. 建立健全绿色标准体系和考核监督机制

一方面，建立健全绿色的 GDP（绿色国内生产总值）核算标准体系。绿色 GDP 是将一个国家或地区经济活动中所付出的资源环境成本和对资源环境的保护费用从 GDP 中扣除从而得出真实的国民财富总量的一种新的经济评价标准。绿色 GDP 指标体现了一个国家或地区国民经济增长的净正效应和更综合的经济福利水平，绿色 GDP 占 GDP 的比重越高，说明自然资源利用效率越高，社会财富创造越多，环境污染及生态破坏越少，反之亦然。适应绿色 GDP 核算要求，要将自然资源消耗和环境损害纳入我区国民经济核算体系，实现资源、环境、经济一体化核算，构建科学的绿色 GDP 核算指标体系；应借鉴国外、区外发展较好的核算技术、方法，完善我区的绿色审计、绿色会计的理论与操作技术；要统一和完善绿色 GDP 的核算范围、核算内容、核算方法与模式，从而提高绿色 GDP 核算的科学性和可操作性。

另一方面，把绿色 GDP 指标融入现行的政府及干部的绩效评估指标体系。实行绿色政绩考核制度，转变简单以 GDP 增长论英雄的政绩观，突出资源利用效率绿色 GDP、生态环境保护等指标，引导领导干部树立全面协调发展的政绩观并形成正确的施政导向，多考虑环境资源承受力，多做利长远、打基础、惠民生的工作；要建立绿色责任追究制度，通过环境保护约谈机制、问责机制和引咎辞职制度，强化决策和工作的科学性、全局性和协调性，避免缺乏科学规划和论证的"形象工程"和短期行为。正如习近平总书记所强调的那样，对那些不顾生态环境盲目决策、造成严重后果的人，必须追究其责任，而且应该终身追究。公众评估是绿色 GDP 核算体系的重要补充，公众参与是经济增长与环境保护的平衡杠杆，要依法完善新闻媒体、非政府组织、社会公众的有效有序参与、举报和监督机制，调动社会各个阶层、组织广泛参与环境保护的积极性。

第二节　发展生态产业

一　发展生态农业

（一）生态农业概述

农业是国民经济的基础，对国家的稳定和发展起着举足轻重的作用，以生态农业的发展推进我国的农业现代化是大势所趋。党中央多次强调，要加快转变农业发展方式，走"产出高效、产品安全、资源节约、环境友好"的现代农业发展道路。2015 年 4 月 25 日，中央发布《关于加快推进生态文明建设的意见》，标志着我国已进入以生态文明引领经济社会发展全局的时代。5 月 20 日，农业部等八部委印发《全国农业可持续发展规划（2015—2030 年）》，明确了农业发展"一控两减三基本"的目标，从过去拼资源消耗、拼农资投入、拼生态环境转向数量、质量、效益并重的轨道上来。可见，加快转变农业发展方式，推进农业可持续发展，打造生态农业已成为现代农业发展的必然趋势。

20 世纪 80 年代初，生态农业在一些发达国家崭露头角，是继原始农业、传统农业和现代农业（石油农业）后提出的，是农业生产中的一次重大变革和突破，其基本内涵是遵循自然生态规律和经济规律，在保护、改善农业生态环境的前提下，通过现代技术和管理手段实现农业生产集约化经营和农村经济可持续发展的一种新型综合农业体系和发展模式。

生态农业是一个农业生态经济复合系统，把农产品优质安全、生态安全、资源安全、农业综合经济效益的提高和农民的丰产增收有机统一起来，其实质就是将农业现代化纳入生态合理的轨道，形成生态与经济两个系统的良性循环，最终实现经济效益、社会效益和生态效益的协调平衡。

生态农业一方面以大农业为出发点，把粮食与多种经济作物生产，农业与林、牧、副、渔各业综合发展，农业与第二、第三产业协调发展有机整合起来，提高了农业整体的综合生产能力。另一方面，生态农业倡导农产品标准化生产，注重绿色质量要求，强调生产过程中资源和环境的利用、净化、保护和恢复，控制化肥、农药、色素、添加剂和其他有害物质的使用量，着力生产和加工安全、生态、高产、优质、高效绿色农产品，既能满足人们对绿色消费的需求和消费结构升级的需要，又能促进农业增效、确保农民增收，发展生态农业对于经济社会发展相对落后的广西来说意义更为重大。

（二）广西发展生态农业的路径选择

1. 提高生态环境质量

实现广西生态农业的健康发展，需要对生态农业发展所依赖的资源环境进行生态集成。

一是注重水土资源数量保护与质量提升。要提高农田建设标准，通过采取测土配方施肥，人畜粪便、秸秆等农业废弃物的循环和资源化利用以及轮作休耕等措施，不断改良土壤和培肥地力；以区域水环境保护为着力点，保证生态农业发展的优质灌溉水资源供应，在水资源短缺地区，以农业生产节水为主，推广滴灌、喷灌、微灌等节水型农业，重点提高水资源利用效率，以缓解水资源短缺的矛盾；通过退耕还草还林，建立基于土地承载力的畜禽养殖准入与退出机制，有效保护生物植被和保持山体水土以涵养水土。

二是遵循减量化原则，尽量减少在生态农业发展过程中化肥、农药、农膜等的使用量，通过种植绿肥、施用腐殖肥、增加有机肥的施用量、使用抗病虫害强的新品种、做好病虫害监测预报工作等多种途径来提升土壤有机质含量，控制农业生产污染面，确保农产品生产环境的质量与安全。

三是根据广西水土资源和作物生长特性因时因地制宜，创新生态农业模式。广西应根据各地不同情况大力推广如"沼气池 + 畜禽圈舍 + 厕所"一体式的庭院"三结合"能源生态模式，集"温室—沼气—猪舍—蔬菜"于一体的"四位一体"生态农业种养模式，台田、水塘相间的"上田下塘"水陆复合立体种养生态模式，通过水旱轮作、农牧结合、作物间套种、林下生产、鱼藕混养、稻鱼共生等，建构高效生态、能量循环、功能互补的种养模式，实现资源高效利用化、农业生产无害化和家居环境清洁化。

2. 推进生态农业的集约化经营

一是加快产业化进程。广西生态农业产业化发展应大力培育生态农业生产经营主体，通过资产和资源的整合重组，培育和引进一批技术含量高、市场竞争力强、产品附加值高、辐射带动能力强、聚集效应大的绿色农产品产业化龙头企业或重点企业；要以市场为主导，促进农户、生产基地和企业的协调配合，形成产业化运作体系，努力建构一个"种、产、销"一条龙，"农、工、贸"一体化的生态农业产业化模式；要运用经济、法律和政策手段使企业和农户之间结成利益共享、风险共担、合作共赢的利益共同体，做强做大广西生态农业。

二是促进规模化经营。要改变过去那种一家一户式的生产方式，完善确权登记、颁证、价格评估等管理制度，加快和规范土地流转，创造生态农业规模化生产条件；鼓励种植大户、农村专业合作经济组织和涉农企业集中承包土地，进行规模化、规范化生产；打破地域和农户之间的界限，连区连片发展，实现生态农业由点及面，由分散向集聚转变；要抓住广西特色农产品资源，加快特色生态产业发展，各地要因地制宜确立优势主导产业，争取实现"一县一业，一村一品"，形成产业规模优势和经济优势；在中国—东盟自由贸易区正式运作的背景下，要将生态农产品生产加工业链条延伸至东盟各国，形成一个跨行业、跨区域、跨国界的"农＋工＋贸"一体化的生态农业国际化发展新模式。

三是提高市场竞争力。围绕广西特色农产品和优势农产品（如水果、中药材、优质水稻、蔗糖、蔬菜、木材、生猪、肉鸡等）建设产业化生产基地，形成广西生态农产品区域化总体格局；要大力推进有机食品、绿色食品和无公害农产品的标准化生产，管控好生态农产品的发展速度、产出规模和质量水平，走精品化道路，提升产品附加值；实施名牌发展战略，把创建广西本地知名生态农产品品牌和引进区外知名品牌与对本地的农业产业进行改造有机结合起来，做好品牌宣传，扩大影响，提升广西绿色农产品市场竞争力和市场占有率；要注重生态农业的功能拓展，通过农产品与地域文化、历史传统、地理文化、民族习俗等的有效嫁接，提升产业的生态文化休闲功能，提高产品的文化附加值。

3. 完善生态农业的支撑体系

一是在制度方面，政府部门应建立健全生态农业相关的政策体系和基本农田保护、农产品质量安全监督与管理等方面的法律法规，逐步将生态农业建设纳入政策性农业保险范围，促进和保障生态农业的健康发展。

二是在资金方面，要创新招商方式，拓宽招商区域，广开资金投入渠道，提升招商引资质量；建立发展生态农业的专项资金，专户储存，专款专用，有效改善生态农业发展的投融资环境。

三是在科技方面，要大力发展生态农业技术，加大生态农业科技创新与推广力度，全面提升农业科技对生态农业的贡献力；加大优良技术和品种引进的推广步伐，建设新成果、新品种与新技术等的示范基地，以实现农业科技的真正普及和应用；优化配置和综合利用生态农业科技资源，可以依托高校、科研院所、政府职能部门等资源优势，建立与生态农业相关的实验室、研发基地和跨部门、多学科的协作攻关的农业科技运行机制，打造农业科技的创新平台。

四是在服务方面，要改善农业的基础设施条件，对"路、电、林、渠、水"五网进行配套完善；加大生态农业知识和技术的宣传推广和教育培训力度，提高农民对农业科学技术的接受能力；积极培育和建设科技推广、市场拓展、信息咨询等中介服务体系和服务平台，营造良好的社会服务环境。

二　发展生态工业

（一）生态工业概述

1985 年，学者马传栋在《经济研究》上发表了一篇题为《论生态工业》的文章，成为国内早期较为系统的关于生态工业方面的研究。此后，在可持续发展思想指导下，针对工业系统与环境协调发展的生态工业研究逐步形成体系与规模。

概括来说，生态工业是以资源环境承载力为基础，把生态学原理应用到资源管理、工业建设和工业生产系统的规划与运行，以实现经济效益、社会效益和生态效益相统一的一种新型、现代工业发展模式。在生态工业发展中，生态经济学原理是其基本理论；现代科学技术和管理方法是其基本依托；节约资源、清洁生产和废弃物多层次综合再生利用是其基本内容；经济社会与生态环境的可持续是其基本目标。

按照工业生态学的原理建立的生态工业把工业生产过程纳入生物圈的物质循环系统，从工业源头和全过程来控制工业污染，在结构、功能和规划上都与传统工业有着明显的不同。具体表现在：一是工业生产部门的网络式结构。在生态工业体系中，为达到多层循环利用物料的目的，各个工业生产部门会构建起链锁状的生产资源网络连通管道，通过物料的相互供应结成长期、稳定的工业生产链条。即便生产部门在地域上不相连，也会本着充分利用的原则通过贸易往来和生产环节的工业共生等方式来实现能量、资源的最优利用。二是工业生产资料的开放式闭合循环。在生产链条中，各个生产单位在工艺流程上是环环相扣，首尾相连的，每个节点都发挥着能量及物质转化、利用的功能，这就需要系统内各生产过程从原料、中间产物、废物到产品实现开放式闭合循环，才能达到多层循环利用资源，减少污染物释放和资源的浪费与消耗。三是以区位整治保持生态系统平衡。生态工业要求统筹规划，科学预测区位容量，开展综合治理，及时调整工业布局，以保持区域生态系统平衡。

总之，生态工业力求把工业生产过程纳入生物圈的物质循环系统，把生态环境优化作为发展的重要内容，既着眼于每项工业生产的全过程，又要着眼于区域工业生态的全局性和互补性，是一种有利于保护和改善自然生态环境，提高工业经济效益的工业发展模式。

（二）广西发展生态工业的路径选择

1. 在宏观上，优化和升级产业结构

广西的工业结构目前还处在一个比较低的发展层次上，绝大部分工业仍属于传统工业，和国内先进地区相比有较大的差距。广西的传统工业主要是资源能源开发、农产品加工和重工业制造，"高污、高耗、低效"是其主要特征。因此，在宏观上要着重考虑区域的生态承载力和环境容量，制定合理的产业发展规划和工业空间布局，科学引导产业结构调整、优化和升级，走绿色、环保、可持续的生态工业化发展新路子。一是要淘汰落后产能，抑制产能过剩和盲目扩张，尤其要坚决淘汰生态环境破坏严重，经济、社会效益差的工业产业。二是要通过产业技术开发与创新改造和装备原有的工业基础，提高能源资源综合利用率，同时还要大力发展接续产业，完善和延长其产业链，提高附加值，引导其向高端化转型。三是对于不可替代型的资源型产业要进行生态化产业改造，最大限度地减少废弃物的排放量，提升其可持续发展的能力。四是大力扶持和发展技术密集、高附加值、低消耗的现代服务业、高新技术产业和绿色环保产业，形成新的经济增长点和竞争优势，构建起保护生态环境和节约能源资源的产业结构，实现第一、第二、第三产业与地区资源环境的良性循环。

2. 在中观上，建设工业生态园区

工业生态园区是依据工业生态学原理和清洁生产要求设计建立的一种新型生产合作园区，园区内的各种产业群体和企业群体通过质能的层叠和循环使用，达成企业或产业间共生式关联并形成集聚效应，从而提高生产力和生产效率。工业生态园区是生态工业的聚集场所和工业生态化发展的重要实现形式，是继经济技术开发区、高新技术产业园区之后的第三代工业园区发展模式，是我国现阶段发展循环经济、低碳经济和绿色经济的重要载体，体现了新型工业化特征及实现绿色发展战略的要求。

结合广西生态工业园的现状以及存在的问题，建设生态工业园区，一是要结合广西千亿元产业发展规划和"二区一带"联动发展的战略布局谋划生态工业园区的建设，克服过去园区建设分布分散、功能定位不清、企业间共生关联度偏弱等弊端，不断吸引和争取国内、国际资本进入广西生态工业园置业，为培育我区"千亿级园区"奠定坚实的基础。二是政府应创设有利的环境和条件，鼓励和引导各关联企业往园区聚集并主动参与质能交换，支持企业间建立废物交换和闭路循环系统，实现各单元资源相互利用的最优化和废物排放的最小化。三是要充分发挥市场配置资源的决定性作用，构建园区工业生态链群，通过生态链横向拓展和纵向延伸来促进企业共生网络的形成，利用产业关联效应刺激产业链的生态化发展，实现企业之间的能量多级利用，副产品相互交换，提高企业获利能力和环保动力。如2010年，在华润集团总体统筹运作下，华润电力协同华润水泥、华润雪花啤酒在广西建设贺州华润循环经济产业园，构建了"电厂—水泥厂—啤酒厂"的循环经济产业链，通过不同产业间的工业废弃物循环利用，实现了总体污染物近零排放。两年后，产业园区内3家企业——华润电力（贺州）有限公司、华润水泥（富川）有限公司和华润雪花啤酒（广西）有限公司均建成投产，三厂循环协同工作进入实质操作阶段。电厂向啤酒厂供应蒸汽和全部工业用水，电厂产生的煤灰、煤渣等均由水泥厂回收利用；电厂年所需的细石灰石粉、工业水等由水泥厂供给；啤酒厂年需工业水、用电、蒸汽均由电厂供给，排出的废水由电厂回收利用，排出的硅藻土、酵母泥以及酒糟等由水泥厂掺烧处理，形成了一条良性的产业循环链。据统计，自投产以来，三厂每年能降耗标准煤29万吨，节水78万吨，废水处理复用263万吨，减少氮氧化物排放4250吨，减少二氧化碳排放73万吨。通过不同产业间的工业废弃物循环利用，三厂实现了总体污染物零排放，产生循环经济效益约1.94亿元。[①] 四是在我区现有经济开发区、工业小区或高新技术园区的基础上进行生态化改造、建设和管理，通过提高和完善生态化科技水平、基础设施和信息网络平台，完善生态工业园区服务体系，为园区工业生态系统的可持续发展提供生态保障。

---

① 王海波：《生态工业的广西标签》，《当代广西》2015年第18期。

3. 在微观上，引导企业推行清洁生产

企业是产业发展的主体，是推动产业生态化发展的内在动力。清洁生产主要是企业在生产过程中通过降低物质能源消耗、废物回收利用及无害化处理，使企业或产业链实现生态化的过程。一是加大清洁生产宣传教育力度，思想观念的转变是清洁生产推行的基础，要通过构建宣传教育的生态导向机制，提高企业员工特别是领导管理层的生态知识水平与道德责任意识，引导企业突破原有的思维惯性，把生态工业理念融入企业的组织文化和内部激励系统中，在生产经营全过程中贯彻清洁生产的思想，从而推动广西工业企业的清洁发展。二是要引导有条件有基础的企业形成集原料选择与供给、生产加工、工艺操作、废弃物综合利用、配套项目建设为一体的、全方位的集约化清洁生产模式，通过源头削减、过程控制和回收利用，提高材料和能源的使用效率与废物的再生利用率。三是要加强科技创新，企业不仅要从产品设备、生产工艺、销售和回收利用等各个环节注意节能减排和环境保护，更要大力构建企业生态工业技术创新系统，在积极引进国内外先进技术的同时着重提高企业自主科技创新能力，通过应用新技术、新工艺、新设备来推进企业的清洁生产。四是要建立工业企业节能减排的考核奖惩机制和倒逼机制，加强清洁生产的监察、监测、监督和审核工作，通过强化约束机制来激发企业的潜力和动力，促进企业生产经营方式由外部不经济向外部经济性与内部经济性相统一转变。另外，还可以引导消费需求，培育绿色消费市场，通过鼓励生态消费推动企业进行清洁生产和拉动生态工业发展。五是要发挥群众、媒体和社会对环境污染的监督作用，形成群众监督举报，社会广泛关注，有关部门严肃查处的监督合力体系。

三　发展生态旅游业

（一）生态旅游概述

自 20 世纪 80 年代世界自然保护联盟组织首次提出"生态旅

游"这一概念开始，国外学者就对生态旅游进行了广泛的研究。到了 20 世纪 90 年代，我国学者也开始关注和研究生态旅游问题并取得了丰硕的成果。概括起来，生态旅游是指在生态学原则和环境伦理价值观的指导下，通过保持生态系统的结构和功能，保护自然和人文生态资源，有效地促进旅游地经济的发展和周边生态环境系统可持续发展的一种旅游发展模式。而生态旅游产业，则是指以生态旅游资源为依托，以生态旅游消费者为服务对象，为满足和帮助实现生态旅游活动的完整过程创造便利条件并提供所需的商品和服务的综合性产业。旅游业是目前发展最快的产业之一，它涉及游览、交通、餐饮、住宿、邮电、文娱、购物等多个环节并且能够间接地带动一大批相关产业的发展，具有产业链长、关联度高、带动作用大、资源消耗小、就业机会多、综合效益好等特征，对促进区域整体经济发展起着十分重要的作用。

随着绿色发展理念不断深入人心，传统的大众旅游正逐渐被生态旅游所取代，生态旅游产业被视为"无烟"产业和"朝阳"产业、越来越成为世界旅游业发展的主要方向。跟传统大众旅游产业相比，生态旅游产业具有地域上的自然性、层次上的高品位性、内容上的专业性、利用上的保护性和发展上的可持续性等突出特点。它不仅可以实现区域经济和旅游产业的良性互动，还能够维系整个生态系统的平衡；不仅有利于当地经济发展和居民就业机会的增加，更能通过保持旅游区生态资源、景观资源和文化资源的完整性，实现代际间的利益共享和公平性，促进生态旅游地社会、经济、文化和生态的全面协调发展。

2014 年 8 月，国务院发布《关于促进旅游业改革发展的意见》，强调"坚持融合发展"，推动旅游业发展与相关领域发展相结合，"实现经济效益、社会效益和生态效益相统一"。在绿色发展的指引下，不难想象，凭借着带动产业多、资源消耗低、综合效益好、提升地方美誉度快等诸多优点，生态旅游和生态旅游产业必将取代大众旅游和传统旅游产业成为我国未来旅游业新的发展模式和旅游经济新的增长点。

西部地区拥有丰富且独具特色的旅游资源，通过发展生态旅游产业来带动西部地区经济的发展不失为一个较好的选择。据世界旅游组织统计，旅游业每收入 1 元，可带动相关产业增加 4 元收入；旅游业从业者每增加 1 人，可增加相关行业 4.2 人就业。促进农业人口从事旅游与文化服务产业来寻求经济增长方式的转变，发展绿色 "GDP"，既收获 "金山银山"，又保护 "绿水青山"，无疑是广西调结构、保增长、实现经济跨越发展的最佳选择之一，同时也是开展精准扶贫工作，带领山区民族群众脱贫致富的有效途径。"广西有 49 个贫困县、750 多万贫困人口，贫困面广，贫困度深，脱贫致富难度大。这些贫困地区大都生态环境良好，是民族风情文化旅游资源富集区，充分开发利用当地文化旅游资源，有利于促进贫困地区加快发展，让贫困群众早日脱贫致富奔小康"①。

（二）广西发展生态旅游业的路径思考

1. 全面协调好生态旅游利益相关者的利益关系

生态旅游发展中，必然会涉及诸多的利益相关者，各种利益和权力交织、多元化的利益需求、多途径的利益实现方式和多元化的利益主体构成了错综复杂的利益网络。而每个利益相关者由于动机、目标和责权利各有不同，自然会造成利益的分化。发展生态旅游的过程是各利益主体追求自身利益最大化的博弈过程，也是各种利益相关者从矛盾冲突，协调均衡，到最终实现互惠共赢的合作过程。

生态旅游利益相关者是指与生态旅游目的地经济发展相关，能够影响生态旅游开展或被生态旅游活动影响的个人、群体和组织，主要包括旅游目的地政府、旅游企业、社区居民和生态旅游者。识

---

① 闫春娥：《广西文化与旅游融合发展探究》，《市场周刊》（理论研究）2015 年第 6 期。

别和认清生态旅游发展过程中的利益相关者以及他们的利益诉求，明确他们各自的角色与功能定位，以协调和平衡利益相关者之间的利益关系，是保证生态旅游和谐、持续发展的重要举措。

（1）了解和掌握生态旅游利益相关者的利益诉求

第一，地方政府的利益诉求主要有：希望得到政策和资金的支持，有效开发当地生态旅游资源；希望通过生态旅游的持续发展带动当地其他产业发展，增加更多就业机会，从而促进地方和周边地区的经济发展，改善当地人民生活水平；希望理顺各种利益关系，寻求保护与资源开发利用的平衡点，有效保护当地的自然生态环境；希望把生态旅游打造成宣传本地的名片，扩大和提高当地的知名度等。

第二，旅游企业在生态旅游资源的开发经营过程中与其他企业无异，其首要目标和最核心的利益就是获得经济利益的最大化；为保证生态旅游景区持续的赢利能力，改善和维持良好的生态旅游环境同样是旅游企业的利益追求之一。另外，他们也希望政府创设一个良好的政策环境、法制环境和投资环境，并给予各方面的优惠、支持和扶持。

第三，当地社区居民希望他们世代生存的环境不因旅游开发而污染和破坏；其利益损失及为发展所作出的牺牲得到合理的补偿；其民族文化、生活方式和传统习俗得以维持并得到外界的尊重和理解。在此基础上，要求在旅游开发中增加社区获益机会，合理分配旅游收入，改善社区环境和提高居民获得感。

第四，生态旅游者关注旅游安全、价格、服务质量，希望游客的人身和财产安全得到保障，景区基础设施完善，旅游交通便利，配套设施齐全；在景区消费的生态旅游产品和服务性价比高，物超所值等。

（2）发挥各利益相关者的角色定位作用并形成合力

基于上述对四类主要利益相关者利益诉求的分析，发展生态旅游资源必须统筹兼顾，在尊重各利益相关者利益诉求的基础上，正确处理好彼此之间的关系，并采取多种措施充分发挥每一个利益相关者的作用。

第一，政府。从某种程度上讲，生态旅游资源是公共资源，或者说是准公共物品。生态旅游资源的开发主导权应当属于政府等相关管理部门。另外，生态旅游需要一个总体目标和长远利益的代言人来引导、协调、控制、规范其他利益相关者的目标和行为。能够担当此任的也只有政府。因此，政府是生态旅游发展的主导者、调控者和监督者。各级政府应明确自己的责任，积极发挥主导、监管和协调作用，从全局和长远出发，确定旅游产业在经济中的战略定位，制定科学的生态旅游规划，走可持续发展的道路；应当完善相关配套政策和法律法规，建立合理的管理制度、约束条件和利益分配方式，平衡与协调各利益群体之间的利益与冲突，确保各利益主体都能公平地分享发展生态旅游带来的实惠并承担相关的保护责任；要建立健全生态旅游的预警、决策、反馈、评价、监督和奖惩等长效机制，避免不合理开发导致的生态环境破坏；组织和开展生态旅游的宣传和教育活动，提高利益主体自觉履行社会责任的意识和自律行为。

第二，旅游企业。旅游企业是生态旅游的执行者、组织者和开发者，是地方旅游业发展的主要力量，它们根据生态旅游者的需要进行资源的开发和交通、餐饮、购物等项目的开发经营并获得经济效益和社会效益。旅游企业的开发经营行为与生态旅游区的可持续发展息息相关，在旅游生态文明建设中起着关键性的作用。旅游企业要深入挖掘地方特色资源、开发特色生态旅游产品，确保其产品和服务的内涵和质量；在生态旅游资源的开发过程中，应遵循开发与保护并举的原则，做到在保护中开发，以开发促保护；应客观分析景区生态环境承载能力，科学进行旅游规划设计，精心编排旅游线路，使生态景观在设计及运行中尽可能保持各功能区的相对独立性和特色并与周围环境相协调，将旅游开发经营活动控制在生态环境可承受的范围内；要根据景观生态的层次及功能，对各功能区的设施配置、旅游容量、游客流量、废弃物处理进行合理有效的管控；旅游企业还应建立利益回馈机制，积极承担社会责任，最大限度地满足社区居民获取就业机会和利益回报的期望；履行企业员工、社区居民和旅游者的生态旅游教育职能，为环境教育的宣传和生态保护做出应有贡献，塑造生态文明的良好企业形象。

第三，当地社区居民。生态旅游的开展依托的是当地社区的自然和文化资源，当地社区居民具有非流动性的特点，他们是当地文化的重要载体、旅游开发的中坚力量和景观资源的保护者，对生态旅游的发展起关键性作用。要将社区居民纳入生态旅游资源的开发与保护过程，更好发挥地方特色和传统，增强生态旅游地的吸引力；要加强对社区居民的知识和素养培训，提升生态保护意识和生态旅游专业技能，使他们自觉保护当地文化和所在地生态环境；要完善生态旅游社区的参与利益分配机制，切实保障社区居民从生态旅游业发展中获取经济、社会、生态环境等多方面带来的实惠；要充分发挥社区及广大居民的民间监督作用，减少各利益相关者行为带来的负面影响。

第四，旅游者。作为生态旅游的消费者、体验者与环保者，生态旅游者不仅要了解目的地的自然历史、文化背景和生态环境，更要尊重当地居民的宗教信仰、民族习俗和文化传统；旅游者应该提高自己的生态意识和环保责任感，规范个人操守，约束自身行为，自觉维持和保护当地生态环境；应主动接受生态旅游教育，提升旅游品位，积极推动自然生态和文化生态多样性的保护。

第五，其他相关者。生态服务志愿者、咨询机构和非政府组织是生态旅游发展的援助者；科研院所、专家学者是生态旅游发展的研究者和指导者；媒体是生态旅游资源开发过程中的宣传者和监督者。由于不存在经济利益关系，这些社会力量可以客观公正地看待生态旅游发展中的各种问题和各利益相关者之间的矛盾，他们的建议、工作和行为等也更容易被各利益相关者接受。可通过他们的宣传、倡导、建议和策划，用先进的发展理念影响社会公众的价值观和行为方式。通过他们的专业知识、专门研究和学术成果影响政府的政策选择和经验推广，保证决策和部署的科学性与合理性；可通过他们的社会影响力对各利益相关者的行为实施有效监督。

2. 大力发展具有广西特色的生态旅游资源，打造生态文化旅游的广西品牌

广西是我国唯一一个沿海又沿边的民族自治区，有着丰富的生态旅游资源，为发展广西生态旅游产业提供了良好的条件。2013年广西出台了《关于加快旅游业跨越发展的决定》，重点打造桂林国际旅游胜地、北部湾国际旅游度假区、巴马长寿养生国际旅游区三大国际旅游目的地建设，培育桂林山水、滨海度假、长寿养生、边关揽胜、民族风情、红色福地六大旅游品牌。

第一，自然山水风光游。广西自然风光秀丽，奇山异水，风景优美，以景点众多、景观特色突出、风景资源品级高享誉国内外。广西的自然山水风景主要有山地岩溶洞穴景观、水体资源景观（包括湖泊、险滩、水库、瀑布、温泉等）、动植物资源景观、火山遗迹景观、海滩景观等，各种景观各具特色，比较有代表性的是桂林山水、宁明花山、金秀大瑶山、兴安猫耳山、龙脊梯田、红水河七百弄、靖西大峡谷群、大石围天坑、古东瀑布、北海银滩、涠洲岛、龙胜温泉等景点。大自然的鬼斧神工，良好的自然生态环境为广西的山水风光游、科普艺术考察游、野外生存游、登山探险游、生态环境游等提供了基础条件。开发利用好广西自然景观资源，一是以保护为主。生态旅游开发应遵循"保护—开发—发展—保护—发展"的思路，根据资源条件、通达性程度、市场潜力、生态环境承载力等条件科学划定生态旅游功能区并进行分类有序的开发建设；要充分利用山、绿地、河、湖和环境气候条件，合理布局基本旅游设施，提升自然生态保护区域与旅游产业关联度，形成完整、

科学、合理的地区生态旅游产业链；利用现代科学技术对生态旅游
地的生态环境进行动态、实时监测，防止自然风光"人工化"，防
止人造景点无序开发，防止风景名胜区"城镇化"；完善生态补偿
制度，经营企业在经营过程中每年需以旅游收益的一定比例作为生
态反哺资金投入生态保护中去，以实现生态资源的可持续性开发。
二是从"大"处着眼。广西以山水著称，生态旅游应是"着眼大
区域，营造大环境，发展大旅游"。如广西的王牌旅游资源——桂
林山水，就是以喀斯特地貌景观为基调，以其不同发育阶段的风光
为特色，以桂林山水为核心，将已形成的区域旅游形象与品牌效应
向外扩大，形成桂林周边相邻区域的联动，促进整体发展。又如，
利用广西 1595 公里的海岸线和海滨、海岛、海域等丰富的自然海
洋旅游资源，以北海为核心向外围扩展，开发和完善北海银滩、冠
头岭、白虎头长滩、山口红树林、北仑河口、钦州湾"七十二
泾"、龙门诸岛、涠洲岛国家地质公园和珊瑚群等滨海旅游资源，
开展游览、观光、度假、疗养、休闲、娱乐和体育活动，供应海洋
地貌、海洋气候气象、海洋水体、海洋生物等生态旅游新产品，将
是广西海洋旅游发展的一个主要方向，初步形成广西"北有桂林、
南有北海"并向全区各地辐射延伸的生态旅游线路。再如，利用广
西较高的森林覆盖率和丰富的生物旅游资源，开发和建设大瑶山、
元宝山、十万大山等森林公园，发展生物生态休闲科普游。三是提
高品位。广西的自然景观都与当地甚至周边地区的历史和文脉密切
相关，具有丰富且深厚的文化内涵，要深入发掘出来并加以保护性
开发利用，提升旅游活动的文化含量，提高旅游产品品位和档次。
另外，要重视景区与周边地区文化联系（如湖南的湘文化、广东的
广府文化），通过相邻省市文化资源和景区整合开发实现双方互利
互惠、共同发展。

　　第二，民族文化风情游。广西境内除汉族外，还聚居着壮、
苗、瑶、侗、仫佬、毛南、回、彝、京、水、仡佬 11 个少数民族，

各领风骚的民俗文化和别具一格的民族风情是广西的社会旅游资源中别具吸引力的重要部分。广西的民族文化风情游主要有下面几种：（1）民族文化村寨游，如龙脊壮寨、融水贝江苗寨、金秀瑶寨、三江侗寨、贺州瑶族风情园等，使游客能亲身体会到广西各族人民的生活环境和生活方式。（2）民俗旅游节庆活动，广西几乎每个民族都有自己独特的民族节日，别具民族风情。如壮族的蚂拐节、仫佬族的吃虫节与依饭节、苗族的芦笙节、毛南族的分龙节、瑶族的盘王节、侗族的花炮节等，这些少数民族传统文化节日内容丰富，形式多样，蕴涵着浓厚的文化内涵。（3）民俗博物馆，广西民族博物馆、金秀瑶族自治县的瑶族博物馆、融水苗族自治县的苗族博物馆和靖西县的壮族博物馆，以文字、图片、视频和实物集中展现了各民族的历史、民俗风情和民俗文化的精华。（4）民族特色的饮食习俗，壮族五色（黄、红、紫、黑、白）糯米饭、沙糕，侗家的酸肉、酸鱼、酸鸭，瑶族的"三肴"（豆腐、猪红香肠、长寿汤），毛南族的三酸罗番等都具有浓厚的民族风味特色。（5）民族特色的婚嫁习俗，如壮族地区盛行"倚歌择配"的婚嫁习俗。（6）民间建筑，干栏式木楼、风雨桥和鼓楼等民族建筑展示了少数民族民居的独特建造形式和建筑艺术风格。（7）民族工艺品，广西有壮锦、苗锦、毛南族的编织和雕刻工艺品、瑶族蜡染工艺品、壮族定情绣球和定情扁担等具有地方特色和民族特色的旅游商品。因此，要深入发掘并充分展现现有资源，使民族文化风情游成为广西生态旅游资源的又一个重要品牌。

首先，民族文化旅游品牌的定位要注重地域上的整体性、资源上的特色度以及其与其他旅游资源间的互补性和整合性，遵循全区一盘棋的有序性开发原则，尤其对已具有经济特质的民族文化旅游资源，应加大对非物质文化遗产的保护和延伸力度，把民俗文化转化成文化产业，开发拳头型旅游产品，提高品牌知名度，让民俗文化成为当地旅游经济发展的支撑点。

其次，民族文化风情旅游活动的设计应关注文化传统的保持和保护，在尊重传统文化基本形式的基础上打造原生态的民族文化深度体验产品，使旅游产品既保持民族文化内涵的原真性和原始风貌，又有体现时代特征的创新与发展；既保留当地真实的、淳朴的、原汁原味的民风民俗，又能满足现代游客"求新、求异、求乐、求知"的心理需求。

再次，创造自身品牌，宣传工作必须要加大落实。要借助电视、报刊、网络等大众传媒来为广西民俗文化旅游宣传、造势，以少数民族地区独有的优势与差异性特征，重点打造旅游名片形象和广西特有的旅游产业品牌，提高景区和旅游目的地的知名度和美誉度，使广西民俗旅游品牌形象深入人心。

最后，民族风情旅游资源丰富的地区，也正是广西贫困县集中分布的区域，不少是广西的老少边山穷县及国家重点扶持的特困县，旅游资源与区域贫困具有鲜明的共生特点。全国政协委员在广西调研时了解到：广西壮族人口众多，少数民族人口（包括壮族）占总人口数30%以上的县有64个，占全区110个县（市、区）的58.2%。这64个县均应列为少数民族聚居县。目前，广西列入国家乡村旅游富民工程的只有33个县、235个村，列入项目村仅占全国8000个项目村的2.9%，而广西贫困人口占全国贫困人口的比例为7.7%。希望国家将广西其余31个少数民族聚居县纳入国家乡村旅游富民工程实施范围，并增加广西项目村数量，建立旅游扶贫试点村，给予每个试点村专项资金扶持。① 因此，旅游主管部门应与开发、扶贫部门合作，在具有旅游开发条件的贫困地区，制定旅游开发扶贫方案，争取开发资金，指导和发动农民开发景区景点，培养"亦工亦旅"的旅游从业队伍，使扶贫工作与旅游开发紧密结

---

① 陈际瓦及14名驻桂全国政协委员：《加大支持广西旅游扶贫力度》，《广西经济》2015年第4期。

合。促进贫困地区的资源优势向经济优势转化，使旅游业成为贫困地区跨越式发展的优势产业和支柱产业，成为贫困地区加快发展的重要突破口。

第三，长寿养生文化旅游。生态养生旅游是目前世界上最环保、最受旅游者欢迎的旅游产品之一。广西是中国长寿第一大省（区），每10万人中拥有百岁老人7.5人，截至2014年8月底，由国家老年学学会评定的"长寿之乡"有52个，而广西壮族自治区是"长寿之乡"最多的省（区），有18个之多，约占35%，远远超过其他省、市、自治区。作为广西三大旅游目的地之一的巴马长寿养生国际旅游区（包括巴马、凤山、东兰、天峨、都安、大化六县），是广西长寿养生资源最丰富、最集中、最具有代表性的区域。其中，巴马是世界五大"长寿之乡"之一，每10万人口中百岁老人为31.8人（2008年统计），比国际标准高出24.3人，是世界罕见的"长寿之乡"。[①]巴马自1991年被世界自然医学会认定为"世界长寿之乡"后，还先后被评为"中国王牌旅游目的地""中国王牌旅游景区""十佳中国最美的小城""最适宜人居住的十个小城""最佳休闲养生的十个小城""中国县域旅游之星""全国旅游标准化省级示范县""全国休闲农业和乡村旅游示范县""广西特色旅游名县"等。如今巴马已经成为备受瞩目的全国旅游热点地区，去巴马旅游的游客不但怡情于当地优美的自然环境和民族风情，还参与劳动，品尝素食，体验世外桃源般的生活。甚至有些游客在巴马少则停留半年，多则停留数年不肯离去，真正融入当地生活，可见当地文化的吸引力。广西要充分利用这个优势，发展长寿养生文化旅游产业，打造高端国际长寿养生旅游休闲基地这个品牌。

首先，要重视自然生态环境保护。养生旅游的核心竞争力主要

① 罗世敏、梁结珠：《长寿养生在广西》，《当代广西》2014年第20期。

表现在有良好的生态支撑、要强化对旅游目的地的水源、土地、森林和河流的生态保护，做好土壤、大气、水体的污染治理工作，有效保证环境承载与旅游业发展的协调性。

其次，要以复合型产品为主，逐步形成如观光＋休闲养生型、休闲＋度假型、观光＋休闲＋度假型、专项资源＋休闲＋度假型等个性化、多元化、复合化的旅游产品发展体系，[1] 开发民族医药养生、食疗养生、浴疗养生、森林养生等多功能性养生产品，丰富长寿养生的资源内涵。

再次，要挖掘本地长寿文化的低碳元素，融入旅游的"食、住、行、游、购、娱"六大要素中，通过宣传长寿老人事迹，传播科学养生理念，推广长寿饮食起居文化和健康生活习惯，不仅能增加地方旅游特色，引导低碳生产和消费，还能营造尊老敬老的社会氛围，提升旅游的文化功能。

最后，要重视长寿养生产业品牌的战略运营，以旅游产业为支撑，将林业、农业、渔业、食品与药材加工业也纳入长寿产业序列，将旅游业同与长寿因素有关的食品、药品、农产品和养生产品等产业联合起来一并发展，形成以旅游业带动相关产业，以相关产业拉动旅游产业的循环联动机制，促进产业集聚和产业链延伸，实现长寿品牌附加价值和效益的最大化。

第四，红色旅游和边境游。广西是全国著名的革命老区，有许多珍贵的革命历史文化遗产，如太平天国金田起义旧址、崇左市镇南关大捷遗址、粤东会馆、右江红七军军部旧址、右江工农民主政府旧址、红七军河池宿营地旧址、红七军红八军会师旧址、东兰农民协会旧址、东兰苏维埃政府旧址、昆仑关、八路军驻桂林办事处旧址、红军长征突破湘江烈士纪念碑园、百色起义纪念馆、龙州起

---

① 《广西打造国际高端长寿旅游休闲基地战略及重大措施研究》课题组：《广西打造国际高端长寿旅游休闲基地战略及重大措施研究》，《广西经济》2014 年第 10 期。

义纪念馆等，丰富且高品位的红色旅游资源，为广西发展红色旅游奠定了重要基础。形成了"革命传统教育游""邓小平足迹寻访游""长征之旅"和"抗战文化之旅"等红色旅游产品。在此基础上，应结合周边的旅游资源开发，实现"红色旅游＋山水观光游""红色旅游＋绿色生态游""红色旅游＋民族风情游""红色旅游＋边境探秘游"的有机融合，突出"红色经典，绿色家园"的主题形象，形成了"红""绿"相衬的广西旅游的新品牌。

另外，广西还应开发和完善北伦界河、东兴边海、德天跨国瀑布、靖西难滩河跨国漂流（待开发）等边境特色资源，以边境自然风光、边寨人文风貌、边关口岸、边境贸易集散等展现西部民族地区特有的神奇、神圣、神秘。

3. 加强与周边国家的旅游合作

广西是中国唯一与东盟海陆相连的省区，一方面，地理位置得天独厚，尤其是随着中国—东盟自由贸易区的建成使广西成为中国与东盟国家之间人员、贸易往来的重要交通通道，这是广西与东盟开展旅游合作的独特优势。另一方面，广西与东盟各国都具有丰富的、各具特色的自然旅游资源和人文旅游资源，彼此间线路相连、空间相邻、风俗习惯相通，有着很深的历史文化渊源。广西与东盟国家旅游资源的相关性、互补性和异质性是广西与东盟旅游合作的又一重要条件。因此，广西和东盟各国应该充分利用各种有利的因素和条件，促进彼此间的旅游合作向更广的范围和更深层次发展。一是要充分发挥中国—东盟国家中央和地方政府的沟通与协调作用，积极建立起长效的互动协商和互惠协调机制，以保证双方的合作能够顺利开展并有效实现双方的利益。二是加强广西与东盟旅游地之间的基础设施建设，形成区域内高效、统一、便捷、快速的旅游交通服务网络。三是要整合旅游资源优势，共同打造具有广西—东盟区域特色的强势旅游品牌，形成区域性的品牌效应，合作开发特色旅游产品，共同开拓旅游市场，形成合作共赢的利好局面。四是要紧紧抓住建设海上丝绸之路的机遇，促进旅游合作在人才、资金、管理、技术、信息等更宽的范围和更高的层次开展，使旅游业成为广西参与海上丝绸之路建设的先导先行产业。

第六章

构建广西生态文明建设的
生态补偿机制

广西历来是我国的生态基础屏障和生态功能区，既要提供更多生态产品，又要保护现有生态环境，一直以来，广西高度重视经济发展与生态环境建设的有机结合，努力推动人与自然和谐相处。然而，广西大部分地区地形比较复杂，自身生态环境比较脆弱，虽说其自然资源和生态资源相对于中东部省市来说比较丰富，但不具备经济建设的天生优势，加上长期重开发、轻保护、粗放经营，广西作为国家的资源和生态基础已受到严重损害。另外，由于种种因素的制约，广西的生态价值和资源能源价值长期得不到充分和真实的体现，这使得广西陷入"贫困—过度开发—环境退化"的恶性循环当中。广西因发展滞后，仅靠自身能力和财力来促进经济社会和自然生态环境又好又快的发展相当困难。因此，国家要协调各方利益关系，加大对广西生态的补偿力度，完善生态补偿机制，促进广西可持续发展。

第一节　生态补偿机制的含义及框架体系

一　生态补偿机制概述

（一）生态补偿和生态补偿机制

1. 生态补偿

补偿一般来说是指补足差额用以抵消损失和消耗，它意味着在某一方面亏失，在另一方面有所收获。生态补偿是一个具有自然和社会双重属性的概念。生态补偿最初指的是自然生态补偿，是自然生态系统因外界活动干扰、破坏所具备的特有的自我调节和自我恢复能力，也可以看作生态负荷的还原能力。随着人们对自然生态环境重要性认识的逐渐深入，生态补偿的内涵延伸到人们针对人类活动引起的水体污染、大气污染、森林减少、水土流失、石漠化沙漠化加剧等生态环境问题而主动采取措施来保护和保障自然生态环境的功能和质量的手段和行为。

由于合法行为和非法行为都可以导致补偿问题的产生，生态补偿就是指通过对生态环境建设和保护的受益者进行收费，对损害者进行惩罚，对建设者、保护者和利益受损者进行奖励或提供补偿，使外部成本内部化，实现生态环境、自然资本和生态服务功能增值的一种社会经济活动。其本质就是通过重新配置资源、调整主体间的利益关系，从而调整和改善生态环境保护和自然资源开发利用中的生产关系。在中国生态环境保护与管理中，生态补偿至少具有4个层面上的含义：（1）对生态环境本身的补偿，如国家环境保护总局2001年颁发的《关于在西部大开发中加强建设项目环境保护管理的若干意见》（环发〔2001〕4号）规定，对重要生态用地要求"占一补一"；（2）生态环境补偿费——利用经济手段对破坏生态环境的行为予以控制，将经济活动的外部成本内部化；（3）对个人与区域保护生态环境或放弃发展机会的行为予以补偿，相当于绩效奖励或赔偿；（4）对具有重大生态价值的区域或对象进行保护性投入等，包括重要类型（如森林）和重要区域（如西部）的生态补偿等。①

2. 生态补偿机制

"机制"一词的概念是对物质运行的动态、过程的抽象，一般

---

① 万军等：《中国生态补偿政策评估与框架初探》，《环境科学研究》2005年第2期。

来说习惯将生态补偿理解为一种资源环境保护的经济手段，将生态补偿机制看成调动生态建设和环境保护积极性的利益驱动、利益激励和利益协调的管理模式和制度安排，它贯穿于整个生态补偿全过程。

因此，生态补偿机制是指人们遵循自然规律，通过制度创新，运用政策、法律、经济、政治、社会管理等各种手段，调整与生态环境建设相关的各方利益分配关系，以提高生态系统功能和服务价值所作出的公共制度设计和制度安排。其实质是生态服务的消费者和提供者之间的利益协调手段或者权利让渡。它是社会生产不断发展与资源环境容量有限之间矛盾运动的必然产物，是实现生态功能和服务有偿使用的重要模式。

（二）构建生态补偿机制的理论基础

1. 经济学基础

从经济学角度说，外部性理论、公共产品理论和生态资本理论是生态补偿理论的三大基石。

第一，外部性理论是生态经济学和环境经济学的基础理论之一，作为正式概念的"外部性"是由马歇尔最早提出的，指的是某个经济主体的经济活动对其他与该项活动无关的第三方所带来的影响。庇古则区分了外部经济和外部不经济，正外部性和负外部性。生态经济的外部性理论认为，某些人为保护生态、提供生态产品或效益付出了代价和牺牲却得不到补偿，其他人却可以无偿享受甚至损害、破坏而无须承担成本，最终必将导致生态环境恶化，生态产品的供给不足。解决外部性有两种方法，最著名的是庇古税和科斯定理。庇古提出了应当通过政府干预的手段来矫正外部性，根据污染所造成危害对污染者征税，用税收来弥补私人成本和社会成本之间的差距，同时对于正的外部影响应予以补贴，从而使得外部效应内部化。科斯在批判庇古理论的基础上将外部性问题转变成产权问题，试图通过市场方式解决外部性问题。外部效应理论在生态环境保护领域得到广泛应用，像退耕还林制度、排污收费制度等，其思想渊源就是"庇古税"，均采用生态补偿手段来解决外部效应问题。

第二，公共产品理论。公共产品理论认为，社会产品分为私人物品和公共物品，自然生态系统及其所提供的生态服务具有公共物品属性。公共产品具有不可分性、非竞争性和非排他性等特征，容易造成公共产品使用过程中出现"搭便车"现象，产生"公地悲剧"，导致公共产品的有效供给不足。政府作为最主要的公共服务和公共产品提供者，需要强调主体责任和公共支出的供给保障。要通过制度设计让生态受益者付费，损害者赔偿、保护者得到补偿，生态投资者得到合理回报，尽量减少和避免无序、过度使用或只想享受、不愿提供，使公共产品的提供者和保护者能够像生产和维护私人产品一样得到有效激励，保证公共产品的足额供给。

第三，生态资本价值理论。生态资本理论认为，自然生态系统提供的生态产品和生态服务应被视为人类生存和发展所必需的一种基本的生产要素，一种资源。生态环境资源是有价值的，必须承认生态环境资源的有限性和效用的整体性。它的价值体现为其固有生态环境价值和自然资源价值以及利用和改造过程中活劳动投入产生的价值，是可以通过级差地租或者影子价格来反映其经济价值的。正因为生态环境资源有价值，而生态效益价值就是生态资本，所以应该有偿使用，即利用生态环境资源应支付相应的补偿，实现自然资本和人造资本间的平衡，这样才能有效解决资源使用中的不合理现象，实现资源配置的最优化。

2. 法学基础

权利义务对等性理论是生态补偿机制的法学基础理论。首先，权利义务对等性理论强调权利和义务的统一性，权利和义务是法的核心内容，人既是权利主体又是义务主体，权利人在一定条件下要承担义务，义务人在一定条件下可以享受权利。其次，强调权利义务平等性，即所有自然环境资源的开发、利用和保护的主体在法律面前一律平等——平等承担义务，平等享有权利，违反环境义务平等给予纠正和处罚。最后，强调权利义务的对等性，部分区域、单位和个人在享受高质量生存环境的同时却没有承担其所应该承担的义务；而另一部分履行了保护生态环境、维持生态平衡的义务，却承担了成本，影响了权利、做出了牺牲，甚至付出代价，义务与权利的不对等不利于区域间利益的协调和环境的改善。总之，权利义务对等性理论揭示了相关利益主体在法律上的权利与义务的配置关系，是生态补偿机制构建的重要法理基础之一。

3. 伦理学基础

生态伦理学理论是生态补偿机制的伦理学基础理论。生态伦理学理论认为，权利和义务的不对等是有违生态伦理公平正义原则的。正义体现在可持续发展的范畴中就是一种公平观，这种公平既包括人与自然之间、区际间、民族间的公平，也包括地域差异的代内公平和可持续发展的代际公平。只有保持公平才能维护和保证可持续发展主体自身利益，调动和维持其积极性和创造性。生态补偿机制是"公正性法则"的具体化，保持公正必须通过制度安排，合理有效地配置资源，在对自然生态进行补偿的同时也实现人与人之间的利益补偿。

（三）构建生态补偿机制的现实基础

1. 构建生态补偿机制的法律和政策依据

目前，我国进行生态补偿的主要依据是《环境保护法》《物权法》《草原法》《森林法》等法律中部分涉及生态补偿的条款。但这些法律中涉及生态补偿的有关条款存在着专业性、针对性不够，约束力、威慑力不强等问题，如对各利益相关者的权利义务责任界定，对补偿标准、内容和方式规定不够明确，并且缺乏细化的操作办法，在司法实践中实施效果并不十分理想。因此，迫切需要国家制定《生态补偿法》，并以此为基础完善相关的法律法规体系，为生态补偿机制的建立和完善奠定法律基础。

进入 21 世纪，党和政府对于生态保护的重视程度越来越高。2005 年 12 月国务院颁布的《关于落实科学发展观，加强环境保护的决定》、2006 年发布的《中华人民共和国国民经济和社会发展第十一个五年规划纲要》等纲领性文件都明确提出，要尽快建立生态补偿机制。2007 年 6 月，在《国务院关于印发节能减排综合性工作方案的通知》中，明确要求改进和完善资源开发生态补偿机制，开展跨流域生态补偿试点工作。[①] 2008 年 3 月，十一届人大一次会议通过的《政府工作报告》指出，改革资源税费制度，完善资源有偿使用制度和生态环境补偿机制。[②] 党和国家的高瞻远瞩、高度重视，积极推动和实施了以流域、草原、森林为代表的生态补偿地方试点工作，为生态补偿的大范围推广积累了经验。

2. 构建生态补偿机制的实践基础

第一，是解决历史负债的需要。新中国成立以来直至 20 世纪 70 年代末，我国生产力格局主要集中在东北，东、南部沿海城市和京、津、沪地区，西部民族地区的工业少之又少，有的也多是资源和能源项目。这种制度安排对于西部民族地区来说，不仅是经济欠账，也是环境欠账。改革开放初期，国家的发展战略安排加上市场经济与计划经济体制双轨运行，更加强化了生产能力和经济要素分布偏东，资源分布中心偏西的"双重错位"格局。西部民族地区作为我国的资源能源的战略要地和功能定位使西部廉价的原材料资源和能源一直以来都源源不断地流向东部、流向全国。而经加工后的商品又源源不断地以市场价格返回西部。西部地区的"低出高进"为国家的非均衡发展模式做出了巨大贡献。再如西气东输、西电东送、南水北调、三峡工程等一系列国家重点工程的实施，开发的是西部

---

① 张岳：《关于建立生态补偿机制的几点意见》，《水利发展研究》2010 年第 10 期。

② 李国英：《关于建立流域生态补偿机制的建议》，《治黄科技信息》2008 年第 2 期。

资源，主要服务对象是全国和东部，主要经济受益者则是中央财政和这些工程的业主。认可西部地区所做的贡献和牺牲，通过制度设计使生态获益地区对为生态保护做出贡献地区进行某种形式的"补偿"，寻求东部经济资本和西部生态资本的平衡，构建全方位的区际生态补偿机制就成为我国区域协调发展和生态文明建设的重要因素。

第二，是实现广西可持续发展的需要。生态环境问题从某种程度上来说是区域间环境利益分配不合理的问题。生态利益的不合理分配不仅会加速生态环境的恶化，也会加剧区域间发展的不平衡性。国家西部大开发政策的实施，东部发达地区产业结构升级使得一些污染环境、附加值低的产业跨区域转移，一些境外企业也利用我国环境政策法规的漏洞将重污染项目转移到西部。本来广西的产业就以资源环境高投入、粗放的外延式发展模式为主，在产业承接的过程中就不可避免地面临着生态破坏的负外溢效应。而生态资源环境的不公平利用又使各群体在既得利益和预期利益的获得中加剧了矛盾。另外，广西由于资源开发受控、产业发展受限、能力技术落后，经济社会发展滞后，群众在制度保障的情况下被动地保护和建设生态环境，既要承受着潜在的道义压力又面临着现实的生存压力，要求他们在忍受贫困的同时承担起生态保护的社会职责和费用是十分困难的，而且这种被动式的保护也是不可持续的。这就需要继续享受广西生态服务功能的各受益方适当地为广西自然生态环境的保护和建设"埋单"。完善生态补偿机制，通过一定的制度安排，改变成本收益的时空和动态关系，理顺生态利益关系，建立在环境因子上的区域非均衡增长和协调发展的时空和谐，推动广西的可持续发展。

第三，维护国家生态安全的需要。西部民族地区是我国大江大河的源头和重要的水源涵养区，承载着防风固沙、水源保护和维护生态多样性等多种生态功能，是我国生态环境安全的生态屏障区和生态效益源区。其生态环境质量对中国及其邻国和周边地区的生态安全都具有重大意义。然而，西部民族地区又是我国自然生态环境比较脆弱的地区，环境承载能力低，自然恢复能力差，过度地开发和利用使西部民族地区的生态环境不断恶化，超过了生态安全的警戒线，形势相当严峻。西部严峻的生态危机昭示了维护国家生态安全的紧迫性。建立西部生态补偿机制，可以为广西的综合治理和生态修复积累资金和技术，激发民族地区群众治理生态环境的积极性，引导他们逐渐改变破坏生态环境的生产和生活方式，遏制广西生态环境的进一步恶化，有效维护国家生态安全。

第四，是维护民族地区群众根本利益的体现。广西作为欠发达地区，由于历史和现实原因，人们只能靠对自然资源进行粗放式的经营来解决经济发展和获得收入。为了发展当地经济，客观上要以放弃长远的全局的生态利益为代价。要使广西的生态环境得到恢复、保护和改善，就必须牺牲当前的局部利益。长期以来，广西的广大人民群众为了保护好所在地区的生态资源和环境，付出了大量的心血，做出了巨大的贡献和牺牲。为此，他们迫切希望资源优势能够变为经济优势，生态价值能够转化为经济价值，从而摆脱贫困落后的面貌，他们强烈呼吁对保护生态环境所做出的努力和贡献应给予必要的回报，对所付出的牺牲和代价应给予适当补偿。因此，构建生态补偿机制，分担广西生态建设的支出费用和广西因丧失发展机会而付出的机会成本，是促进共同富裕、维护民族地区人民群众的根本利益的具体体现。

二　生态补偿机制的基本框架

生态补偿机制是以生态系统服务价值和效益为目标，运用法律、行政、市场等手段，调整利益相关者之间的利益关系，并实现区域经济协调发展的一种制度安排，其基本框架包含如下几方面内容。

（一）补偿主体

谁来付费这个问题，其实是利益相关者之间的责任问题。生态补偿主体即指生态补偿责任和义务的承担主体，一般也是生态补偿费的支付者，具体来说包括两个方面：一是生态效益的受益者；二是生态环境的破坏者。《中华人民共和国民族区域自治法》第65条规定："国家在民族自治地方开发资源、进行建设的时候，应当照顾民族自治地方的利益，作出有利于民族自治地方经济建设的安排，照顾当地少数民族的生产生活。国家采取措施，对输出自然资源的民族自治地方给予一定的利益补偿。"《国务院实施〈中华人民共和国民族区域自治法〉若干规定》也明确了民族地区生态补偿机制补偿主体的范围，即国家、区域和产业。

1. 国家

自然生态环境作为人类生存栖息之地具有明显的公共产品属性，国家一方面在完善自然生态环境，保持生态系统的稳定性和持续性，保证良好的生态服务和生态产品的提供负主体责任。另一方面，区域生态环境的保护和建设往往具有全局性、整体性意义，国家需要充当集体受益者的角色。因此，国家或代表国家的政府（特别是中央政府）理应作为补偿主体。当然，明确政府是生态保护的责任主体，但并不意味着政府就一定是付费主体。生态服务功能的享受者和受益者才是付费主体，因此，付费的主体可以是政府，也可以是个体、企事业单位（组织）或者区域。

2. 区域

广西生态环境保护和建设活动所产生的生态价值和功能，如涵养水源、净化空气、保护生物多样性、减少水土流失、防风固沙、降低自然灾害等，这些都蕴含着广西民族群众物化的辛勤劳动，他们在创造生态产品和生态价值中付出了成本，那些直接或间接的享受者和受益者应当对其给予补偿。然而，自然生态环境的保护和建设具有地域性、系统性、关联性和跨域性等特点，这完全有可能会导致某个地域、区域或流域努力进行自然生态环境保护和建设但带来的却是其他地区的生态环境效益的增加，自己为别人"做嫁衣裳"，这必然打击保护者和建设者的积极性。因此，利益相关方应当做出适当的补偿，具体到广西而言，受益的其他地区应对广西自然保护区、生态功能区进行补偿；江河下游地区应对中上游地区进行补偿。

3. 产业

产业补偿主要是指生态系统行业之间、受惠者与利益损失者之间的补偿问题，如矿产资源、水力资源开发与农业、渔业、林业之间的利益补偿问题。

4. 开发者和破坏者

广西森林、水、矿产、土地、野生动植物等生态资源因过度开发利用，使得生态环境遭到破坏或者污染导致生态功能损害甚至生态价值丧失，必须对自然生态环境的损失做出补偿和赔偿。开发者和破坏者主要是指在广西开发利用资源或者破坏自然生态的企事业单位和个人，是为数最多的一类主体。

（二）补偿客体

生态补偿的客体是指生态补偿的接受者，指的是给"谁"提供补偿，它包括了自然与人。对自然的补偿就是对被污染的环境和遭到破坏的生态系统进行治理和恢复；对人的补偿就是对那些因进行生态保护和建设而付出成本代价或利益受到损失的社会主体进行补偿。这里所称的成本既指为保护和建设自然生态环境而支出的经济成本，也指为保护自然生态环境而使发展受限甚至丧失发展机遇的机会成本。具体来说，生态补偿的客体包括：丧失环境功能的自然生态系统；因生态建设和保护致使经济活动受限或丧失发展机会的企业（组织）和个人；为避免保护地区环境恶化而发展受到限制，致使财政收入减少的地方政府以及积极开展流域环境保护工作的各种社会团体、组织和个人。

（三）补偿范围

生态补偿的范围是主体和客体权利与义务共同指向的对象，指的是给"什么"提供补偿，表明了生态补偿的具体适用场合。从涉及的领域看，广西生态补偿的实施范围主要包括（但不限于）以下几个方面：一是自然保护区的生态补偿，包括国家在自然保护区实施退耕（牧）还林（草）、公益林和天然林管护、动植物资源保护等工程中，对有关地方政府、企业和农户进行补偿，这主要是针对自然保护区和野生动物保护区所在地因保护区的建立所造成的损失。二是重要生态功能区的生态补偿，包括对水土保持、水源涵养、调蓄洪水、沙尘暴控制、生物多样性保护等限制开发和禁止开发主体功能区进行补偿，这主要是补偿经济活动的限制导致发展机会丧失所带来的损失。三是矿产资源开发的生态补偿。这是对矿山开采过程中可能对生态环境造成破坏的赔偿，是对生态环境负外部性的弥补。四是流域水环境保护的生态补偿，这是为了解决流域上下游之间在水量、水质、行洪等方面的利益协调而在经济方面给予的补偿，平衡上游地区和下游地区的利益和权利义务关系。

（四）补偿标准

补偿标准（补多少）是生态补偿的核心问题，是实现生态补偿的重要前提和依据，关系到补偿的效果和可行性。由于补偿标准的确定是对补偿机制相关方的利益进行衡量的过程，因此生态补偿标准的确定应从三个方面考虑。一是要从生态保护者在人力、物力、财力上的投入和机会成本的损失，生态环境或资源破坏的恢复成本，生态受益者的获利和生态系统的服务价值等方面来核算生态补偿标准。二是要考虑需求标准（需要补偿多少）和支付标准（可以补偿多少）两个方面及其博弈关系，前者主要考虑的是直接和间接的成本核算，后者主要考虑的是受益程度、支付意愿和支付能力。三是要界定补偿的时空尺度。鉴于生态区位的差异性，不同的区域根据区域和经济发展水平、平均利税率、平均 GDP 增速，物价水平等制定不同补偿标准；同一区域范围内，根据生态功能不同的等级和效能制定不同的标准。同时，生态补偿是一个动态过程，需要根据经济社会发展和生态保护的阶段性特征，与时俱进地进行相应的动态调整。

（五）补偿方式

生态补偿的方式指的是"怎么样"补偿，是联结补偿主体与客体的桥梁和纽带，是补偿得以实现的形式。广西生态补偿的方式具有多元化特征，按照补偿条块可以分为纵向补偿和横向补偿；按照实施机制可以分为政府补偿和市场补偿；按照空间尺度大小可以分为生态环境要素补偿、区域补偿、流域补偿和国际补偿；按照内容可分为资金补偿、实物补偿、项目补偿、技术补偿和教育（智力）补偿等。在补偿方式的选择上应当灵活多样、因地制宜，对补偿方式进行多重组合和派生，建立起国家、地方、地域、流域、行业多层次的生态补偿系统。

第二节　广西构建生态补偿机制的路径思考

一　广西构建生态补偿机制应遵循的原则

（一）责、权、利相统一原则

1996 年国务院颁布《关于环境保护若干问题的决定》，规定了"污染者付费、利用者补偿、开发者保护、破坏者恢复"的责任原则，1999 年国务院颁布《全国生态环境建设规划》正式提出按照"谁受益、谁补偿，谁经营、谁恢复"的原则，建立生态效益补偿制度。权利与义务的对应性要求在环境保护过程中应当遵循责、权、利相统一的原则。由于生态补偿的核心是调整相关利益主体间生态环境与经济利益的分配关系，涉及多方利益，需要科学评估区域和社会各利益相关者的情况及权利义务关系，在确保利益主体责、权、利相统一的基础上，做到奖惩分明，应补则补。促进环境的外部成本内部化，实现环境的有偿使用。

第一，环境污染和生态破坏会产生外部不经济性，环境资源的破坏者要对其行为付出代价，行为主体有责任和义务对其对生态造成的破坏、造成的环境污染和生态系统服务功能的退化做出赔偿，这适用于区域性生态问题责任的确定。

第二，生态资源属于公共资源，具有稀缺性，生态环境资源开发利用者和占用者要承担环境外部成本，向国家或公众利益代表提供补偿，履行生态环境恢复的责任，支付占用环境容量的费用。如占用耕地、矿产资源开发、采伐利用木材和非木质资源，相关的个人、企业和团体在取得资源开发权时，需要向国家交纳资源占用费，用于生态环境资源的保护、恢复、增殖与更新，以保证资源的持续综合利用。

第三，生态保护的成果是向社会提供生态服务功能，作为特殊的公共产品，环境受益者也有责任和义务对为此付出努力的人群与地区提供适当的补偿，支付相应的费用，以避免经济生活中存在的"搭便车"现象，如区域或流域内的公共资源，由公共资源的全部受益者按照一定的分担机制承担补偿的责任。关乎国家利益的洪水调蓄区、大江大河源头区、自然保护区、防风固沙区建设则由国家代表全民承担主要责任，甚至还可以通过有效的国际合作机制及国际生态环境处理机制寻求国际补偿。

第四，生态保护的外部性决定了保护者很难直接从保护中得到经济收益，对生态系统服务功能的提供者和环境资源保护者，他们为此付出的努力产生了外部经济性，使许多人受益，应当对其投入的直接成本和丧失的机会成本给予相应的直接经济补偿和奖励，从而使补偿不是一种单纯的支援而是一种价值的回报，更好地鼓励人们保护生态环境。

（二）公平性原则

环境资源是大自然赐予人类的共有财富，人们的环境权应该是平等的，发展权也应该是平等的，每个人均享有平等地利用自然环境资源的机会以实现共同发展，确保资源分配上的机会均等和对全体有利。与此同时，个人与群体在环境资源的利用过程当中，不能损害他人的利益，环境利益受损者根据损害程度，有权利且平等地享受应得的补偿，突出利益分配上的付出与自己的获得平等；自然环境资源的直接或间接受益者均应提供相应的补偿，补偿的数额应与其所获利益相匹配，突出在责任承担上各自的获得和付出对等，从而消除生态环境资源相关利益方的利益冲突，促进社会和谐稳定。另外，生态补偿是一种对于社会资源的再次分配。构建生态补偿机制尤其要注重代内公平和代际公平。代内公平，要强调同一代人之间在利用环境资源方面的公平性，要通过生态补偿，在限制开发区、重点开发区和优化开发区之间，上游地区和中下游地区之间，东部经济资本和西部生态资本之间，发达地区和欠发达地区之间，东部地区和中西部地区之间进行利益的平衡与调整，抑制和消除因生态环境保护问题引发的社会摩擦冲突，缓解区域流域以及不同群体间的紧张关系。寻求和实现不同流域和区域人民生态保护权益的平衡与均衡。代际公平要强调当代人与后代人在利用环境资源方面的公平性，要在实施补偿中既要考虑当前发展的需要，又要考虑未来发展的需要，不以牺牲后代人的利益来满足当代人的利益。

（三）政府主导与市场推进相结合的原则

我国生态补偿起步晚，在生态补偿制度、体系、框架和手段等方面均不成熟、不完善的背景下，政府的强势介入是加快构建生态补偿国家战略体系的内在需要。在构建生态补偿机制过程中，政府应结合国家相关政策和当地实际情况，充分发挥引导和主导作用，如制定生态补偿政策、提供补偿资金、完善补偿体系和加强对生态补偿的监督管理等。政府部门要通过财政补贴、转移支付、优惠贷款、项目立项、减免收费和生态扶贫等途径对生态环境进行补偿，为广西生态文明建设提供政策、资金、项目和技术的支持。然而，由于国家财力物力的限制，完全由政府进行生态补偿也是不现实的，加上政府补偿存在产权界定不明确、效率低、反应滞后、管理成本大等问题，这些都决定了市场参与的必要性。生态补偿作为一项经济制度，有必要引入并完善资源分配和利益调整等方面的市场运作机制，尤其要找准市场渠道，建立良性的投融资机制，开拓生态系统服务交易市场（如排污权交易和流域水文服务交易），使生态保护行为远离强制性和公益性而成为投资和收益相对称的经济行为，使环保成果转变为经济效益，同时也使人们认识到保护生态既是保护生产力，更是一种利益的投资。虽然当前广西生态补偿的市场化手段处于探索阶段，但是，从长远发展来看，市场化补偿必将成为生态补偿的重要手段。

（四）统筹协调原则

一方面，"发展是硬道理"，"发展是第一要务"。贫穷是生态环境最大的破坏者，生态环境的优化最终要靠发展来解决，以发展来促保护、促建设，因此，要在补偿制度的实施过程中关注受偿地区的发展问题，将发展扶持与生态补偿统筹考虑，特别是落后地区发展能力的提升，使外部补偿转化为自我积累能力、自我创新能力和自我发展能力，实现区域、流域之间，不同群体之间，人类社会与自然之间的协调发展。

另一方面，构建生态补偿机制是一项复杂的系统工程，牵涉面宽、范围广、利益纠葛多，在推进生态补偿工作过程中要在科学合理的基础上，突出重点、先易后难、选准方向、重点突破；在空间布局上要按生态环境现状进行规划、分区，依据生态区位重要程度与影响范围逐步推进，力求达到生态环境资源配置的最优化；要理顺中央和地方、区域和流域之间的利益关系，增强彼此间的分工、合作、联动和协调，形成共同致力于改善区域、流域的生态环境质量，实现各利益方的双赢与多赢局面；广西地域广阔，生态环境类型多样，各地经济社会发展水平参差不齐且跨度较大，要因地制宜，在尽可能照顾全局的基础上，兼顾个别地区的特殊情况，形成多层次、多样化的生态补偿模式，使生态补偿符合地域发展的实际；整合政府部门之间的生态环境管理事权，在此基础上规范部门间的财力分配权，形成高效的生态环境管理行政运行机制。

二 广西构建生态补偿机制的路径选择

（一）完善生态补偿的法律法规体系

近年来，我国生态环境补偿的法律法规体系建设不断推进，成绩显著。1998 年修改的《森林法》提出，"国家设立森林生态效益补偿基金，用于提供生态效益的防护林和特种用途林的森林资源、林木的营造、抚育、保护和管理"。为保证退耕还林工作顺利推进，2002 年国务院出台了《退耕还林条例》，对退耕还林的资金和粮食补助等作了明确规定。2008 年修订的《水污染防治法》首次以法律的形式，对水环境生态保护补偿机制作出明确规定："国家通过财政转移支付等方式，建立健全对位于饮用水水源保护区区域和江河、湖泊、水库上游地区的水环境生态保护补偿机制。" 2010 年 12 月 25 日，经第十一届全国人民代表大会常务委员会第十八次会议修订通过的《中华人民共和国水土保持法》，第三十一条作了补充性规定，即"国家加强江河源头区、饮用水水源保护区和水源涵养区水土流失的预防和治理工作，多渠道筹集资金，将水土保持生态效益补偿纳入国家建立的生态效益补偿制度"。在巩固现行生态补偿法律制度的基础上，进一步丰富了生态补偿的内容。与此同时，各地在推进生态补偿试点中，也相继出台了流域、自然保护区、矿产资源开发生态补偿等方面的政策性文件。如浙江省颁布的《关于进一步完善生态补偿机制的若干意见》是省级层面比较系统开展生态补偿实践的突出事例，为进行全国性的生态补偿立法奠定了现实基础。当然，生态立法的现实基础在推进生态环境补偿的法律法规体系建设过程当中也还相对薄弱，还存在一些问题，需要不断地健全和完善，实现生态补偿制度的法制化。

1. 加强生态环境补偿的立法工作

生态补偿的本质是生态保护的实施者与受益者之间利益的再分配问题。根据博弈理论，实施生态保护并且使受益方对实施方进行补偿，要想使帕累托改进成为纳什均衡，需要无穷次地重复博弈过程。因此，生态补偿机制必须建立在法制化的基础上，通过法律法规的刚性约束来得以实现，尤其在市场经济条件下，利益调节必须得到强有力的法律支持。这是建立和完善生态保护补偿机制的根本保证。加强生态补偿立法，将生态环境建设、自然资源开发与管理、生态环境补偿的内容纳入其中，以立法形式确立完善的、统一的生态补偿机制，为建立生态环境补偿机制提供法律依据，使生态补偿在法制化轨道上真正且顺利地运行，才能避免生态补偿制度的短期化，保证生态补偿机制的公平性和科学性，使生态补偿机制得以长期、稳定的运行。

首先，确立生态补偿的宪法地位。宪法是我国的根本大法，而生态补偿是建设和实现"美丽中国"和"美丽西部"的重要途径，只有明确生态补偿的宪法地位才能顺利实现可持续发展。确立生态补偿的宪法地位主要是对生态环境的产权进行严格的界定。

其次，建立生态补偿的专门法，尤其要对西部地区生态补偿做出明确规定。生态补偿也是影响国家经济、社会和环境科学发展的重要环节，需要有专门性法律法规对其加以规范和保障。应该由国务院发布《生态效益补偿实施条例》甚至是国家制定《中华人民共和国生态补偿法》作为生态补偿的专门性法律法规，对生态效益补偿的目的、方针、原则、标准、范围、重要措施、法律责任等方面作详细的规定，并在此基础上制定相应的实施细则，进一步细化和完善生态补偿的具体政策规则和细节问题，使生态补偿活动在法律的框架下有条不紊地进行。需要强调的是，在法律法规的制定过程中，针对西部民族地区地域情况的特殊性和复杂性以及补偿工作的重要性和紧迫性，应该单列一章对西部生态补偿做出制度安排上的特别规定，才能科学合理地调整社会关系、化解社会矛盾，以有利于西部生态环境的保护与建设。

最后，建立和完善与生态补偿专门性法律相配套的各部门法规和制度。生态补偿法律体系除了现行的《宪法》《刑法》《民法》和《环境保护法》等法律法规，同时还要制定配套的法律法规。基于生态补偿制度的重要性，第一，要制定相关的专项法律法规，如制定《区域开发环境保护法》《自然保护区法》《流域管理法》《西部地区生态补偿条例》等一系列全国性法律，进而对西部的生态环境建设做出长期性、全局性的战略部署，用法律制度保障相关群众的生存权和发展权；制定《可持续发展法》，对生态、经济和社会的协调可持续发展做出系统的、科学的制度安排；为了确保能稳定、长期地通过政府间的财政转移支付来加强对西部民族地区生态环境的支持和保护，生态补偿财政转移支付制度的内容、法律责任、具体用途、监督形式等也需要在法律上给予明确规定。第二，应对现行一些法律法规作必要的修订与完善。如现行的《环境保护法》偏重于污染防治，它只规定了对环境污染所产生的外部不经济进行收费，而没有考虑对生态环境保护行为所产生的正外部性进行补偿，应该在《环境保护法》中增设生态效益补偿制度，以确立其在环境保护基本法中的地位。另外，应将我国正在实施的退牧还草、退耕还林、水土保护、流域防护林建设、天然林资源保护等生态建设工程中具有生态补偿含义的内容，纳入《水土保护条例》《森林法》《水法》《草原法》等法律中，进而明确生态补偿的主体和对象、补偿的方式和途径以及补偿资金的筹集渠道，使之进一步具体化和完善化，具有可操作性和科学性。第三，配备系统的地方性法规。就国家而言，国家可以适当放权，让西部民族地区地方政府根据当地区域特点和现实情况制定相应的地方性法规，在积累了一定的经验后再上升为国家层面的立法。就广西地方政府而言，在国家层面的立法得到一定发展的基础上，广西要切实从西部民族地区本土的实际出发，在不与宪法、法律和行政法规相抵触的前提下，在充分考虑民族地区经济社会发展水平、民族感情和民族心理的基础上，根据本行政区域的实际需要、区域特点和具体情况，出台具有地方特色和民族特色的区域生态补偿规定，细化国家层面法律法规的条目，尽早实现生态补偿领域的国家层面立法和区域立法。只有这样双管齐下，才能做到既维护了国家法制统一，又能使制定出的法律法规切实发挥作用；既保证立法工作不至于脱离实际，同时又可以增强法律法规的可操作性，从而实现多方共赢。

2. 强化生态补偿的司法监管

强有力的生态补偿执法和监管力度为生态环境的有效保护和生态补偿机制的有效运行提供了外部支持。

一方面，加强生态补偿的执法监管。要加大对执法人员业务素质的培训，端正生态补偿监察和执法队伍的法律监督意识和执法理念，提升执法人员专业能力和专业素养；要整合执法力量和执法资源，建立有关生态补偿的联合执法机制，提高执法水平和质量；要加强对生态补偿诉讼活动的法律监督，重点纠正司法不公、执法不严的突出问题；违法必究，重点地区、重点范围、重点查处的企业，要做到重点监管和重点督办，一旦发现违纪违法，一定要从严、从快、从重处理，绝不姑息，以儆效尤。

另一方面，加强生态补偿资金的司法监管。在生态补偿实践中，补偿经费难以保障致使补偿工作实施不到位的现象时有发生。生态补偿资金的司法监管除了要规范补偿资金的筹集和各类税费足额征收，确保补偿资金足额发放之外，还要依法依规加强对生态补偿资金使用、项目建设等补偿措施的全过程监督管理。确立生态补偿资金使用监管上的领导责任制，对生态补偿资金违法违规使用的地方和部门要追究其领导责任，应通过刑罚的威慑和惩戒功能保证生态补偿资金专款专用，提高生态补偿效率。

（二）注重生态补偿政策的引导性

1. 发挥政策的导向性

可持续发展战略的根本点是实现社会经济发展与人口、资源、环境相协调，核心是实现生态与经济的协调发展，实现人与自然关系的和谐。

（1）突出政策的扶持性

首先，生态扶贫方面。广西的生态系统敏感而脆弱，经济发展总体水平仍然较低，区域性贫困和环境脆弱问题相互交织，经济发展和生态保护之间的矛盾仍比较尖锐，在广西一些经济落后地区，尚未解决温饱的农民迫于生计违法采矿、乱砍滥伐、毁林开荒现象时有发生，环保和可持续发展并不能真正实现。因此，生态补偿政策要把保护环境同消除贫困联系起来，通过发展使当地群众脱离贫困，通过发展改善当地群众赖以生存的自然生态环境，这是从根本上脱离贫困的方法。第一，严格执行国家的人口政策，防止人口超载，实现人口增长与生态环境的承载能力之间的协调。第二，要遵循"多予、少取、放活"的方针，稳定并继续加大对广西的直接补贴力度，切实解决当地农村矿区和林区人民的生计问题，并优先解决广西特困少数民族的贫困问题。第三，加强少数民族聚居区的基础设施建设，建立健全社会保障体系，改善农村义务教育和职业教育及农村医疗卫生条件，拓宽农村和山区群众的就业门路和渠道等，为民族地区的发展创造有利条件。总之，只有处理好生存原则与生态原则的关系，充分考虑当地人民的切身利益和发展要求，缩小地区间、流域间经济差距，以经济效益提升环保效益，才能调动广大民族群众参与环境保护和生态建设的积极性，也才能达到生态补偿的最终目的。

其次，产业政策方面。政府及有关部门应完善并落实相关的产业扶持政策。第一，有计划、有步骤地在广西环境重点建设地区加强项目投资力度，在产业布局上将国家的重点工程，尤其是与广西资源与能源有关的石油化工、电解铝、锰化工生产及深加工业尽可能在广西安排并就地延长其生产链，尽可能将附加值留在广西。第二，要根据西部欠发达的特点给予差别对待和政策支持，帮助广西优化其产业结构，将绿色产业、绿色能源的发展列为重点支持范围。大力扶持广西绿色农业、生态旅游等新产业和太阳能、风能、农村沼气、秸秆发电等绿色能源的利用与开发，从而减轻广西生态恢复的压力。第三，加强泛珠三角区域的绿色产业和环保产业合作，推进珠江—西江经济带的绿色发展，在承接东部发达地区产业转移中，支持和保证广西实现产业结构、产品技术、生产方式和经济结构的跨越式升级。同时，还要做大做强优势产业和民族特色产业，为广西群众提供更多的生存和发展的机会。第四，建立健全衰退产业援助机制。通过政策引导支持广西发展接续替代产业、支持发展民族特色产业、民族特需商品、民族医药产业和其他优势产业进行间接援助，从而使民族地区群众有条件有能力保护生态环境。

再次，财政金融政策方面。政府有关部门应完善并落实财政扶持政策，通过正面税收鼓励或间接财政援助来调节各利益相关者的决策与行为，保证环境保护和生态建设的持续稳定性。第一，通过征收环境税，实行差别税收，对符合区域生态环境承载力的新型产业的发展实行定期内的税收减免，建立适应广西环境保护及可持续发展要求的绿色税收政策。第二，通过政府对环境保护的直接投资或是对社会的生态环境保护活动实施相应的财政补贴，完善财政投入政策。第三，对有利于保护环境及可持续发展的项目实施优惠信贷政策，鼓励经济主体自觉保护生态环境。第四，实施政府特殊采购政策。在符合产品质量要求的前提下，政府可以加大对禁止开发和限制开发区域的特色产品和服务的采购力度，有效带动区域产业的发展。

最后，就业政策方面。就业是民生之本，广西的贫困问题相当大一部分为人口和山区剩余劳动力的压力问题。要从解决山区剩余劳动力的就业入手，通过生态补偿的带动，加快发展山区生态农业、旅游业和环保开采业等生态产业，解决山区林区民族群众的就业，增加收入和致富渠道，使他们摆脱千百年来对土地和自然环境的过分依赖，实现生产方式的转变。

（2）重视政策的实效性

首先，生态建设是长期的、艰巨的任务，涉及面广、周期长、成效慢是其重要的特点。一些生态项目和补贴政策要符合事物发展的规律性，保持相对的稳定性，如广西石漠化治理，专家估算至少要 40 ~ 50 年方能见效。在退耕还林工程中，因经济林 8 年方能长成，生态林成材期普遍需要 15 ~ 20 年，操作中用 5 ~ 8 年来退耕还林是远远不够的，尤其是广西退耕还林主要以生态林为主，如果国家过早地停止退耕补助，农民没有了预期的收益，可能会出现毁林复耕的现象。因此，退耕还林、公益林保护等政策应长期实施，确保生态环境补偿的效果。国家在继续推进退耕还林计划项目当中，要扩大重要江河流域所涉区域的实施范围，使补贴政策和项目更进一步地向生态脆弱的西部民族地区倾斜，建议将退耕还林的补助期限延长到 20 年左右。

其次，政府及有关部门出台的有关政策，要注重针对性，强调实效性。第一，要做到因地制宜，结合地方实际，满足当地实际需求，采取最适合的补偿方式，在促进生态建设的同时尤其要注重提高被补偿地区的自我约束、自我积累和自我发展能力。第二，要将受偿地区的资源能源优势转变为经济优势，以此来带动当地经济的发展，确保生态建设区被补偿者的基本生活和居民收入持续增长。第三，要做到"软硬结合"，除现金、实物和项目补偿外，要重视技术、教育、文化等科教文卫因素在生态补偿中所发挥的重要作用。第四，要处理好新账与旧账的关系，制定生态补偿政策的优先顺序应该是先解决新账问题。第五，要鼓励和支持受偿地区逐步建立资金补偿与公共服务设施建设、配套性公益服务、异地开发、流域综合治理、替代产业和后续产业发展的关联机制，尤其重视指导建立合理的东西部区域流域间的利益反哺机制，增强受偿地区和群众的"造血"功能，形成造血机能与自我发展机能，将"输血式"补偿变为"造血式"补偿。使外部补偿转化为自我积累和自我发展能力，从根本上保护生态环境。

最后，通过功能分区、试点示范、逐步推进的办法，保持补偿政策的连续性与连贯性。第一，要继续完善主体功能区规划，主体功能区规划的提出是我国在寻求协调经济发展与环境保护、打破行政区划，提高资源环境的空间均衡和配置效率，缩小地区间公共服务差距，实现可持续发展的有益尝试，要以主体功能区建设为契机，通过政策的完善来建立健全我国生态补偿机制的长效机制。第二，要对优化开发、重点开发、限制开发和禁止开发四大主体功能区进行分类区别管理，通过确定不同区域的主体功能，制定多元化的评价指标，侧重不同区域的生态功能绩效评价。第三，尽快开展生态补偿的试点工作，在实践中发现问题，总结经验。要针对群众反映比较强烈、严重影响生产和生活以及需要进行抢救性保护的区域开展补偿试点，如受野生动物危害的人类难以生存的地区，自然保护区，饮用水源保护区；或者优先选取一些具有一定基础的区域（如广东、浙江）和类型（如生态农业、石漠化治理）进行试点示范，通过以点带面的方式来推动生态补偿的实质性进展，完善相关政策措施和逐步推进生态补偿制度的实施。

（三）健全生态补偿的组织管理体制

1. 依靠科教，提高管理的科学理性

一方面，公众的知识结构、认知水平和补偿意愿直接影响到生态补偿的效果。要加强对各级领导、党员干部、企业法人代表的生态环境知识的培训，提高生态补偿决策者、规划者、管理者、执行者的生态补偿工作意识、管理决策能力和执行能力；要充分利用新闻媒体、座谈论坛、报告宣讲、歌舞表演等多种手段和形式，广泛开展生态补偿制度的宣传活动，宣传党在生态补偿方面的方针政策和各种动态；深入进行环境区情教育，使社会成员认识到良好的生态条件是稀缺的，环境有价，生态环境并不免费，生态补偿不是"恩赐"，更不是单纯的"扶贫"，而是社会分工和利益互补，生态补偿问题不仅是环境问题和经济问题，也是政治和社会问题，从而提高民族群众的环保意识、参与意识和大局意识。

另一方面，生态补偿机制的完善需要科技和理论的支撑，由于生态补偿涉及复杂的利益关系调整，而我国生态补偿工作起步较晚，尤其是西部民族地区更是缺乏经过实践检验的生态补偿理论体系、政策体系和技术方法体系。因此，有必要结合国情区情加强生态补偿科学理论和科学技术方法的基础研究，如生态区主体生态功能定位和分类，生态补偿的补偿渠道、补偿方式、资金来源和保障体系，生态系统服务功能的价值核算、生态补偿标准测算方法和生态保护代价科学核算方法。这些研究将为提高人们对生态补偿认识奠定理论基础，也为全面建立生态补偿机制提供经验和方法。同时，应建立科学有效的生态监测网络，配齐配强设备与技术人员，加强环保技术的应用研究和科技成果推广转化研究，及时高效地为生态补偿机制的科学实施提供技术支援，确保生态补偿的科学性和合理性。

2. 完善组织管理体制

首先，建立科学的决策机制。第一，各级政府和有关部门要实施信息公开制度，定时定期公布或公示生态补偿的政策、环境信息、工程项目进展情况以及补偿的范围、途径和标准，接受社会监督，确保生态补偿工作始终在阳光下运行，使生态补偿决策更加民主化和科学化。第二，各级政府和有关部门在决策过程当中，要广开言路，拓宽利益相关者表达诉求的渠道；要善于接纳和包容不同的意见，决策中应充分尊重和考虑不同利益群体的要求和主张，尤其是对群众的困惑与质疑，要做好决策的解释和说明工作以保证决策的正当性。第三，发挥智库咨询和专家论证在决策中的特殊作用，在生态补偿决策前，应事先组织专家或第三方机构进行相关的可行性论证，确保生态补偿决策的科学性。

其次，建立综合协调的管理机制。生态补偿涉及社会生产生活的多个领域、多个区域、多个部门和多种资源要素，涉及众多主体的利益纠葛、矛盾和冲突，是一项全局性的利益大调整和制度大变革。这需要建立一个强有力的组织保障体系，对生态补偿实行统一领导、统筹管理、协调运行，保证生态补偿的各方面工作有序开展。一方面，应建立一个国务院直属的，由国家环保部门牵头，各地方政府领导参与的、国家各部委办协同合作的专门领导管理机构，并赋予这一权威性机构与其职能相匹配的权力和资源，使其在实施中央政府层面的生态补偿的同时对区域生态补偿进行管理、仲裁、协调和监督，履行综合管理职能。同时建立一个由专家组成的技术咨询委员会，负责相关政策和技术咨询。地方政府在区域生态补偿工作中发挥着主导性作用，也应成立对口机构。另一方面，要整合有关生态补偿管理资源。在纵向上，要明确中央和地方的事权关系和财权划分，在上下级政府之间、管理层与操作层之间要处理上行协调和下行协调关系。在横向上，同级政府之间在彼此尊重、相互信任、平等相待的基础上，加强沟通、交流与合作，积极化解地区间的矛盾；注重政府内部生态补偿职责的统一，政府部门之间、管理层与管理层、操作层与操作层应从整体性出发，明确彼此之间的职责范围、职责分工与职责权限，增强部门之间的协调性。与此同时，还应该进一步扩大国际间的区域流域合作范围，通过广泛的合作完善我国生态补偿的实施。

最后，加快和完善主体功能区建设。主体功能区建设是全国生态环境保护纲要实施的重要载体，根据现有开发密度、资源环境承载能力和发展潜力，我国把国土空间划分为优化开发、重点开发、限制开发和禁止开发四大主体功能区并进行分类管理。其中，限制开发区和禁止开发区的主要功能就是生态环境修复与保护。以主体功能区建设为契机，完善生态补偿的管理机制，有利于打破行政区划和地区部门的条块分割，破除区域、流域、部门、行业的界限，实现利益相关者之间有效的利益协调和要素间的协作，也有利于各主体功能区优势互补、充分发挥其功能效益。

3. 构建严格的监督考核机制

首先，构建生态补偿的责任追究机制。一方面，加强人大对地方政府的横向问责，督促地方政府不只是对"上"负责，更要对地方人民的生活幸福指数负责。另一方面，建立责任追究制度，要明确个人与集体的责任界定，尤其是行政决策者和执行者在行政活动所必须承担的道德、法律、经济和政治责任，尽可能避免因政府官员主观上的懈怠，造成生态补偿实际工作中的行政不作为和乱作为现象的产生以及权力寻租、滥用权力、渎职等行为。

其次，健全生态补偿的资金监管机制。第一，要规范加强生态补偿转移支付专项资金的使用，从中央到地方，应层层设立相应的专门的生态补偿账户，进行单独建账和核算，保证生态补偿资金在各级财政的监督下封闭运行，做到专款专用，收支平衡，账目真实。第二，对生态补偿的会计部门和会计人员进行严格管理，要按照国家统一的会计制度规定对生态补偿资金运行的原始凭证依法依规进行审核、审计和监督，避免补偿资金"跑冒滴漏"。第三，要做到内部约束和外部监督相结合，事前、事中、事后监督相衔接，确保资金使用的公开透明，对违法违规使用生态补偿资金的责任人要严厉制裁，绝不姑息。

最后，建立生态补偿的绩效考核评估机制。开展生态补偿的绩效评估，监督生态补偿的绩效实现是政府生态补偿管理的重要职能和目的所在。第一，政府部门要通过报告、调查、统计和审计等制度的完善，形成一套科学的生态补偿效益评估标准体系、生态补偿绩效评估标准体系以及干部考核和政绩评价指标体系，把生态补偿实绩作为奖励惩戒和班子考核、干部选拔任用的重要依据，引导各利益主体尊重生态规律，主动自觉地践行生态补偿政策。第二，应尽量弱化地方政府之间的分治与竞争关系，引导彼此间向一种合作共赢的方向转化和发展。第三，要在主体功能区划设置的基础上按照不同区域的主体功能定位，实行各有侧重的绩效考核评价办法；要根据重点生态功能区的经济社会发展定位和主体功能分区的要求，突出评价生态环境保护的实绩和绩效，尽可能减少、甚至是消除对限制发展区和禁止开发区地方政府的经济责任。第四，广西在统一执行国家生态补偿政策和评价标准的基础上，应依据其生态环境和补偿工作的特殊性，创新工作方式，在绩效评价上适当增加其灵活性，从而提高补偿的实施效果。

4. 建立广泛的社会参与机制

生态建设只有政府单方的强制推动是远远不够的，建立生态环境保护公众参与制度意义重大。2007 年 4 月，国家公布了《环境信息公开办法》（试行），并于 2008 年 5 月 1 日起施行。该《办法》的公布，使公民能够通过合法的制度渠道获取环境信息，增强自身的权利意识和责任意识，积极主动地参与到国家环境保护的建设中。在生态补偿机制的建设过程中，社会成员通过一定的程序或途径参与其中，这是扩大社会主义民主，保障人民权益的重要体现，是完善生态环境管理和生态补偿工作重要途径，同时也是维护社会成员的切身利益的重要举措。一方面，在生态补偿的管理中，公众依法依规可以通过公共投诉、网络参与、咨询会、研讨会等形式直接参与管理；也可通过听证会、公开说明会及选举代表参与政策制定和实施等间接参与管理。借助公众舆论、公众参与、公众监督和环境公益诉讼，保证决策者和监督者的多样性与代表性，疏通和拓宽不同利益群体的表达主张与诉求的渠道，扩大社会监督范围。另一方面，非政府组织作为公众利益或弱势群体的代表，是生态补偿中的公众参与的有效组织形式，非政府组织既可以通过参与生态补偿的各个环节减轻政府的压力和弥补市场的失灵，又可以对政府权力和部门利益能够形成一种压力和制衡，这有助于形成民主和多元化的社会格局。

（四）建立生态补偿的资金保障体制

生态补偿资金是生态补偿机制能有效运行的物质保障，生态补偿资金的筹集既要坚持政府主导，努力增加公共财政对生态补偿的投入力度，又要鼓励和支持集体、企业、非政府组织和个人等社会各方的共同参与，形成多方并举、合力推进，多元化、多渠道的生态补偿和生态建设投融资机制。

1. 加大国家财政转移支付力度

生态环境属公共产品，是公共财政支出的重点之一，而财政转移支付是生态补偿的最主要资金来源，也是生态补偿最直接和最容易实施的手段。首先，国家财政应增加生态补偿科目。目前，国家财政部制定的《政府预算收支科目》中，有与生态环境保护相关的支出项目，有些支出项目还具有显著生态补偿特色，但没有专设生态补偿科目。这需要在政府财政转移支付项目中增设生态补偿项目，将生态补偿内容直接纳入中央预算体系并置于中央对地方的纵向财政转移支付制度中（地方政府的财政体制构建也应依此进行），用于生态功能区、自然保护区的建设补偿和因生态保护导致的财政减收。其次，要强化政府的环境财政职能，中央和地方财政要加大对限制开发区和禁止开发区转移支付力度，设立专项资金列入财政预算，提高转移支付系数和预算规模，增加财政拨款，增强生态功能区生态补偿和生态建设的财政保障能力。最后，要调整优化财政支出结构，在转移支付资金的使用和安排上要向欠发达地区、西部地区和民族地区倾斜，国家要确定西部民族地区的财政转移递增比例，保证财政转移份额，提高民族地区返还系数，确保西部民族地区有动力也有能力进行生态环境建设。

2. 完善生态补偿的税收制度

首先，开征生态补偿税。在"生态补偿税"未出台之前，可以先考虑参照类似城建税或教育费附加的形式开征"生态附加税"。"生态附加税"可附在4种主要税种（增值税、营业税、企业所得税、个人所得税）上进行征收。在此基础上，设立生态补偿税并将其纳入《税法》，将以往的一些生态补偿收费变为生态补偿税，这不仅可以消除部门之间交叉、重叠收费的现象，还可以利用税收的固定性、无偿性和强制性特征来保障生态补偿资金有一个长期稳定的来源，也使受益者负担部分补偿费用，体现公平合理原则。另外，"生态补偿税"的设立在内容上需要设置具有典型区域差异的税收体制，补偿西部民族地区的生态保护与建设，体现"分区指导"的思想。

其次，调整资源税。自然资源的开发利用，无论获利与否，都会对资源和环境造成破坏。目前，我国资源税税额过低，未能充分体现资源的稀缺性和有效地促进资源的合理开发与利用。第一，要把资源开采所造成的环境损益、资源级差地租和绝对地租纳入到税额中来，适当调整和提高资源税的税率和税额。第二，要完善其计税依据，建议采用累进制方式，将税收额与资源的使用量挂起钩来，不同的资源使用量，采用不同的税率。第三，建议对资源开发企业按属地原则征税，划分好中央与地方的分配比例，促进广西尽快将资源的比较优势转化为经济优势，增加资源地政府财政收入，增强自我发展能力。第四，逐渐拓宽征税领域，扩大资源税的征收范围，在现行资源税的基础上，将森林、草原、海洋、滩涂、湿地、动物、地热和淡水等须加以保护性开发利用的自然资源纳入征收范围，将现有资源都尽可能地保护起来，提高资源的利用效率，减少资源浪费。

最后，实行税收差异优惠和奖惩。税收优惠是国家对资源节约和生态环境保护所给予的一种正面的税收鼓励或间接的财政援助。第一，要充分发挥税收杠杆调节作用，扶持、引导环保和生态产业的发展。第二，通过税收工具将生态环境的外部成本内部化，引导利益主体尽量避免或自觉校正其浪费资源和破坏环境的行为。如消费税的征收，有利于形成节约资源的生产模式和消费模式。第三，提高西部民族地区的税收返还系数，建议将广西企业所得税分享比例提高到50%或以上，甚至还要考虑将来在广西所征收的环境税（或碳税）全部留在广西，专款专用于生态环境的恢复与建设。

3. 规范生态补偿的收费制度

行政性收费是政府运用经济手段改善和保护环境的一项重要措施。在我国主要是由环保部门以排污费的形式收取。首先，要改变以前根据单一浓度收费和只对排污超标部分收费的做法，应该实行浓度与总量控制相结合的收费制度并严格落实"排污收费，超标罚款"的收费制度，在督促企业自觉考量污染控制的同时又能够筹集一笔生态补偿资金。其次，按生态环境资源（如矿产、土地、水、森林、环境等）的开发利用量来征收生态环境补偿费，积极探索建立生态破坏抵押金（或保证金）制度，构建合理的收费机制，将环境要素成本量化纳入企业生产成本，将企业排污的外部成本内部化，提高资源的节约和利用效率。最后，把排污收费纳入财政的预算管理范围，实行"收支两条线"管理，征收的生态补偿费应该专款专用，用于生态恢复和补偿，避免乱收费和重复收费，并逐渐推进生态环境收费向生态环境税收的转变。

4. 建立生态环境建设补偿基金制度，促进社会补偿

建立生态环境建设补偿基金制度，通过基金的方式累积资金，更大限度地筹集社会各方面资金，满足未来的生态补偿资金需求。与此同时，还可以逐步调整和改变各部门现有的资金收支渠道和利益格局，拓宽筹资渠道，规范资金的使用和提高资金效率。

生态补偿基金可以由政府环保部门和涉农部门牵头建立，每年

以中央和地方政府财政拨款投入一定的限额作为垫底资金，在此基础上开辟和拓展资金来源渠道，实现生态补偿基金来源多元化和多样化。第一，按一定比例提取部分生态环境税收、环境资源的行政收费和罚没收入充实基金。第二，在"西气东输""西电东送""南水北调"等涉及西部环境损失的大型项目中提取一定比例的生态补偿费。第三，积极利用国债资金，探索在确保风险可控的前提下，由中央政府代为地方政府发行公债筹集资金。第四，可以通过资产证券化融资，即 ABS 融资，以项目未来收益为保证，通过在国内外市场上发行高档债券来筹集资金；可以通过生态效益国家赎买、BOT 方式进行环保融资；还可以探索培育生态环保信托业务，开辟投资联结保险的金融新产品，开展生态环保信托租赁和投资，引进国际信贷等。第五，我国"体育彩票"和"福利彩票"发行的成功已经证明了其强大的社会融资功能，在条件具备的情况下可以探索发行生态福利彩票进行筹资。第六，国家还可以大力支持和鼓励环保企业上市，争取在股票市场中形成绿色生态环保板块，通过股票市场来筹集更多的生态补偿和环保资金。第七，建立生态补偿捐助机构、接受来自国内外的政府、机构、社会团体、组织和个人的各种形式的贷款、援助和捐赠。第八，建立区域流域间的生态转移支付基金或生态合作基金。通过区域流域内政府间利益的相互协调，实现区域流域间生态的有偿使用和政府间横向的转移支付。第九，发展中国家在全球生态环境保护中承担了更多的责任。理应加强国际间交流与合作，积极向国际社会呼吁，争取更多的国际支持和国际补偿。

（五）构建多样化的生态补偿实现形式

生态补偿是一个系统工程，补偿实现形式的多元化和多样化可以大大提高生态补偿的灵活性和适应性，从而增强补偿的实效性和针对性。因此，进行生态补偿不能"单打一"，采用各种不同的补偿类型，尽可能取长补短、扬长避短，发挥各自优势，因时因地制宜，尽量做到综合运用。

1. 纵向补偿与横向补偿相结合

生态补偿机制不仅仅是一项环境保护政策，也是解决社会公平、协调区域发展的一个重要手段。我国开展的生态补偿主要是以国家补偿的纵向转移支付的补偿模式为主，这种生态补偿模式的实质是政府在公正公平基础上，运用补贴或奖励的形式，将部分财政收入进行二次再分配。不可否认，这种纵向补偿模式在相当大程度上弥补了广西生态建设的投入以及发展机会成本的损失。但是，纵向转移支付俨然给国家财政造成了不小的压力，有时甚至会出现补偿不足的情况，单单依靠纵向支付是很难实现广西生态补偿的既定目标的。因此，在建议加大纵向转移支付力度的同时也要完善横向转移支付制度。因为区域之间利益关系的协调是区际生态环境协调实践开展的保障，在生态环境建设产生利益外溢的场合，横向转移支付在协调地区利益关系，促进区际协调发展方面发挥着特殊的作用。横向财政转移支付最大的优势是通过明确双方的权利义务关系，最大限度地调动生态补偿直接利益相关方（区域流域的各地方政府）的积极性、主动性和创造性，在利益相关者相互影响和相互制约的关联性当中充分实现责、权、利的统一，从而更为公正公平且直接有效地解决生态关系密切的相邻区域间的利益问题。

第一，要打破行政区划壁垒，建立地方政府间的横向财政转移支付制度，落实"谁受益、谁付费、谁补偿"的基本原则，实行资源受益区对资源输出地、优化和重点开发区对限制和禁止开发区、东部发达地区对西部欠发达地区、下游地区对中上游地区、生态效益的受益者对提供者和保护者的财政转移支付，以横向转移支付改变区域流域之间的既得利益格局，实现生态成本在地区间的有效分摊与分担，推进区域流域间公共服务向均等化和均衡化方向发展。例如，"在珠三角地区年约 200 亿立方米的总淡水用量中，70% 由广西提供。多年来，为了确保珠江水源，广西做了大量卓有成效的工作。尤其是从 1996 年起，广西已先后实施两期珠江防护林工程，并每年投入约 30 亿元进行生态环境建设和水资源保护，全区封山育林面积达到了 7778 万亩。特别是在应急增援珠三角地区的"压咸补淡"工作，据统计，广西多次为此无偿调水 7 亿—10 亿立方米，干旱年份更是达到了 50 亿立方米"①。珠江流域涵养水源林区的广西居民为了保护生态环境，生产生活都受到了影响。我们要认识到有了广西的可持续发展，才有珠江三角洲地区的可持续发展，广西生态环境的恶化势必会影响到珠江三角洲地区经济发展和生态文明建设，更应该建立横向生态补偿机制，使生态服务提供者得到合理的补偿。

第二，由于跨区域性的特征，隶属于不同行政区的各个生态环境受益地和补偿地的财政级次和财力的差异性较大，这使得协调生态与经济及权衡各地方间的利益关系变得十分复杂。本着平等参与、利益共享的原则，区域流域间补偿方与受偿方可探索由受偿者保护的生态资源所提供的生态价值形成股权进行股份投资，建立共同参与开发经营的方式。一方面，受偿主体可在企业的利润中根据生态价值股份获得利润分成和劳务收入，在弥补因生态"限制性"规范所造成的损失的同时也增强当地的经济实力。另一方面，生态开发企业建设的公共基础设施与当地居民共享也可以让受偿者间接地分享生态开发的利益。通过双方共同参与开发经营，使地区间结成利益共同体，既将受偿方的利益纳入了整体的利益范畴之中，又使补偿者与被补偿者在资源开发利益分享机制中得到平衡。

第三，在经济和生态关系密切相关的区域内，补偿方与受偿方可探索通过异地开发的方式进行空间补偿。补、受双方可以通过协商，统一规划在下游地区设立了一个经济开发区，集中安排上游区

---

① 刘民坤、陈湘漪：《珠江—西江经济带生态补偿机制建设研究》，《广西大学学报》（哲学社会科学版）2015 年第 2 期。

域那些"受限"的功能区域（如限制开发区和禁止开发区）的招商引资项目，通过政策倾斜扶持、集中统一管理和流域综合治理等举措形成有效的区域生态保护和经济协调发展机制，实现流域资源利益共享和责任共担。这种通过下游给中上游提供发展空间，中上游地区有动力和能力参与生态保护的补偿方式，既保护了中上游地区的主要生态功能，又能促进其经济发展。通过互通有无、优势互补实现经济的集聚效应和区域流域的环境与发展双赢，这无疑也是一种比较有效且实用的生态补偿方式。

第四，横向转移支付不是通过科学计算而是通过双方依据受益者的实际支付意愿、经济承受能力、生态破坏的恢复成本、生态环境服务价值和保护者的需求进行协商或谈判确定。建议在促进发达地区帮扶落后地区，彼此互惠互利，实现共同富裕思想指导下，通过省际间、流域间的对口支援、资助和援助等横向转移支付方式，建立"反哺"式生态补偿机制，在资本、产业、技术、人才等方面对上游地区和西部地区给予支持，为广西的产业结构优化升级、培育新的经济增长点提供物质积累和能力支撑并形成发展动力，促进区域流域间生态资本的平衡和地区间的共同发展，最终实现社会公平和共同富裕。

2. 政府补偿与市场化补偿相结合

从目前广西生态补偿的现状和市场发育的实际情况来看，政府在生态补偿过程中仍然发挥着主要作用，而且在相当长的时期内，广西仍然需要政府通过政策法规的倾斜来解决市场上难以解决的资源环境保护问题。当然，中央和地方政府通过政策法规的倾斜和财政转移支付虽然履行了促进公平的原则，但是没有很好地体现出政府财政行为优化配置资源和提高效率的原则，尤其是没有体现出建立在市场经济基础上的特定区域在经济与生态分工以及生态服务之间的市场交换关系。另外，生态补偿需要大量的人力、物力和财力投入，而政府单一的财政投入毕竟有限，根据"谁开发，谁保护；

谁破坏、谁付费；谁收益、谁补偿"的原则，我们还应积极利用市场机制，探索市场化生态补偿模式，通过市场交易方式来完善生态补偿机制，使各利益相关者在基于环境系统整体性、生态资源有限性、环境利益局限性和生态利益公平分配的基础上，遵循"平等开放、自愿参与、优势互补、互利共赢"的市场准则，突出资源优化配置的功能，拓宽生态补偿渠道，提高生态资源的利用效率。因此，在广西生态补偿过程中应始终坚持"政府补偿和市场补偿相结合"的原则，在完善政府政策法规的倾斜、财政转移支付制度、生态环境税收和收费制度的同时，积极探索市场化生态补偿模式，调动各地区、各部门、社会各阶层的力量，走多渠道、多层次和多方位的生态补偿道路，建立公平、公正、公开的生态利益共享及相关责任分担机制。

首先，建立完善的产权制度要明确产权。产权制度是指由一定的产权关系和规则结合而成的，能对产权关系实行有效的组合、保护和调节的带强制性的制度安排。建立明确的生态环境资源产权制度是建立完善生态环境资源的资金和要素交易市场的基础和前提，同时也能够最大限度反映生态资源的价值并对投资主体产生激励作用。通过明晰西部地区的产权，厘清在补偿过程中国家与个人、所有权与使用经营权的矛盾与冲突，使市场化逐渐渗透到生态环境资源的开发、使用、处分、经营和获益的全过程。一方面，使得投资主体可以凭借所拥有的收益权获得其应有的、合理的补偿，提升投资主体投资和保护意愿；另一方面，生态环境资源的价值通过市场交易的价格变动真实反映生态环境资源的稀缺和宝贵程度，对整个社会的环保意识也是一种促进作用。在维持集体和国家在自然资源所有权不变的基础上，应尽可能分散自然资源的管理权和经营权，将因生态治理而发生的补偿直接分配给自然资源管理者和经营者。当然，在广西进行生态补偿的过程当中，某些生态公共品可以通过明晰产权使外部性内部化，运用市场机制进行有效配置和补偿。但某些生态产品产权界定面临高昂的成本或者为了防止"公地悲剧"的发生，仍然需要政府通过财政、税收手段进行矫正。

其次，培育和发展环境要素和生态价值交易市场。第一，积极探索水权、排污权等环境资源的市场交易机制，建立资源使用权、生态环境产权、污染物排放指标和排污权交易等资源环境权益的市场，打通补偿主体与补偿对象之间的交易平台，完善资源合理配置和有偿使用制度，引导和促进生态环境保护者和受益者之间通过自愿协商实现合理的生态补偿。第二，通过探索培育和建立生态资源开发使用权的租赁、转让和出让的交易市场并促进生态资源在特定的市场上自由地流通，使环境要素的价格真正反映它们的稀缺程度，促进生态资源资产化和资本化。一旦生态资源变成了资本，农户和投资者就可以利用资源来产生收益。第三，可以探索采取生态环境产权交易补偿，将部分生态环境价值市场化，例如，广西独特的喀斯特旅游资源吸引着现代都市人，吸引着全球的目光。广西应该充分利用这个引进资金的条件，积极发展生态旅游业。引导国内外资金投向广西生态环境保护、生态建设和资源开发，还可在旅游收入中收取一定比例的补偿基金。再如，探索生态补偿与城乡土地开发、城镇化建设等相结合的有效途径，在土地开发与城镇化建设中积累生态补偿资金。

最后，推进环保投融资市场建设。第一，打破行业垄断，降低行业门槛，放开环保基础设施的市场准入。按照"谁投资、谁受益"的原则，支持鼓励国内外资金（如国债资金、开发性贷款、民间资金和国际性金融机构优惠贷款）参与生态建设和环境污染整治的投资、运营及建设。第二，应以低息贷款或贴息贷款的形式向有利于生态环境恢复和保护的行为及活动提供一定的启动资金，以解决资金匮乏的问题。广西可以探索组建民族区域自治地方的生态发展银行，专门解决民族区域自治地方生态投融资问题，发挥区域性融资功能，为民族区域自治地方生态补偿和环境建设提供稳定的金融支持。第三，加大生态补偿领域对外招商引资步伐，政府部门要提高金融透明度、资信度和开放度，创造良好的条件吸引海外资金直接投资于生态项目的建设。

当然，生态补偿中不可避免地存在着政府失灵和市场失灵的现象，非政府组织与政府和企业不同，它们以专业的知识和技能，通过志愿的形式为人们提供公益性服务，以追求生态效益的最大化，被称为政府和企业之外的"第三部门"。因此，要发挥非政府组织的独特作用，使其成为政府部门和市场的有效补充。

3. 输血型补偿与造血型补偿相结合

一般说来，补偿类型大致有资金补偿、政策补偿、实物补偿、智力补偿、技术补偿和自我补偿。第一，资金补偿。这是最常见和最直接的补偿类型，它可以表现为多种形式。如财政转移支付、减免税收、退税、补贴、补偿金、信用担保的贷款、贴息、捐款赠款、加速折旧等。我们可以借鉴西方发达国家的经验，由政府购买生态效益和生态服务，提供补偿资金。第二，实物补偿。这是为了解决受补偿对象的生产资料和生活资料问题而实施的一种补偿方式，即补偿主体通过拨付实物（土地、粮食等）的方式对受偿主体的生产和生活要素进行补偿，从而部分改变受偿者的生产和生活状况，提高受偿者的生产能力。另外，经过有效的配置，这种补偿可以提高实物要素的利用效率，使在别处闲置的物质资源在广西得到充分有效的利用。第三，项目补偿。这是上级政府部门或受益地区为广西受补偿者提供的重大生态保护和建设项目，并给予投资或技术和产业支持，以减轻当地财政压力和提高地方经济发展增量的一种补偿类型。项目补偿可以划分为优先补偿项目、重点补偿项目和拓展性补偿项目等不同的项目级别，对于不同级别的补偿项目可采用不同的补偿方式。比如，优先补偿项目以中央政府直接补偿为主；重点补偿项目以横向补偿或产业间补偿的方式为主；拓展性补偿采用市场补偿或政策补偿的方式为主。第四，政策补偿。这是中央政府对广西省级政府以及广西省级政府对所属地方政府的权力和机会补偿。一方面，通过土地、产业、财政、金融和税收等扶持的优惠政策实施差别待遇和政策倾斜。使原本受损的地区利益得到补偿、经济得到发展，激发其发展生态产业和保护资源环境的积极性和主动性。另一方面，受补偿者在授权的权限内，利用制定政策的优先权和优惠待遇，制定一系列创新性的政策，保护和改善生态环境资源，尽快脱贫致富并促进当地经济的又好又快发展。这种利用制度资源和政策资源实施补偿的方式在补偿者经济基础薄弱、资金贫乏的情况下比较切实有效。第五，技术补偿。指中央和地方政府以技术扶持的方式对广西受偿者给予支持和帮助。比如，在广西开展技术服务，提供免费的技术咨询和指导以及低价或无偿技术专利和技术项目；协助广西建立健全科学技术支撑体系和科技成果推广转化体系；提高受偿者的组织管理能力、生产技能和技术含量，使他们能够利用有限的资源创造最大的财富，形成技术促进经济、经济保证生态的良性循环。第六，智力补偿。这主要是指通过教育和各种形式的培训来促进受补偿地区的人力资源开发的一种补偿类型。补偿者可以组织专家学者、技术人员和环保志愿者开展各种形式的环保教育，提高当地居民的生态意识和环保知识，把广西面临的生态问题列入重点科研计划，对关键问题进行跨学科综合研究，对重点领域要进行集体攻关，切实解决当地实践难题；通过形式多样的培训，提升广西人力资源的素质，培育各类技术、管理和专业人才，提高民族群众采用新的生产技术和生产方式的能力以及就业能力，增强广西的人力资本。第七，文化补偿。这是指通过文化标识来进行补偿的一种方式。如通过宣传和弘扬民族传统生态文化，建设民族生态文明示范区，发展民族生态旅游业等。再比如，对广西的生态商品实行商品环境标志制度，通过商品中的说明标签、环境标志图形等形式，使消费者在生态产品的选购使用中既了解了广西的环保信息和生态文化，也间接地参与了环境保护和生态补偿工作。

从补偿形式的效果来看，资金补偿、实物补偿和项目补偿是输血式补偿形式；政策补偿、技术补偿、智力补偿和文化补偿是造血式补偿形式。就广西的现实情况而言，输血型的补偿形式自然是最直接、最实惠和最见效的选择。但从长远看，输血型生态补偿机制无法解决发展权补偿的问题、无法解决生态保护和建设投入上的自我积累、自我发展的问题。生态补偿的长效机制应该更加重视造血型的补偿形式，只有如此，才能使环境资源保护区的受补偿者充分发挥其积极性和创造性，形成"造血"机能与自我发展机制，使外部补偿转化为自我积累和自我发展的能力，以最大限度地解决激活经济发展潜能和保护环境资源之间的矛盾，实现可持续发展。

（六）构建科学的生态补偿标准体系

补偿标准的制定，是实施生态补偿机制最为核心的内容，也是最难确定的内容，我国的生态补偿的重点主要集中于中西部的重要生态功能区、自然保护区、流域水环境保护区和矿产资源开发区等生态环境薄弱区域。由于各区域在自然地理、环境、生态功能等方面的负荷承载，开发利用和破坏程度以及修复治理的难度存在较大差异，生态补偿标准如何计量是目前我国生态补偿的主要障碍。根据广西经济社会发展和自然生态环境的特点以及主体功能区规划的要求，建立健全科学、合理、规范的生态补偿标准体系，这是生态补偿机制得以有效实施的关键。

1. 生态补偿标准的制定要坚持的原则

第一，科学性原则。要求所需要的数据具有真实性，相关指标的选择要具有科学性，使得制定的补偿标准能客观地反映生态补偿的效益并且具有可操作性。第二，统一性原则。生态补偿工作涉及部门多、地区广、牵涉面宽、利益关系比较复杂，制定的补偿标准要做到统一协调，既要体现各利益相关者不同的特点和各利益主体的不同诉求，又要全面反映生态补偿的效益，实现生态效益、经济效益和社会效益的有机统一。第三，均衡性原则。要发挥生态补偿标准的调配功能和杠杆作用，缩小地区差距，使受限区居民同其他区域居民一样享有相当的收入和发展权利，实现基本公共服务的均等化。第四，动态性原则。生态补偿工作是一个动态的发展过程，不同时期、不同阶段确有不同的侧重点，要做到与时俱进，根据生态保护和经济社会发展的阶段性特征，进行适当的动态调整，不断地完善生态补偿的标准体系。

2. 建立生态效益指标和监测体系

首先，广西生态环境和资源状况的复杂多样性决定了不同地区要达到的标准也不会完全相同，需要根据各区域的不同情况差别对待，应允许地方在统一的生态补偿机制框架下有适当的灵活性。但是当生态补偿评价标准确定后，能否按照指标体系完成环境保护和生态建设的任务并达到既定的标准，就成为区域、单位或个人能否获得补偿的前提条件。达标者应给予相应的补偿，不达标者则进行扣减，破坏者还要进行赔偿。

其次，要摸清广西的环境空气质量、噪声平均值、垃圾分类收集率和固体废物排放率等生活环境指标；水土流失面积、沙化石化地面积、人均绿地面积、绿化覆盖率和森林覆盖率等生态环境指标；生态与环境治理投入、环保技术研发投入占 GDP 比重、环境事故损失所占 GDP 比重、环保设施普及率、环境资源的产出损耗比、环保产业和生态产业在地方产业结构中所占比重和市场化程度等生产环境指标，确定区域生态补偿的涵盖范围以及符合当地实际的生态保护标准和补偿标准。

最后，要建立健全监测体系，通过先进的技术手段和科学的监测方法，对区域的水质、空气质量、资源利用效率、水土流失、污染物排放总量、森林覆盖率、生物多样性等生态环保状况指标进行动态的、有效的监控；要建立环境资源数据库和环境资源管理信息系统，构建生态补偿的计量模型，强化生态补偿标准制定的技术标准，为科学合理地制定生态保护标准和补偿标准提供数据和技术的支持。

3. 构建科学完善的核算机制

首先，完善生态保护成本核算体系。就生态保护成本核算而言，可分为直接成本、间接成本和机会成本。第一，直接成本。它主要是指生态建设和治理被破坏生态所需的成本要素，主要包括所需要的资金投入和劳动投入。第二，间接成本。它包括受限区域（限制和禁止开发区）居民因土地用途改变所受的直接经济损失。如粮食、经济作物和畜牧水产业的收益损失，以及关联的行业和产业所造成的损失；实施生态工程后对富余劳动力转业转产中技能培训所需的费用以及组织、管理和维护成本。第三，机会成本，受限区域为保护和维持良好生态环境投入了大量的人力、物力和财力，失去了很多发展经济的条件和机会；一些大型的生态建设项目影响和改变了当地居民的生产生活方式，给当地居民的生存权、发展权和环境权带来一定的损失，这些必然会形成一定的机会成本，可以参考区域经济社会的平均发展水平、保护者的需求，受益者的实际支付意愿和经济承受能力来进行相应的补偿。

其次，加快国民经济绿色核算体系建设。传统的国民经济核算只是单纯地作为衡量发展的指标，没有把生产活动给资源和环境造成的损失因素纳入其中，因此不能客观地衡量投入成本。绿色 GDP核算将生态资源的损耗和自然环境的代价纳入国民经济成本，不仅对广西经济社会发展做出全面的判断，更为生态补偿提供有效的依据。因此，应该逐步推进绿色统计和绿色审计制度，将万元产值"三废"排放总量、万元产值能源消耗、万元产值水资源消耗和万元产值主要原材料消耗等指标引入现有的统计指标体系，从而更确切地说明经济增长和社会发展的数量与质量的对应关系，为生态补偿提供实际可操作的价值估算依据，使生态环境补偿机制的社会效益与经济效益全面凸显。

最后，完善生态服务价值评估体系。良好的生态环境所形成的生态功能具有一定的生态服务价值，如区域流域的水土保持、水源涵养、生物多样性的保护、空气清洁、气候调节、防风固沙及景观服务功能等，生态补偿标准要综合这些因素进行合理的评估和核算。生态价值的测评方法是目前最具争议的问题，测评方法事关整个评估体系的建立。可以综合运用经济学和现代数理分析方法，结合生态环境质量指标体系确定生态补偿的标准，比如，运用效果评价法，根据生态环境资源提供的环境效果，计算出效果的定量值；通过收益损失法从生态环境资源效益的损失角度评价其效益；运用随机评估法，询问消费者对环境商品的最大愿意支付量，以获得环境商品的个人价值，进而推出环境商品的经济价值；运用增量测算法，通过建立生态资产和资源存量账户，计算生态保护的年度增值价值，作为决定后继补偿量的参考。另外，建构生态环境资源价值的量化技术和货币化技术，完善生态服务供给成本和效益计量分析，进一步推进生态服务价值评估从定性评价向定量评价转变。

4. 形成生态补偿效果评估的良性循环机制

当生态补偿评价标准的范围确定后，生态补偿效果评估就成为检验和衡量生态补偿机制运行成效的关键环节。这就需要形成补偿效果评估的良性循环机制，通过发挥第三方评估机构在机制运行当中的反馈、监督、评估和调控作用，形成再监督—再评估—再完善的良性循环，使生态补偿机制在自我修正和自我完善的轨道上动态演进，促进生态建设的顺利开展。

第七章

构建广西生态文明建设的
配套措施

　　创设良好的人居生态生活环境和倡导绿色的生活方式既是保证人们身心健康和生活质量的基本条件，也是推进生态文明建设的重要内容；既是一个发展问题，也是一个民生问题。因此，一方面，要以创造具有地域特色的良好人居环境为中心，大力开展城乡环境综合整治，着力解决危害群众健康的突出环境问题，不断提升个人的健康福祉和生态文明建设的惠民度；另一方面，要坚决抵制和摒弃各种形式的不合理浪费和奢侈消费，推动人们的生活方式朝着勤俭节约、绿色低碳和文明健康的方式转变，以构建广西宜居适度生活空间为抓手，走出一条具有广西特色、生态良好、生产发展和生活丰裕的文明发展道路。

第一节　建设美丽乡村

　　中国是农业大国，农村生态文明发展状况直接影响并决定着我国整个生态文明建设的成效。美丽乡村是美丽中国的重要基础和坚实载体，也是美丽中国在农村的具体表现。把生态文明建设纳入农村经济社会发展全局，以农村生态文明建设为切入点，以美丽乡村的建设为推动，注重农村环境保护和生态建设，重点解决农村改观、农业发展、农民增收问题，这是中央的一项重要的战略部署。

党的十八大以来，围绕建设美丽乡村、促进生态文明，习近平总书记提出了一系列新理念、新论断。2013 年 9 月，习近平总书记提出了"我们既要绿水青山，也要金山银山。宁要绿水青山，不要金山银山"，"绿水青山就是金山银山"① 的重要论断。同年 12 月，在中央农村工作会议上指出："一定要看到，农业还是'四化同步'的短腿，农村还是全面建成小康社会的短板。中国要强，农业必须强；中国要美，农村必须美；中国要富，农民必须富。"② 习总书记还曾多次强调，乡镇建设要"望得见山、看得见水、记得住乡愁"③。这些论述是对生态文明建设认识的深化和细化，是正确认识美丽乡村建设重要指针。国务院及各部委，相继推出相关政策推进美丽乡村的建设。2013 年农业部办公厅下发《关于开展"美丽乡村"创建活动的意见》，该文件的出台，为美丽乡村建设明确了发展目标，提供了评价体系和科学理论支撑。2015 年 5 月《中共中央国务院关于推进生态文明建设的意见》中进一步强调美丽乡村建设，为美丽乡村建设提供了制度保障。

一　美丽乡村建设概述

（一）美丽乡村的内涵

农业部对美丽乡村的内涵做了整体表述，是美丽乡村的目标和内容的具体化。2013 年农业部办公厅《关于开展"美丽乡村"创建活动的意见》明确提出"以科学发展观为指导，以促进农业生产发展、人居环境改善、生态文化传承、文明新风培育为目标，加强

---

① 中共中央宣传部：《习近平总书记系列重要讲话读本》，学习出版社、人民出版社 2014 年版，第 120 页。
② 同上书，第 68 页。
③ 同上书，第 74 页。

工作指导，从全面、协调、可持续发展的角度，构建科学、量化的评价目标体系，建设一批天蓝、地绿、水净，安居、乐业、增收的'美丽乡村'，树立不同类型、不同特点、不同发展水平的标杆模式，推动形成农业产业结构、农民生产生活方式与农业资源环境相互协调的发展模式，加快我国农业农村生态文明建设进程"①。

从农业部的文件表述不难看出，美丽乡村是集规划建设、环境卫生、生态建设、产业优化、社会管理等各方面为一体的庞大社会系统工程。美丽乡村建设的载体是乡村，美丽乡村是由"经济—社会—自然"子系统组成的复合系统，在生态文明视阈下是乡村生产、生活、生态的高度统一；建设的主体是广大农民群众；"美丽"既包括外在美也包括内在美。总的来说，建设美丽乡村关键要实现五个层面的"美"，即乡村资源有效利用、产业特色明显、经济可持续发展的发展之美；乡村物质生活宽裕、社会保障有力、邻里亲朋和睦的生活之美；乡村布局规划合理、基础设施完善、村容村貌整洁、生活环境宜居怡人的生态之美；乡村民风朴实文明、地方文化鲜明、农民素质提高的人文之美以及管理民主、科学的和谐之美。也就是说，美丽乡村之"美"，既体现在自然层面，也体现在社会层面；既体现在外在层面，也体现在内在层面。其中，"生活之美"是美丽乡村的目的，"发展之美"是美丽乡村的基础，"和谐之美"是美丽乡村的条件，"生态之美"是美丽乡村的本质特征，"人文之美"是美丽乡村的灵魂。美丽乡村创建是新农村建设的"升级版"，它集农村"五位一体"建设于一身，不仅秉承和发展了新农村建设"生产发展、生活宽裕、村容整洁、乡风文明、管理民主"的宗旨思路，也延续和完善了相关的方针政策，又进一步丰富和充实了其内涵实质。

---

① 农业部科技教育司：《农业部办公厅关于开展"美丽乡村"创建活动的意见》，国家农业部官网（http：//www.moa.gov.cn/zwllm/tzgg/tz/201302/t20130222_3223999.htm）。

（二）农村生态文明建设与美丽乡村建设的关系

1. 农村生态文明建设是美丽乡村建设的基础和前提

农村以自然生态环境为依托，农民是大自然的天然亲近者，农业的自然属性是检验生态文明建设的标杆。美丽乡村建设是建立在科学的生态伦理观念、发达的农村生态经济、先进的生态科技支撑、完善的农村生态文明机制体制、优质的农村生态环境质量、可持续的农村资源开发利用、可靠的农村生态安全保障、良好的农村生态文化舆论氛围的基础之上的。加强农村生态文明建设，才能改善农村居民居住生存环境，实现农村自然生态环境建设的目标，提高农村的整体建设水平。

2. 建设美丽乡村是农村生态文明建设的目标和归宿

美丽乡村的核心在于人与自然的协调可持续发展。建设美丽乡村是从生态文明的角度，以环境综合整治和基础设施建设为重点，发展生态经济，改善农村生态环境，培育文明新风和生态文化，最终改善农民生活，改变农村面貌。美丽乡村是农村生态文明建设的必然逻辑结果，美丽乡村建设的实质是建设乡村生态文明。因此，要以美丽乡村建设引领和推进农村生态文明建设，把生态文明的价值理念、发展模式、产业导向、生活方式、消费方式等融入农业发展、农民增收和农村社会和谐等各方面，才能把农村生态文明建设落到实处，进而在更高层次上全面实现清洁环境、美化乡村、培育新风、造福群众的新农村建设的发展目标。

二　广西美丽乡村建设活动的具体做法

改善乡村人居环境，统筹推进城乡发展，事关农民安居乐业，事关农业可持续发展，事关农村社会和谐稳定。围绕着党的十八大提出的"大力推进生态文明建设，努力建设美丽中国"发展方略，广西依据自身区情和独特的生态环境优势，大力开展"美丽广西"乡村建设重大活动，持续推进解决制约我区农村生态宜居和基础建设的突出问题，努力实现党中央提出的"农业要强、农村要美、农民要富"的目标。

2013 年 4 月 19 日，自治区党委、政府办公厅联合出台了《"美丽广西·清洁乡村"活动方案》，5 月 2 日，区党委、政府召开动员大会。同年 12 月 24 日，广西区党委常委会通过了《"美丽广西"乡村建设重大活动规划纲要（2013—2020）》。至此，一场轰轰烈烈的"美丽广西"乡村建设活动在八桂大地展开。

"美丽广西"乡村建设活动的目的就是要保护和改善广西农村自然生态环境和人居环境，让农村的天长蓝、地长净、山长绿、水长清、留得住乡愁。作为一个系统工程，乡村建设不仅要改善农村村容村貌和生活环境，还要壮大生态产业，发展生态经济，促进农民增收。

"美丽广西"乡村建设重大活动规划期为 2013—2020 年，持续 8 年分"清洁乡村、生态乡村、宜居乡村、幸福乡村"四个阶段依次推进。"美丽广西"乡村建设重大活动原则上以两年为一个阶段，每个阶段一个主题，三个专项活动，四个阶段构成一个层层推进、逐步深化、相互衔接、相互促进的有机整体。

（一）第一阶段："美丽广西·清洁乡村"活动

2013 年 4 月以来，"美丽广西·清洁乡村"活动正式启动，同月下发了具体活动方案。活动于 2013 年 4 月至 2014 年 12 月用 2 年时间在全区开展，方案要求以开展"清洁家园、清洁水源、清洁田园"为主要任务，通过改善人居环境、改造水源质量、改良田园生态，达到"清洁环境、美化乡村、培育新风、造福群众"四个目标。第一，清洁家园。主要是指通过建设完善相关配套设施和建立卫生保洁的长效机制，整治农村环境卫生，改善农村居住环境，提高乡村生态宜居水平，包括清洁房前屋后，清除垃圾杂物以及做好垃圾的分类、收集、转运和综合处理工作。第二，清洁水源。主要抓好水环境的治理和饮用水水源地的保护，包括对河流沟渠池塘废弃的漂浮物、堆积物和沉淀物进行清理；对乡村生活污水、畜禽粪便进行治理；对沟渠池塘进行生态景观设计和改造；加强饮用水源的保护，增强水体自净能力，确保农村人畜饮水安全。第三，清洁田园。清洁田园的核心是农业生产的生态化，包括清捡和处理田间生产的废弃物；减少农业化学品投入，减少农业面源污染；推广生态农业技术，促进田园改良和农业清洁生产，生产生态安全的农产品。通过两年的集中整治，取得了显著成效，使全区乡村环境卫生面貌有一个明显的改变。2013年至2014年"清洁乡村"活动中，广西共组织环境整治行动近30万次，共清理各类垃圾368.6万吨，清洁水源112万处，清捡田间废弃秧盘、薄膜等1.2万吨，清捡田园面积达2950多万亩，回收农药瓶8100000多个。全自治区共调查了农村500人以上的饮用水水源地12975个，全区有944个乡镇划定了集中式饮用水水源保护区，全面关闭乡村污染严重的小企业1556家，清理取缔影响水源地各类污染源和排污口2131个，消除了饮用水水源地环境隐患。[1] 截至2014年年底，我区77%的自然村组建了保洁员队伍，78%的自然村成立了清洁乡村自治组织，95%的自然村制定了清洁乡村村规民约。[2] 另外，为巩固"美丽广西·清洁乡村"取得的成效，广西还先后启动《广西壮族自治区乡村清洁卫生条例》立法工作、出台《建立"美丽广西"乡村建设资金投入长效机制的指导意见》和《关于建立完善清洁乡村村规民约意见》等系列文件规定，印发《关于开展农村垃圾处理技术攻关工作的实施方案》《广西壮族自治区废弃农资及包装物回收处理方案》（试行）等技术方案，为巩固清洁乡村的阶段成果建立了长效机制。

---

① 昌苗苗、黄克：《广西全民行动 留住最美山水》，《中国环境报》2014年7月9日第4版。

② 熊春艳：《描绘"美丽广西"乡村建设的迷人画卷》，《当代广西》2016年第1期。

（二）第二阶段："美丽广西·生态乡村"活动

在"清洁乡村"活动取得显著成效的基础上，2014年11月14日，自治区召开"美丽广西·生态乡村"活动电视动员大会，全面启动了"美丽广西·生态乡村"活动，标志着"美丽广西"乡村建设活动转入第二个阶段。第二阶段在持续推进前一阶段活动基础上用时2年集中开展，"村屯绿化""饮水净化""道路硬化"三个专项活动是该阶段的主要任务。自治区印发了《"美丽广西·生态乡村"活动指导意见》和《"村屯绿化"专项活动工作指南》《"饮水净化"专项活动工作指南》《"道路硬化"专项活动工作指南》三个配套文件，以此作为"生态乡村"活动的纲领性文件。同时明确活动的目标任务为：到2016年全区村屯绿化达标率达65%以上，建设1万个自治区级绿化示范村屯，全区农村自来水普及率达75%以上，具备条件的建制村公路通畅率达100%，大力推进乡村建设上新台阶、新水平。

第一，村屯绿化。主要是开展"三林两区一道双发展"行动，加快村屯绿化步伐和提升村屯绿化美化水平。"三林"，即营造护村林、护路林、护宅林，在村屯周围、道路两旁和房前屋后增绿；"两区"，即建设休闲林区、生态小区；"一道"即建设乡村道路；"双发展"即发展庭院经济、发展生态产业，通过绿化、果化、美化使村屯添绿、增景、更增收。

第二，饮水净化。主要是开展"四建设一划定一限制一机制"行动，"四建设"即建设农村饮水安全工程、农村饮水安全水质检测中心、农村饮水安全提质增效升级工程、沟渠清淤连通工程；"一划定"即划定饮用水水源保护区（范围），要求到2016年基本完成供水人口千人规模供水工程水源保护区划定工作；"一限制"即限制饮用水水源保护区水产畜牧养殖；"一机制"即建立农村饮水安全运行管理机制。通过开展"四建设一划定一限制一机制"行动让全区农村居民都能喝上干净水，切实保障农村群众饮水安全。

第三，道路硬化。主要是开展"一通二改善三提高"行动，"一通"即在所有建制村通沥青（水泥）路；"二改善"即改善屯内道路通行环境，改善农村客运环境；"三提高"即提高通村公路安全保障水平，提高自然屯道路通达率，提高农村道路网络化服务水平。开展"一通二改善三提高"行动进一步改善村屯通行条件。

"美丽广西·生态乡村"活动实施以来，在全区人民的努力下，取得了显著的成效，让全区乡村的生活条件和生态环境越来越好。据统计，2015 年"美丽广西·生态乡村"活动共需筹措资金 67.7 亿元，自治区财政厅已全部下达。其中，下达村屯绿化专项活动资金 7.67 亿元、饮水净化专项活动资金 18.66 亿元、道路硬化专项活动资金 40.9 亿元。① 截至 2015 年年底，"村屯绿化"完成 5000 个自治区级绿化示范村屯和 5.58 万个一般村屯绿化项目建设，全区农村绿化美化水平大幅提升；"饮水净化"全面完成农村饮水安全"十二五"规划目标；"道路硬化"完成 623 个建制村通沥青水泥路 3201 公里、屯级道路 3930 公里、屯内道路 5880 公里。②

（三）第三、第四阶段的部署

按照《"美丽广西"乡村建设重大活动规划纲要（2013～2020）》的部署，2017 年至 2018 年将开展以"产业富民、服务惠民、基础便民"为重点的"宜居乡村"活动，进一步促农增收，提高服务保障水平，改善村容村貌，实现农村人居环境的极大提升。2019 年至 2020 年将开展以"环境秀美、生活甜美、乡村和美"为重点的"幸福乡村"活动，全面提升农村物质、精神、生态文明水平，促进与全国同步全面建成小康社会，人民生活幸福和谐目标的实现。

---

① 周红梅：《"十二五"期间广西多方筹措整合资金——388 亿元投向农村人居环境》，《广西日报》2015 年 12 月 20 日第 2 版。
② 熊春艳：《描绘"美丽广西"乡村建设的迷人画卷》，《当代广西》2016 年第 1 期。

三　进一步推进"美丽广西"乡村建设活动的对策建议

开展清洁乡村和生态乡村活动，加强农村生态环境综合治理和人居环境建设是"美丽广西"乡村建设系列活动的基础，为后续的宜居乡村、幸福乡村活动奠定了坚实的基础。广西乡村建设要最终实现"幸福乡村"的目标，还要在保持和巩固原有成果的基础上，进一步做好以下几个方面的工作。

（一）转变农村经济发展方式，发展乡村生态产业

推进美丽乡村建设，既要改善农村人居环境、保护乡村生态环境，又要促进农民增收致富，做到经济发展与环境保护的和谐统一。要立足当地生态环境资源，农业生产条件，调整乡村产业布局和结构，大力发展具有生态和经济双重效益的产业；鼓励发展资源综合利用、农村清洁能源、有机肥生产等环境友好型生产方式；以资源的循环利用为基础和资源节约为目标，大力发展循环农业和生态农业；对传统的乡镇企业、村办企业进行生态化改造，提高生态效率；推动农业与第三产业的融合发展，如开发观光农业、乡村旅游，建设农业教育基地和科研基地等；加大农业科技研发与推广的力度，建立以科技为支撑的现代农业；有条件的村镇可以创建现代生态农业园区、特色农业示范园区、绿色产品基地，走标准化、集约化、专业化的生态农业发展道路，在发展农村经济、增加就业岗位和提高农民收入的同时保证生态环境建设的可持续性，增强当地农村的自我积累、自我发展能力，形成以美丽乡村建设促进农村经济发展、以农村经济发展反哺美丽乡村建设的良性互动。

（二）群策群力，构建合力发展机制

农村生态环境保护是农村公共事务，创建美丽乡村是惠及广大农民群众的民心工程。政府应强化农村管理和公共服务职能，发挥主导作用，通过多重渠道，促进广大干部群众对"美丽广西"乡村建设活动的心理认同和政治参与，凝聚社会资源，提升执行效率。

另一方面，"美丽广西"乡村建设活动目的是服务农民，提高农民的生活福利水平。农民是美丽乡村建设的主力军、最重要的参与者和直接受益者，要发挥广大农民群众的主体作用，充分调动他们的积极性、主动性和创造性；政府和有关部门应该重视和尊重广大农民群众的意见和意愿，健全民主议事机制，拓宽公众参与渠道和创新参与方式，激发农民的参与热情；要代表好、维护好和发展好广大农民群众的根本利益，重点解决他们最关心、最直接、最现实的利益问题，切实保障农民各方面的合法权益，从而把保护生态环境的要求内化为广大农民的群体自觉行为，使保护自然生态环境带来的效益由广大农民群众所共享。

（三）加强制度建设，构建长效机制

党的十八届三中全会公报明确提出，建设生态文明，必须建立系统完整的生态文明制度体系，用制度保护生态环境。"美丽广西"乡村建设活动是一项周期长、综合性强、涉及面广的庞大系统工程，也是当前乃至长远必须坚持常抓不懈的战略任务，需要健全的制度体系和持续的制度创新来提供稳定而持久的制度供给和保障，使"美丽广西"乡村建设走上制度化、法治化轨道。要健全农村生态环境建设的法律法规，制定实施适合本地区的农村环境保护标准和法规，从法律和制度上保护农村环境（如健全农村重大建设项目环评制度和听证会制度，农村自然资源有偿使用制度和使用许可证制度，农村生态恢复与补偿制度，责任追究与问责制度）；通过规划管理、综合决策、环保投入、科技支撑、考核评价、监督执法等运行机制的完善，建立农村环境保护的投入机制、引导体制以及监督体制，保障农村生态文明建设持续有序、健康有效地推进和美丽乡村建设目标的实现。

（四）进一步加大投入力度，完善农村基础设施建设

深入推进美丽乡村建设，必须切实解决资金投入问题，应逐步建立政府资金引导、社会资金支持、农民积极参与的多元化投入机

制。一是要积极争取国家项目资金、转移支付资金和政府财政资金，保证公共财政对美丽乡村建设的支出比例逐步提高和支持力度不断增加。二是要发挥市场的配置和导向作用，广泛动员社会各界参与，拓展融资渠道，可以创建乡村和企业投资合作的项目对接平台，鼓励、吸纳、促进社会资金进入美丽乡村建设与开发领域。三是充分鼓励、调动和引导农民筹工筹劳，积极参与乡村生态环境综合整治和美丽乡村项目建设和管护。

农村生态环境基础设施建设是建设美丽乡村的物质基础，环境优美、实施齐全、生活便利是美丽乡村建设的基本要求。地方政府应按照统筹城乡发展的思路，以村庄综合整治为重点，继续加大村庄的配套基础设施建设与环境建设，不断优化农村人居环境。一是以农田水利建设与维护为主要内容的生产基础设施建设；二是以饮水安全、生活垃圾和污水无害处理、村屯道路的硬化和美化等为主要内容的生活基础设施；三是以农村教育教学场所、图书馆、数字电视、互联网等为主要内容的文体设施建设。

（五）加强农村生态文化建设，提高农民生态文明素养

农民是美丽乡村建设的主体，是否具备自觉的生态文明意识、生态知识和生态环境保护能力，是其能否承担相应的生态建设责任的前提条件，这就需要加强农村生态文化建设，提高农民生态素质，把生态文明转化为农民自觉的意识、能力和社会实践。一是通过多种形式和途径加大农村生态文明观念的传播力度和环保知识的宣传教育，增强农民的生态环保意识和责任感，提高他们对农村生态文明建设和乡村生态化发展的的认知度、认同感和参与度。二是通过挖掘、收集和整理当地具有地方特色的历史文化和民俗文化，传承中华传统农耕文明和乡土中国的文化血脉，弘扬传统美德并提升其内涵和品质，增强美丽乡村建设的亲和力与生命力。三是加大农业科技的培训力度，进一步促进农民知识结构的转型和科学文化水平的提高，增强其掌握和应用先进生态农业技术的能力。四是在

农村建构生态文明新风尚和良好的社会氛围，让广大农民群众在潜移默化中逐渐养成生态环保的生产、生活和消费习惯。

第二节　建设生态宜居城市

亚里士多德曾说："人们为了活着，聚集于城市；为了活得更好，居留于城市。"① 城市是区域经济活动的核心和人民生产生活的重要载体，它既是人类群居的主要类型，也是生态系统中最为复杂的类型之一。随着我国城市化的进程不断加快，城市建设朝着大规模、综合性的方向发展。人们在享受城市便利的同时，人口密集、交通拥堵、环境污染、资源衰竭、热岛效应、绿地紧缺、住房紧张等问题也困扰着城市的发展。把城市人口、资源、社会经济与城市生态环境建设协调统一，促进城市的全面协调可持续发展，是现代城市发展不可回避的问题。当前，生态宜居性日益成为评判城市发展水平的重要衡量标准。生态宜居城市作为一种新的聚居模式，应更加注重城市环境友好与人文关怀，更加注重居民的身心健康和安居乐业，致力于把每个居民的幸福感最大化。生态宜居城市已经成为现代城市发展的趋势和方向。对于广西而言，就是要建设绿色生态、开放创新、活力迸发、管理高效、桂风壮韵鲜明的生态宜居城市，走符合城市发展规律、具有广西特色的现代化城市发展道路。

一　生态宜居城市概述

（一）生态宜居城市的界定

生态宜居城市是一个标志城市质量状态和理想境界的城市科学概念，是生态城市和宜居城市的统一。

---

① ［古希腊］亚里士多德：《政治学》，吴寿彭译，商务印书馆1995年版，第7页。

1. 生态城市

生态城市是在 20 世纪 70 年代联合国教科文组织发起的"人与生物圈"（MAB）计划研究过程中提出的一个概念。所谓生态城市，就是运用生态经济学和可持续发展原理，以自然生态的良性循环和可承载力为基础进行城市规划设计、建设实施和管理运营，综合协调人类经济社会活动与资源环境之间的关系，使居民的身心健康和环境质量得到最大限度的保护，人的创造力和生产力得到最大限度的发挥，物质、能量和信息得到最高效的利用，从而实现社会、经济、自然三大系统全面协调可持续发展的一种城市形态或运行机制。生态城市与传统意义上的现代城市有着本质的不同。这里的生态不再是简单的生物学意义上的"生态"，而是涵盖了社会、经济、自然的复合内容，强调三者和谐统一和可持续性发展的城市运行机制和发展模式。

2. 宜居城市

宜居城市有广义和狭义之分，狭义的宜居城市是对城市适宜居住程度的综合评价，是指生态环境优美、气候条件舒适、自然与人工景观和谐、治安环境良好且适宜居住的城市，这里的"宜居"仅仅指人居环境良好，适宜居住；广义的宜居城市则是一个全方位的概念，是指自然物质环境和社会人文环境相协调，生产持续发展、生活舒适便利、生态环境良好，居民的物质和精神文化生活得到较好满足，适宜人类工作、生活和居住的一种城市形态或运行机制。在这里，宜居不仅是指适宜居住，它还包括持续性增进人类的福利、个人发展机会、权利保障和生活的质量以及居民生活满意度和幸福感等内容。

3. 生态宜居城市

生态城市和宜居城市从内在来讲是协调统一、交融互通、相辅相成的。城市只有生态性发展才具有宜居性，没有生态性，宜人宜居将无法得以持续；宜居的城市必然也是生态良好的城市，抛弃宜人宜居的城市生态建设也必将失去目标与方向。因此，生态宜居城市可看作一个经济、政治、文化、社会和生态协调统一的复合系统，是将生态观念融入经济、社会和文化等领域，在实现人与自然的和谐的基础上实现社会人与人的和谐的一种人类住区形式。

（二）生态宜居城市的内涵

生态宜居城市是整洁舒适、优美怡人的自然和生态环境以及完善便利、安全和谐、舒心健康的社会和人文环境的有机统一，是一个自然、城市与人互惠共生、有机融合的整体。总的来说，生态宜居城市的内涵应至少包含以下5个方面。

1. 拥有雄厚的经济基础

城市是经济要素的高密度聚集地，经济因素是生态宜居城市的必要条件。包括拥有先进的生产力、繁荣的经济和强大的发展潜力；有合理的经济结构、产业布局和相对发达的第三产业；较高的资源再生和综合利用水平；能为居民提供充足的就业机会和较高的可支配收入。

2. 拥有安定团结的政治局面

城市汇集了不同民族、年龄、职业，来自不同地区，生活习俗各异的人群。生态宜居城市应处处体现着和谐的氛围；有完善的法治社会秩序，政局稳定、治安良好；各民族间彼此认同团结；各阶层间彼此尊重融洽；社区邻里相互关怀帮助。

3. 拥有完善的民生保障

生态宜居城市应该是生活舒适便捷安全的城市。包括有完善教育、医疗、养老、居住、失业等社会保障体系；城市交通、商业服务、市政设施、教育文化体育设施等便利的生活基础配套设施；确保居民生命和财产安全的城市公共安全保障体系。

4. 拥有丰富厚重的文化积淀

城市的文化底蕴决定着对生态宜居城市主观层面的评价与认同，是生态宜居城市的灵魂。包括丰富的城市历史文化遗产且具有很高的文化包容性和兼容性；具有鲜明的本土城市特色和独特的文化个性且具有较高辨识度；人文氛围浓郁，居民文明礼貌，有很高的文化素养，城市非常人性化且充满人情味；文化设施齐备，文化活动和文化交流频繁。

5. 拥有良好的城市生态环境

良好的生态环境是生态宜居城市的生态支撑。主要包括：城市应具有舒适的气候，新鲜的空气，清洁的水，整洁干净的街区，适宜的开敞空间，较高的绿地、园林、水域面积和城市绿化覆盖率；能最大限度地控制和远离大气、水、土壤、光、噪声、振动、电磁辐射等各种环境污染或有害物质的潜在危害，保证有健康安静的生活环境；人文景观的设计和建设具有人文尺度，体现人文关怀；保留着一定比例的自然山水景观，使居民随时能感受大自然的气息。

二 建设生态宜居城市，广西在行动

城市建设是现代化建设的重要引擎，城市规划建设管理水平是城市生命力所在，为适应广西城市和经济社会发展的新形势，建设经济繁荣、社会和谐、富有活力、绿色生态、各具特色的现代化生态宜居城市，走符合城市发展规律、具有广西特色的城市发展道路。2016 年，广西全区城市工作会议出台了《关于加强城市规划建设管理工作的意见》（以下简称《意见》）以及《关于开展"美丽广西·宜居城市"建设活动的实施意见》（以下简称《实施意见》），明确提出了加强城市规划建设管理的"369"行动计划和开展宜居城市建设的"163"行动计划，把广西城市工作推进到一个新的阶段。

《意见》明确了广西城市工作的总体目标，就是把广西城市建设成为面向东盟的绿色生态、开放创新、活力迸发、管理高效、桂风壮韵鲜明的现代化宜居城市，"一带一路"沿线的魅力之城、活力之城、文明之城。为实现这一目标，广西将实施统筹推进城市规划提升、城市承载力提升、城市管理提升三大行动，强力推进"多规合一"、海绵城市、街区制、宜居小区、智慧城市、建筑产业现代化六项试点，深入实施风貌特色、棚改安居、地下管廊、城市双修、蓝天碧水、交通畅通、城市安全、风景园林、社区公共服务九大工程。这也被称为"广西加强城市规划建设管理的'369'行动计划"。

根据《意见》精神，《实施意见》提出了建设宜居城市的目标要求，就是到 2020 年，全区所有城市宜居指数达到 60 以上，20% 的城市宜居指数达到 80 以上；到 2025 年，全区所有城市宜居指数达到 70 以上，40% 的城市宜居指数达到 80 以上。为实现目标，广西将强力组织实施宜居城市建设"163"行动计划。

（一）"1"即建立 1 套宜居城市指标体系，其中设区市指标 90 项、县级指标 80 项，并根据重要性不同赋予各项指标不同权重，考评周期为两年，定量考评、奖优罚劣。

（二）"6"揭示了宜居城市建设涉及城市经济社会发展诸多领域，是一项系统工程。要围绕建设绿色、便捷、特色、和谐、智慧、创新六个维度，统筹谋划、因地制宜、突出重点、分步建设，从不同层面精准发力、持续发力，整体提升城市宜居度。同时，"6"还明确了"美丽广西·宜居城市"建设活动的主要任务。那就是：1. 加快建立绿色、低碳、循环的生产生活方式，建设山清水碧天蓝地净的城市生态环境，打造人与自然和谐共处的绿色城市；2. 构建方便快捷的城市交通体系，完善公共服务配套，提高生活舒适性、住房宜居性，打造服务完善、生活便利的便捷城市；3. 加强城市文化传承和风貌塑造，推进城市修补与有机更新，彰显城市魅力和八桂特色，建设特色城市；4. 建立健全城市安全保障体系、社会保障体系和社会矛盾调解机制，开展社会主义精神文明建设，打造社会安全、民族团结、社区亲和的和谐城市；5. 加快推进大数据、云计算等现代信息技术与城市规划建设管理、政务管理和民生服务的有效融合，提高城市智能化水平，建设智慧城市；6. 坚持以创新驱动促进城市发展，以改革释放城市活力，加强城市创新能力建设，打通科技创新与城市发展创新、激发城市活力的通道，不断增强城市规划建设管理创新能力，建设创新城市。

（三）"3"即设立宜居城市奖，开展宜居城市创建三项评比活动，统筹推进宜居城市建设，通过激励措施以调动不同发展水平城市的积极性、创造性。①

这两个主文件的出台，突破了制约广西城市规划建设管理的体制机制，初步构建了涵盖城市规划、建设和管理三个层面的城市工作创新体系，为开创广西城市发展新局面，推动广西新型城镇化健康发展奠定了坚实的基础。

三 进一步加快推进广西生态宜居城市建设的对策建议

（一）合理规划和科学设计，塑造和谐的人居环境

城市规划是未来城市发展的蓝图，是对城市建设和发展的基本性、整体性、长期性问题的统筹考量，要坚持科学性、统筹性、权威性和特色性原则，提高城市总体规划质量，发挥规划对生态宜居城市建设的科学引导和综合调控作用。

1. 科学性。和谐人居生态环境的塑造，涉及自然与社会两大系统的各个方面，必须与城市经济、土地、交通、水域、气候、植被、文化、景观等要素融合协调。科学合理规划城市，就要根据生态学原理和城市发展规律，将城市环境容量、资源承载力和环境质量统一起来，科学调控城市规模、空间、布局和资源配置，增强城市的经济社会功能，并实现与生态功能的协调和平衡。

2. 统筹性。生态宜居城市规划不同于传统的城市环境规划，尤其注重城市的全面协调可持续发展。统筹城乡（包括市区、郊

---

① 资料来源：根据中共广西壮族自治区委员会、广西壮族自治区人民政府：《关于加强城市规划建设管理工作的意见》，《广西日报》2016 年 8 月 9 日第 10 版；《关于开展"美丽广西·宜居城市"建设活动的实施意见》，《广西日报》2016 年 8 月 12 日第 6 版归纳整理。

区、城乡接合部、农村）时空关系，合理划分功能分区，探索城乡一体化的新格局；统筹新老城区建设，建设功能完善的新郊区和独具特色的老城区；统筹人工环境与自然环境，保障城市与自然环境的协调共生。

3. 权威性。规划的权威性表现为：规划一旦制定，其中的核心内容应当具备相应的法律法规效力；规划的修改和更改规划要讲程序，而不是一任领导一个规划；执行规划要有刚性，要采取措施排除各方面因素干扰，保证规划得到有效实施。

4. 特色性。应根据不同城市的地域、自然、经济、历史、文化等因素，因地制宜地进行城市规划，突出城市的地域特点和特有风格。既要尊重和保护当地原有的地形、地貌、水体和生态群落，又要发掘和传承当地特有的文化传统、风俗习惯和民族风情，凸显城市灵秀之气和历史文化底蕴，提升城市魅力、个性、品位和内涵，避免城市"千篇一律"的模式化发展。

（二）完善配套设施和综合服务功能，夯实居民安居乐业基础

城市的基础设施建设和公共服务的提供，涵盖城市居民衣食住行，是事关老百姓安居乐业的民生问题，是提升城市功能和建设生态宜居城市的重要方面。一是基础设施建设方面，要加大投入，加强交通、能源、饮水、通信、网络等城市基础设施建设；实施公共交通优先发展战略，大力发展城市公共交通系统，建立一体化综合交通体系，鼓励人们低碳出行，缓解城市交通拥堵；不断完善城市污水、垃圾处理系统、给排水及减灾防灾系统，补足城市建设短板；大力推广应用云计算、物联网、大数据等新一代信息技术，加快建设数字城市和智慧城市；以创建全国卫生城市、生态园林城市、文明城市为抓手，加快城市公园、绿地和水域建设；在城区各居民小区内设置运动健身、学习交流和休闲娱乐等活动所需的公益性设施和场所，为城市居民提供舒适、便捷的工作生活环境。二是公共服务提供方面，要提高医疗、教育的政府支出，扩大社保覆盖面和保

障水平，保障市民基本生活水平，努力实现卫生、医疗、教育、养老等公共服务一体化、均等化；建立普通商品住房、经济适用住房、廉租住房等多层次的住房保障体系，逐步改善城市低收入家庭和进城务工人员的居住条件；通过激发市场活力、完善职业培训体系和完备再就业服务平台等多种途径拓宽就业渠道，提高居民就业率；提高社会治安、安全生产和公共危机事件的防控体系和管理处置能力，提高社会安全指数，为城市创造稳定和安全社会环境。

（三）加强环境综合治理与生态修复，改善城市生态环境

1. 大力推动经济发展

城市发展的核心是经济发展，建设生态宜居城市必须立足于经济发展和人民生活水平提高的基础上，只有经济得到发展，城市生态问题的解决和良好人居硬件环境的创设才有巩固坚实的经济基础和物质保障。

2. 转变经济增长模式，优化产业结构

城市要充分发挥产业聚集、资本集中、人才汇聚、信息量大、技术领先的优势，推动经济增长模式由粗放型向集约型转变；大力发展低碳产业、环保产业、高新技术产业和现代服务业，进一步确立第三产业在城市发展中的主体地位，以产业升级减少环境污染和提升城市发展质量。

3. 调整城市能源结构，提高常规能源的使用效率

减少因化石能源的消耗引起的空气污染；发展循环经济，建设再生资源回收体系，重复利用和循环使用能源资源，既节约资源又降低废物排放，从源头上缓解生态环境压力；推广生态建筑技术，大力发展绿色环保生态建筑，构建城市低耗、高效、无污染、无废弃物的建筑环境。

4. 加强污染的防控与治理

实施城市蓝天工程，加强机动车尾气污染和餐饮业油烟污染治理。实施城市清洁工程，严格限制高污染、高能耗企业，实行更加

严格的企业排污标准，促进企业进行清洁化生产并对排污系统进行升级改造；完善垃圾分类收集和物质再生体系建设，提高废弃物综合利用水平，减少废弃物的最终处置量；完善城市污水处理系统，强化地表水环境管理，积极开展中心城区景观河道巡查工作，重视饮用水源环境保护。实施城市宁静工程，严格控制工业噪声、建筑施工场所和娱乐场所的噪声污染，禁止中心城市烟花爆竹、高音喇叭等噪声物品的使用。实施城市美化工程，植树造林，提高城市绿地面积和森林覆盖率，增强城市的绿化和吸碳能力，减少城市热岛效应；打击开山填湖行为，对市区山体、水域、湿地进行生态修复，恢复生态功能；保留自然山体和河湖水景在城区的位置，充分利用城市周围的山岭以及河流、湖泊并加以绿化和美化，建设高品位、山水融城的生态园林城区。

（四）营造良好社会文化氛围，提高市民参与程度

1. 提高民众环保意识

可通过学校课堂、网络、广播电视、报刊杂志、科普场馆、讲座报告、群众文艺活动等途径和载体，多渠道、多形式、多层次开展宣传活动，把宣传教育深入普及各个社会层面，在全社会形成强大的舆论氛围，培养城市市民的生态环境意识、资源忧患意识、生态道德感和生态责任感，进而树立人与自然和谐共生的生态价值观，提高市民保护生态环境的自觉性。

2. 提高公众参与的积极性

生态问题是整个社会必须共同面对的问题，广大城市居民是城市建设的主力军，公众的参与程度决定着生态宜居城市建设进程和效果，事关一座城市居民的切身利益和根本利益。因此，要通过建立激励机制，激励公众保护生态的积极性和主动性；拓宽渠道，在生态规划的决策、管理、监督、治理等方面不断扩大公众参与的范围和程度；鼓励和保护公众的环保热情，规范和壮大民间环保组织；应开展系列生态创建活动，树立典范，引导公众参与，让民众

真正自觉地参与到环境保护的工作中来；公众个人也应通过绿色低碳的生活方式和消费方式，从多个层面促进生态宜居城市建设。

3. 打造生态宜居城市的文化之魂

文化是城市的灵魂，生态宜居城市不应是"千城一面"的统一景观，每个宜居城市都会有自己特有的自然和人文环境，而独具个性特色的城市因其凝聚着地域文化的精华而具有强大的亲和力和竞争力。因此，建设生态宜居城市，一方面，要进一步挖掘和弘扬区域传统历史文化并融入城市建设中，培育市民地域归属感与本土意识，使城市具备深厚的历史文化底蕴和浓厚的人文关怀。另一方面，在维护城市文脉的基础上要兼容并蓄，把传统文化与现代文明和时代精神有机结合起来，实现同一场所不同时代特征、不同审美追求、不同地域文化的多元融合，增强城市社会凝聚力和向心力，提升生态宜居城市的软实力。

第三节　倡导和发展绿色消费

在人类社会中，人类的经济活动无外乎生产和消费两个方面，消费活动既可以推动社会经济的发展，同时又受到自然环境的制约，处处体现着人与自然的相互作用。自工业革命开始以来，随着世界经济的不断发展，以"高资源消耗，高物质享受"为主要特征的传统消费模式，催生了西方的"消费主义"，使人类的经济活动走向异化，所形成的资源浪费、环境污染、生态失衡等问题造成了人与自然之间的紧张和对立关系。1873 年恩格斯在《论权威》中说："如果说人靠科学和创造性天才征服了自然力，那么自然力也对人进行报复，按人利用自然力的程度使人服从一种真正的专制，而不管社会组织怎样。"① 残酷的现实以生存条件不断恶化、生活

① 《马克思恩格斯选集》第 3 卷，人民出版社 1995 年版，第 225 页。

环境饱受污染、生态平衡严重失调疯狂地报复人类，消费的最终目的和人类潜在的动力不得不面对自然的惩罚进行自觉的纠偏。正是在这种对传统消费模式的深刻检讨与反思过程中，一种全新的消费理念和模式——绿色消费得以孕育而生。

一　绿色消费的含义

（一）绿色消费的界定

1987年，英国人John Elkington和Julia Hailes在《绿色消费者指南》一书中第一次提出了绿色消费的观点。他们列出一个避免消费的产品清单，从消费对象的角度对绿色消费进行三方面界定：消费无污染的物品；消费过程中不污染环境；自觉抵制和不消费那些破坏环境或大量浪费资源的商品等。

1992年联合国巴西环境与发展大会上通过《21世纪议程》，正式提出"绿色消费"的概念。它的核心思想是"一部分人的消费不能以损害当代人和后代人的利益为代价"。1994年奥斯陆国际会议把"绿色消费"定义为：在使用最小化的能源、有毒原材料使排入生物圈内的污染物最小化和不危及后代生存的同时，产品和服务既要满足生活的基本需要又能使生活质量得到进一步的改善。其后也有不少人对绿色消费进一步进行阐述，但基本上与上述概念没有太大变化。目前，国际上得到更多认可的是绿色消费的"5R"原则，即节约资源、减少污染（reduce）；绿色生活、环保选购（re-valuate）；重复使用、多次利用（reuse）；分类回收、循环再生（recycle）；保护自然、万物共存（rescue）。

从国内来看，关于绿色消费的内涵，学术界迄今为止还没有统一的界定，但又存在彼此认可的框架性内容。国内学界一般认为，对绿色消费概念较为权威的界定是中国消费者协会的定义。2001年中国消费者协会把绿色消费概括为三层含义：一是在消费内容上，倡导消费者在消费时选择未被污染或有助于公众健康的绿色食品；二是在消费过程中要注重对垃圾的处理，尽量减少对环境的污染；三是在消费观念上，引导人们在追求生活方便、舒适的同时，注重环保，节约资源和能源，实现可持续消费，不仅满足当代人的需要，还要满足子孙后代的消费需要。[①]

总的来说，绿色消费是指一定社会形态和生产关系下，绿色消费者（包含生产性消费者和生活性消费者）综合考虑环境影响、资源效率、消费者权利等因素，在主动对自然、社会和后代承担责任的前提下，为了满足生理和社会的需要，对产品和劳务进行适度节制消费的一种新型消费理念和消费模式。绿色消费既符合物质生产的发展水平，又符合生态生产的发展要求；既利于环境保护，又有益于消费者生态健康；既能满足人的消费需求，又不对生态环境造成危害；既有利于当代人自身的发展，又不对子孙后代的生存和发展构成威胁，是一种基于科学、文明、健康、可持续基础上的生态化消费方式。

（二）绿色消费的特征

绿色消费遵循生态原理和生态经济规律，是人类全面反思物质与精神、生产与消费、利己与利他、需要与限制的关系后提出的全新的消费理念和消费模式，与传统消费方式相比具有以下特征。

1. 适度性

绿色消费要求消费规模与消费水平要与一定的物质生产和生态生产相适应，不能超越于现阶段生产力的发展水平而无穷地膨胀，不能超越于自身的经济能力而无尽地透支，不能超过自然资源、生态环境所能承载的限度而无尽地掠夺，而是要在环境和资源的允许范围内，并能充分保证一定生活质量的消费，体现人类对于生态环境和社会发展的高度责任心。

---

① 陈凯：《绿色消费模式构建及政府干预策略》，《中国特色社会主义研究》2016年第 3 期。

2. 生态性

绿色消费关注一切无害于资源环境的消费，包括绿色产品的消费以及消费过程、消费结果的生态性；注重和追求生态质量和生态效益，通过生态利益尺度化，使消费者自觉地把自身置于与自然所构成的相互依存的系统之中，约束消费行为，缓和人与生态环境的矛盾。

3. 节约性

绿色消费要求把资源作为财富来珍惜而不是获得财富的手段，消费活动应在保护生态环境、珍惜自然资源的前提下进行，在满足基本功能的基础上，通过循环使用资源、延长产品的使用周期、简化产品结构等措施，以最少的资源和能量的消耗来满足消费者的需求，使人们的消费方式由奢侈型消费转向节制型消费，由粗放型消费转向集约型消费，由数量型消费转向质量型消费，充分体现人对自然和自然规律的尊重。

4. 公正性

每个人都有消费自然资源的权利，但不能影响和侵犯他人消费和整个社会消费的权益。由于资源和环境承载力的有限性，使得人们之间的消费关系具有零和博弈关系的特征。绿色消费尤其关注代内消费的公平与代际消费的公平，要求每一个群体或个人的发展和消费都不能以损害其他人或群体，别的国家或地区以及后代人的权利和利益为代价，从而充分保证每个人对于环境资源享用的权利和机会的平等性。

5. 人文性

绿色消费认为人的消费需求不应仅停留在物质消费和物质享受层面，而应是物质生活和精神生活相和谐的一种消费。不应把消费只作为目的，以消耗更多的自然资源和物质财富来谋求幸福，而是要把人的全面发展当作终极目标，把实现人的身心健康和全面发展作为评价消费活动是否合理的最高标准，从而使人的消费需要摆脱物欲的枷锁，升华到高层次的需要，更注重通过提高精神生活水平来获得幸福感。

二 倡导绿色消费的意义

（一）是经济社会绿色转型和可持续发展的内在要求

生产决定消费，消费反过来对生产具有一定的反作用。马克思在《〈政治经济学批判〉导言》中说："消费的需要决定着生产。不同要素之间存在着相互作用。每一个有机整体都是这样。"① 可见，消费在一定程度上引导着生产的发展方向与趋势。一是绿色消费不仅可以优化消费结构，而且可以促进能源结构和产业结构的优化升级，尤其是可以推动绿色产业的发展。二是绿色消费可以形成倒逼机制，促进节能减排技术的开发和清洁生产模式的推广，有利于将社会生产推向生态化道路，实现经济发展方式的转变。三是绿色消费所倡导的适度、生态、公正理念，在一定程度上抑制虚假需求，避免消费和生产的盲目性，避免生产过剩引起的经济危机，有利于保持经济社会发展的稳定性和可持续性。

（二）是推进生态文明建设的重要途径

马克思早就指出："社会化的人，联合起来的生产者，将合理地调节他们和自然之间的物质变换，把它置于他们的共同控制之下，而不让它作为一种盲目的力量来统治自己；靠消耗最小的力量，在最无愧于和最适合于他们的人类本性的条件下来进行这种物质变换。"② 生态文明建设的核心内容就是实现人与自然的和谐共处，建设生态文明的要求就是坚持"节约资源和保护环境"的基本国策，以绿色消费作为切入点推进生态文明建设不失为一个重要而有效的途径。倡导和发展绿色消费，一是可以促进生态文明理念和

---

① 《马克思恩格斯选集》第2卷，人民出版社1995年版，第17页。
② 《马克思恩格斯全集》第46卷，人民出版社2003年版，第928—929页。

绿色消费理念深入人心，转变"消费主义"的价值观念，正确引导人们的消费观念和消费行为，构建绿色低碳、勤俭节约、文明健康的消费模式和生活方式。二是有利于促进能源资源节约和生态环境保护等制度体系的构建与完善，使生态文明建设走上科学化、制度化和系统化的轨道。三是有利于从源头上加大自然资源和生态环境保护力度，有效维护自然生态环境的相对平衡与稳定。

（三）是提高生活品质和促进人全面发展的有效手段

一方面，绿色消费是追求一种安全健康、适度合理、生态环保的消费理念和消费方式，它能使人们克服各种消费的陋习，跳出纯粹的物化消费束缚，科学合理地消费，形成文明、健康的生活方式，不断向高品质生活的目标迈进，避免使人成为物质的奴隶的异化消费。

另一方面，作为道德主体，人不仅要关心自身，还要关心与人类息息相关的自然万物以及未来的子孙后代。选择绿色消费模式不仅是选择一种生活模式，更是一种高尚品质和伦理道德的体现和追求，它可以增进人们的道德感、责任感与使命感，全面提升人的精神境界，使人达到物质需求与精神需求的和谐统一，最终促进人的自由与全面发展。

三　广西促进绿色消费发展的对策建议

（一）政府方面

1. 完善收入分配政策，提高居民收入水平

居民收入水平和绿色消费能力成正比关系，增加居民收入是拓展绿色消费的经济基础和物质前提。政府一是要紧紧抓住发展这个第一要务，促进经济又好又快发展，提高居民的人均收入；优化收入分配结构，调节高收入群体的收入，提高中低收入群体的收入，逐步缩小收入差距。二是要在初次分配中，逐步扩大劳动收入在收入分配中的比重，在二次分配中，加大政策调节和转移支付的力

度，兼顾公平，提倡和发展第三次分配。三是通过扩大就业、鼓励创新创业和不断完善教育、医疗、住房、养老等社会保障制度，提高居民进行绿色消费的预期和消除其后顾之忧。四是加大精准扶贫力度，集中力量解决贫困问题，引导弱势群体将生存型消费方式逐步升级为绿色消费方式。

2. 加强制度建设，促进绿色消费发展

政府要通过法律法规的制定、政策的鼓励扶持、约束机制的构建等制度建设，促进绿色消费的发展。一是应该制定和完善涵盖个人、企业、国家以及生产、消费各个环节的法律法规，对消费者的责、权、利做出明确的规定。如在已颁布的《循环经济促进法》基础上建立《绿色消费促进法》《废弃物处置法》《资源回收利用法》等专项法律法规，完善绿色消费的制度体系。二是要建立健全对消费者、生产者等绿色消费的利益相关者进行有效管理和监督的约束机制，明确和协调各方面的绿色责任和利益关系，尤其要以法律的手段对企业和消费者的行为进行"硬规范"，推动建立绿色消费的治理网络。三是通过制定减免税收、财政补贴以及信贷优惠等扶持政策以及在征地、审批和投资环境方面的倾斜，大力推进产业结构调整，倡导和支持绿色服务业、环保产业和生态产业发展，激励企业开展绿色生产运营和绿色技术开发，引导公众的绿色生活和绿色消费。四是加大政府对低碳产品的采购力度，充分发挥政府采购的社会引导和示范功能。

3. 完善管理机制，改善绿色市场环境

在市场经济条件下，绿色消费的发展需要绿色市场来支撑。规范市场秩序，构建完善的绿色市场体系和良好稳定的市场环境是促进绿色产品生产流通，满足消费者需要的基础性工作。一是要大力推广绿色产品认证制度，规范绿色产品认证标准、认证程序和认证标识，确保绿色产品认证机构和认证体系的独立性与公信力，维护产品标准和标识的权威性、客观性和科学性，增强认证的可信度和公众信赖度。二是要规范绿色标志管理，严格绿色产品的市场准入制度，建立黑名单，使违规企业无生存空间，促进生态产品市场良性发展。三是以生产和流通为切入点，加强对绿色产品的监督、检查、检测、投诉和惩处等环节的工作力度，有效打击制假售假和非法使用绿色标志的行为，提升消费者选购绿色产品的信心。四是要引导和发挥消费者协会、行业协会和其他社会团体在维护市场秩序和消费者权益中的作用，形成相互配合、齐抓共管的局面。五是要加大绿色基础设施建设（如新能源车充电桩、加气站、分类投放的垃圾桶）和公共服务（如信息咨询服务体系、投融资服务体系、科学技术服务体系）的有效供给，为培育和发展绿色市场创设良好的软硬件环境。

4. 加大宣传和教育力度，营造良好社会氛围

思想是行动的先导，绿色消费需要科学正确的消费知识和消费理念来指引，进而转变为消费者的消费选择、行为和习惯。一是各级政府及有关部门应通过大众传媒、街头宣传、公益广告等途径或者通过举办展览、知识竞赛、文艺晚会、专题讲座等活动，积极宣传绿色消费知识、绿色消费理念和生态文明价值观，弘扬绿色消费文化，使绿色消费观念深入人心。二是高度重视在各级各类学校中加强绿色消费教育，将绿色消费教育纳入国民教育体系，发挥广大教师和学生的辐射带动作用，全面推动全区的公民绿色消费教育。三是大力支持社会团体、民间机构、营销企业的消费者教育活动，全面激发公众的责任感、参与意识和自主性。最后，政府消费是社会消费的重要组成部分，其行为对社会消费的影响巨大，政府自身也要进行绿色化运作（如在采购环节和日常办公过程注重绿色消费）并主动接受舆论和公众的监督，以身作则发挥示范带头的表率作用并赢得公众的信任。只有政府消费行为自觉化，才能带动整个社会消费行为的普及化，从而营造有利于绿色消费的社会氛围，使绿色消费转化成国人的自觉行动。

（二）企业方面

市场能为消费者提供大量的绿色商品和服务，是绿色消费不断发展的基础和前提。企业是绿色产品生产者和推广者，同时也是生产领域中的消费者，在发展绿色经济和倡导绿色消费中发挥着重要的作用。

1. 扩大绿色产品生产，增加绿色产品的有效供给

企业作为绿色消费的推动力量，只有生产出更多更好的绿色产品，消费者才会有更多的消费选择，也才能使绿色消费方式得以迅速铺开和推广。因此，企业要实施绿色发展战略，把发展绿色经济，推进绿色消费作为企业的经营发展理念和履行社会责任的一种自觉行为；要把绿色标准体系贯穿于产品的设计、包装、原材料选用、工艺技术、设备维护管理和资源回收利用等生产的各个环节，实现生产过程的低碳化、生态化；应顺应绿色消费潮流趋势，及时把握国家的政策动向和扶持重点，制定企业绿色产品生产策略，以市场经营为导向开发适销对路的绿色产品；抓住绿色消费这个机遇，找准产品的市场定位，满足市场需要，创造市场需求，丰富绿色产品和服务的数量和种类，以规模化生产经营赢得效益；资金与技术雄厚的大中型企业，应勇于承担社会责任，从战略的高度进行绿色化经营，发挥其龙头带动作用，有条件的还可以进行企业间的合并重组，通过强强联合来实现绿色投资的互补，不断壮大绿色企业实力和影响力。

2. 致力创新，促进产品和产业的优化升级

企业既是绿色产品的生产者和提供者，也是能源和资源的消费者，在把自然资源转变为人们所需的消费产品过程当中发挥着桥梁和载体的作用。企业作为绿色消费品的提供者，要加强绿色技术的研究与开发的力度，尽可能生产出低能耗、低污染、低成本的绿色产品，满足社会对绿色消费品的需求；学习国外先进经验和引进国际最新绿色技术，按照国际标准进行研发和生产，使产品质量能与

国际接轨并达到国际先进水平；依靠科技进步促进绿色产品种类的升级换代和结构的优化完善，能大大提升企业的经济效益和竞争力，同时也是现代绿色企业生存与发展的根本。企业作为生产性消费者，要不断地加大技术创新力度，通过设备和工艺更新减少资源能源消耗，更大限度提高资源生产率和能源利用率，努力降低在生产过程中废弃物的排放量；通过技术进步，提高废弃物的回收利用率和无污染处理，尤其要注重促进资源循环利用，使企业实现循环生产；通过技术革新，积极开发和探索可替代、可回收的材料。总之，在科技创新日益成为解决生态环境和资源能源问题重要出路的今天，企业要提高创新能力，切实提升产业层次，以技术进步带动整个产业升级和产品创新。

3. 开展绿色营销，增加绿色产品销量

绿色产品开发并投入生产后，需要通过销售实现其价值。在当前市场经济条件下，拓宽绿色产品的销售渠道，增加绿色产品的销售量，实现企业的经济效益，这是绿色企业生存和发展的根本。企业要树立绿色营销观念，以诚待客，为消费者提供名副其实、质量可靠的绿色产品；要依靠管理创新和科技进步，尽可能降低绿色产品的研发成本和生产成本，通过合理定价为社会提供物美价廉的产品；恪守职业操守，坚持行业自律，科学、客观、公正地向消费者介绍、宣传和销售绿色产品，维护企业和品牌形象；实施绿色营销组合策略，做好目标群体的市场定位，疏通流通渠道，构建绿色消费品市场网络；应联合商业部门，做好绿色产品的售后服务工作，让群众放心消费。

（三）消费者方面

消费者的消费意识、消费偏好、消费选择和消费行为习惯直接影响着绿色消费的发展进程。因此，推动绿色消费的不断发展必须将消费者作为重要突破口之一。

1. 树立绿色消费意识

公众是绿色产品的最终消费者，是环境的最大利益相关者，公众的绿色消费意识的提高是促进每一个消费者自觉参与绿色消费的前提，消费者对绿色消费的认可程度直接决定着绿色消费的社会化程度。消费者要不断适应绿色经济的发展需要，主动了解和学习绿色消费相关知识，理解绿色消费的核心要义，掌握绿色产品的相关标准，提高对绿色产品的辨别能力；要把适度、可持续、绿色环保的消费理念作为道德标准并以此来衡量自己，更加关注精神消费，树立科学、合理的消费伦理观，培养保护环境、节约资源、健康生活的文明消费意识；要树立历史责任感和社会责任感，勇于抵制独我消费、一次性消费、广告消费等异化消费观念，拒绝各种拜金主义和享乐主义等错误的功利主义价值取向，彻底改变炫耀消费、攀比消费、面子消费等与节能减排背道而驰的非理性消费陋习。

2. 培养良好行为习惯

消费者要把绿色消费观念落实到具体行动中，转化为实际的消费行为，在日常生活的点点滴滴中养成良好的消费习惯，做知行合一的实践者。比如：制定科学的消费计划，有目的性、有选择性地消费，避免盲目消费；坚持力所能及原则，在自身能力许可的范围内消费，自觉控制消费欲望，抵制不切合实际的高消费诱惑；积极选购和使用有能效标识、节能节水认证、环保标志的绿色产品和无公害食品；选择低碳产品，减少使用一次性用品，增加废物利用率，尽可能地减少碳排放量；注意膳食平衡，培养合理科学饮食习惯，并将"光盘行动"长期坚持下去；对生活垃圾的处理和分类，不要造成环境的污染；推崇环保节能的绿色出行，日常交通尽量选择公共交通低碳出行。

3. 积极参与绿色消费的公共决策和公益活动

公民除了"独善其身"的绿色消费参与外，还可以通过合法的途径参与到相关的政策和规划的制定及决策过程中去，这一方面可以促进决策者与公众之间的相互了解、相互理解和相互信任，另一方面也会使决策做得更为合情合理，更符合公众的切身利益。另外，公众还可以依法创办和参加民间环保组织，依法组织或者参与公益环保活动，通过多种方式和途径开展环保宣传教育，普及绿色消费知识和绿色经济的理念，以自己的行动为提高广大人民群众的绿色消费素养做贡献。

第八章

生态文明建设在广西的现实践履

近年来，广西在推进生态文明建设过程中进行了深入探索，涌现出了一批富有创新价值和示范意义的城乡产业生态化发展的新模式，比较有代表性的是"恭城模式"和"贵糖模式"，通过研究其模式选择，总结其经验和做法，分析其发展趋势，可以为国内其他地区（尤其是西部民族地区）的发展提供启示和借鉴。

第一节　恭城模式：农村生态
文明建设的典范

当今世界，各国人们都在努力地探寻一条既满足当代人需求，又不对后代人需求构成危害，使人口、经济、社会与资源环境相协调的可持续发展道路。广西桂林市恭城瑶族自治县石山地区的农民，创造了一种以林果业为龙头，以养殖业为重点，以沼气为纽带，"养殖—沼气—种植"三位一体的生态农业发展模式，并在这基础上形成以农民创业带动生态农业建设，进而推动生态工业和生态旅游业共同发展的经济协同发展之路，把经济、社会、生态三大效益统一起来，使该县由一个国家重点贫困县建成了全国生态农业模范县，人们把恭城县经济发展的经验和做法称为"恭城模式"。

"恭城模式"走出了一条适合我国中西部地区农村经济社会发

展现状及生产力发展水平的成功之路，成为解决好经济与环境、资源协调发展这一世界难题的成功范例。因此，通过调查研究，总结"恭城模式"的具体做法，归纳"恭城模式"对农村构建社会主义和谐社会的启示，对广西乃至中西部地区农村脱贫致富和建设社会主义新农村具有广泛的借鉴意义。

一　恭城瑶族自治县的基本概况

恭城瑶族自治县位于广西东北部，桂林市东南部，东与富川瑶族自治县及湖南江永县交界，南与钟山、平乐县毗邻，西接阳朔、灵川县，北临灌阳县。县城距桂林市 108 公里，全县总面积 2149 平方公里，其中山地和丘陵占 70%以上，是一个典型的山区县，全县辖 3 镇 6 乡 117 个村委会 5 个居委会 3 个社区，总人口 28.2 万人。恭城是个多民族聚居的地区，境内有瑶、汉、壮、苗、侗、回等 12 个世居民族，其中瑶族人口 16.3 万人，占全县总人口数的 57.34%。

恭城县内资源丰富。钽、铌储藏量在全国占重要地位，钨、锡、铅、锌和高岭土储量居广西前列；花岗岩储藏量 25 亿立方，大理石储藏量 15 亿立方。水力资源 11.07 万千瓦，可开发 6.31 万千瓦，有林面积 16.52 万公顷，森林覆盖率 77.09%。主要旅游景点有国家级重点文物保护单位的文庙、武庙、周渭祠和湖南会馆，新开发的生态农业观光旅游景点有大岭山、横山、红岩。名特优农产品有恭城月柿、沙田柚、柑、槟榔芋和红瓜子等；地方特产有甜酒、月柿果酒、黄笋等。

隋大业十四年（公元 618 年）建县，时称茶城县；唐武德四年（公元 621 年），改名恭城县，1990 年 2 月经国务院批准，撤恭城县成立恭城瑶族自治县，是全国 10 个瑶族自治县中最年轻的成员。恭城瑶族自治县先后荣获"全国生态农业示范县""全国无公害水果生产示范基地县""国家级生态示范区""国家级可持续发展实验区""中国月柿之乡""中国椪柑之乡""全国生态农业建设先进县"等荣誉称号。①

二 "恭城模式"的嬗变历程

恭城县原来是一个地处内陆，不沿海、不沿边、不沿铁路和公路国道的山区少数民族农业县，1981年恭城县被列为广西49个"老、少、边、山、穷"县之一。从20世纪80年代开始，恭城县从实际出发，调整了经济发展战略，紧紧咬定"生态"不放松，10任书记、8任县长坚持换人换届不换路，坚持发展生态经济，经过30多年的发展创新，逐步走出了一条以生态农业的发展促进全县经济和社会协调发展的新路子。恭城县发展生态农业从1983年起步，从"养殖—沼气—种植"三位一体的"恭城模式"到如今"养殖—沼气—种植—加工—旅游"五位一体的恭城发展新模式，主要经历了两个重要阶段。

（一）"养殖—沼气—种植"三位一体的"恭城模式"的形成

20世纪80年代初，恭城县曾以开发工矿业为支柱，实施优先发展工业的战略。实践证明，工矿业的拉动效应有限，广大农民依旧贫困，再加上农村能源短缺，为养家糊口、解决燃料问题，当地群众大量伐薪烧炭，使得森林覆盖率不断下降，水土流失严重，石漠化问题日益突出，农业生态环境破坏严重，导致旱灾不断，农民面临着粮食、饮水和燃料等多重困境。实践让恭城人认识到要使广大农民尽快摆脱窘困，必须根据县情因地制宜，于是恭城人确立了优先发展农业的发展战略。

恭城人民在生产生活中逐步摸索、总结和积累，以发展沼气作为突破口，形成了一套生态经济滚动型发展的方法，构建了以家庭为基础，以承包的土地为依托，以沼气为纽带，发展"养殖—沼

---

① 资料来源：新华网广西频道（http://www.gx.xinhuanet.com/dtzx/guilin/gongcheng/gk.htm）。

气—种植"（也叫"猪＋沼＋果"）三位一体的生态农业经济模式。在"养殖—沼气—种植"三位一体的生态农业模式中，农户以沼气为纽带，把以养猪为龙头的养殖业和以水果为重点的种植业紧密结合在一起。农户在猪舍和厕所旁建沼气池，把人和畜禽粪便投入沼气池进行厌氧发酵，产生的沼气作为家庭燃料，沼液和沼渣则作为蔬菜、果树等的肥料。"养殖—沼气—种植"三位一体，实现了农业系统内部的自我循环和调节，达到了资源多层次利用。尤其是沼气的利用，改变了农村过去因生产生活方式落后引起的脏乱差的环境，把农村"三废"（秸秆、粪便、垃圾）变成"三料"（燃料、饲料、肥料），得到了经济效益、社会效益和生态效益的全面改善，成为农村实现生活、生产和生态和谐发展的良好途径。

第一，农户用沼气池沼气烹煮，有效替代燃料柴薪，一方面，减少大气污染物的排放，另一方面，基本避免"毁林取薪"，保护森林资源和水土资源，实现了"生态利用——生态保护"的良性循环。以一座沼气池年产沼气 400m³ 计算，每年节柴 2.5 吨，全县 5.7 万座，年可节柴 14.35 万多吨，相当于少砍伐森林 4.97 万亩；户用沼气池能够满足一般家庭的照明用电，农户用沼气发电照明，若按一户农户每天用 2 度电计算，一年可以节约电费 423 元（每度电 0.58 元）。[①]

第二，大量的畜禽粪便、秸秆、草料、农作物废弃物经沼气池发酵这一环节，不仅解决了农户燃料问题，减少生态破坏，减轻其环境污染，也提高了农村环境卫生质量。更重要的是人畜粪便经过沼气池发酵处理变成了生产无公害、高品质果品所需要的有机肥料。这样，沼气池的功效就从单一的能源领域扩展到了有机肥的生产领域。据统计，一个 8m³ 沼气池一年能为农户提供约 25 吨左右的农家

---

① 付涛、戴日光：《"恭城模式"的经济解读》，《桂林航天工业高等专科学校学报》2007 年第 4 期。

肥。大量研究和实践证明，施用沼液沼渣中含有大量腐植酸类物质，能有效改善土壤品质，施用沼渣的果园有机物与氮磷含量都有不同程度的增加，同时保水保肥能力增强。另外，沼液沼渣的综合利用，既减少农用化肥的使用，增加果树抗病能力，提高果品产量和品质，又能为养猪养鱼提供饲料，节约了成本，提高了经济效益。

第三，以沼气为纽带的种养循环模式，使水果种植业与养殖业互相促进。一方面，政府从解决农村能源入手，以沼气池的建设和推广为突破口引导生态农业和经济发展，制定了相关的有利于沼气建设的有关规定和优惠政策，以此调动广大农户建设沼气池的积极性。另一方面，随着沼气建设的大力推进，促进了恭城生猪养殖业的发展。生猪多了、畜禽排弃物就多了，又能够充分保证沼气池的原料供应，使产出的沼气、沼液、沼渣多了，能利用的有机肥增加了。随着农业生产原料的增多，又激发农民发展水果业和其他种植业的热情，形成了农业生态系统内的良性互动。另外，农户还在原有"猪＋沼＋果"的基础上提升并逐渐形成了多种新的生态农业模式。如平安乡的农户在屋前屋后的果树、蔬菜地里挖小鱼塘养鱼，逐渐在原有基础上形成了一池带"四小"（即一个沼气池带一个小猪场、一个小果园、一个小菜园、一个小鱼塘）的新模式。① 至1994 年全县共建沼气池 2.75 万座，种水果 18 万亩，水果总产量达到 6.57 万吨，年末生猪存栏 17.9 万头，出栏 28.89 万头。沼气的蓝色之光点燃了农民脱贫致富的希望。② 1988 年恭城成为全区率先越过温饱线的 10 个贫困县之一。③ 1995 年恭城甩掉了贫困县的帽子，同年还被评为全区扶贫先进县，县农行信用联社成为桂林地区

① 盘科学、蒋进球：《恭城生态农业焕发生机勃勃》，《广西日报》2010 年 5 月 6 日第 2 版。

② 唐庆林、庞铁坚：《坚持走生态和谐的新农村建设之路——恭城瑶族自治县社会主义新农村建设调研与思考》，《社会科学家》2006 年第 3 期。

③ 付涛、戴日光：《"恭城模式"的经济解读》，《桂林航天工业高等专科学校学报》2007 年第 4 期。

三个存款超亿元的联社之一，农民人均储蓄达 1107 元，居全区第一。① 1995 年广西农村经济发展调查组考察且认可了恭城的经验和做法，"恭城模式"作为典型在广西区内外进行推广，"恭城模式"开始闻名全国。恭城县面貌所发生的巨大变化，充分证明了恭城人民选择"生态立县"的正确性。

（二）"养殖—沼气—种植—加工—旅游"五位一体的恭城发展新模式

经过十几年的发展后，恭城模式已初具规模，恭城经济发生了质的变化，成绩斐然，如基础设施状况和生态环境大为改善；沼气、种植、养殖初步具有一定的专业化水平；人均储蓄、资本明显增加；劳动力的市场意识和综合素质不断提高。这也为恭城模式的优化升级，实现第二次结构调整奠定了基础。原有的"三位一体"生态产业模式主要着眼于第一产业，随着市场经济的不断深入发展，这种以家庭副业形式分散经营的养殖和种植，开始暴露出一些问题。如农产品标准化生产程度低，名优产品品种较少，科技含量不高，技术水平较低；产业发展规模小、缺乏科技和管理支撑，产业结构单一和趋同；产业化程度低，产业链条不够完整，良性循环的链接脆弱等，激烈的市场竞争使恭城县农村经济发展面临新的挑战。在原有的基础上调整产业结构，进行制度创新，依靠科技切实提高产品质量，大力发展区域经济，恭城人提出了"强调综合发展和全面建设，改变以往'养猪—沼气—种果'比较单一的生态链，因地制宜，在全面规划的基础上，以调整养殖结构、种植结构为突破口，综合开发农、林、牧、渔、工、贸，带动山、林、水、渠、路以及小城镇的全面发展。采取配套措施，使经济发展与生态建设达到更为理想的良性循环"②的改革思路。

① 尹小剑、刘黔川：《论生态经济的"引擎"——生态工业——对广西恭城县生态工业发展的个案分析》，《生态经济》2004 年第 11 期。
② 林云：《广西恭城创新生态农业发展思路》，《农村实用技术》2008 年第 7 期。

1. 继续完善和发展生态农业

（1）种植业方面

第一，优化水果种植业结构，提高水果科技含量，增强市场竞争力。水果产业是恭城县的支柱产业，恭城抓住 2001 年被列入全国 100 个创建无公害农产品（水果）生产示范基地县这个契机，实施"优果工程"，加快水果品种调整步伐，积极改良本地水果品种和引进符合本地气候、土壤适种的名优特新水果品种，发展了月柿、柑橙、沙田柚、桃李等优势水果产业，初步形成"南月柿、北沙田柚、中柑橙、西红花桃"的水果种植结构。与此同时，大力发展无公害水果标准化生产，在生产源头、过程和流通领域实行一系列标准化措施，确保水果质量安全关。2008 年引进了桂林鹏宇兄弟柑橘产业开发有限责任公司，建立了广西首个柑橘科技示范园，为该县柑橘产业的标准化和科技化发展奠定了基础。2014 年，全县水果种植面积 45.8 万亩，水果总产量达 86.78 万吨，水果产值 19.8 亿元，占种植业总产值的 65.15%，水果收入占农民人均纯收入的 52%。目前，全县恭城月柿种植面积 18.59 万亩，鲜果产量 30.26 万吨，柑橙种植面积达 13 万多亩，基本形成了以月柿、柑橙为主，桃李、葡萄为辅的水果产业结构。农民人均水果面积、产量、收入多年保持广西区前列。①

第二，以市场为导向，优化区域布局，抓好基地建设，推动农业经济由个体庭院型向专业化、规模化发展转型，建成了以恭城镇、莲花、平安、西岭为主的水果生产基地；以栗木、嘉会等乡镇为主的优质谷生产基地；以三江为主的槟榔芋种植基地。

第三，大力推进"科技兴农"战略，通过组织科普技术人员深入乡村农户对农民进行多层次、多方面、多形式、系统化、科学化

---

① 恭城农业局：《恭城瑶族自治县农业概况》，2015 年 6 月 9 日，恭城农业信息网（http：//www.gxny.gov.cn/guilin/gongcheng/zwgk_4534/gcxnyj_4535/nygk_4536/201506/t20150609_446239.html）。

的种植和养殖培训，普遍提高了农民的科技文化素质。通过培养科技示范带头人和培育种植技术示范点，在全县宣传推广普及测土配方施肥技术、绿色植保防治技术、生态化的病虫综防技术、水肥一体化技术、有机质提升技术等清洁生产技术，大大提高了生态农业的科技含量与技术水平。

第四，大力提高农业产业化经营和生产组织化程度，该县加大了农民专业合作社的组建和出境水果果园注册登记工作；组建了水果流通办，拓宽水果销售渠道，唱响恭城名优水果品牌。如"水果种植的农民专业合作社现已建立月柿、柑橙等水果标准化生产示范基地60多个，推广面积30万多亩，示范点优果率90%以上"①。同时通过经纪人和服务站挖掘外部市场的供求信息，实现农产品生产和销售的对接，促进水果销售市场的不断向外拓展，为农民开展规模化和专业化生产提供利益保障。

（2）养殖业方面

长期以来养殖（主要是养猪）是恭城县传统生态农业链条的起始环节，随着时间的推移，"一家一户"的养殖模式显然已不适应下游产业链规模化、专业化的发展，恭城县养殖业走科学化、市场化、集约化和产业化养殖道路势在必行。

第一，走科学化道路。大力推广科学养殖，狠抓畜禽品种的改良以及先进养殖技术的推广，以科技来提升畜禽产品的质量，增加产品经济附加值。

第二，走市场化道路。以市场为导向，对养殖业结构进行相应的调整，改变了过去单一的生猪养殖，发展了"猪、牛、鸡、兔、鹅、竹鼠、豪猪、娃娃鱼"等多元化、立体化养殖，并逐步由传统养殖向规模养殖和养殖小区、专业养殖村发展，做到了用市场效益

① 盘科学等：《恭城农民专业合作社显神通》，《桂林日报》2016年5月19日第5版。

理念优化生态养殖结构和实现资源配置的多元化。近年来，恭城县大力发展竹鼠养殖业，现已成为广西最大的竹鼠养殖基地。

第三，走集约化道路。通过建立完善县农村产业党群互助协会、农民养殖专业合作社，为农民群众提供养殖技术、资金周转、市场销售等方面的服务，不断增强个体养殖的市场风险抵御能力，为养殖业的产业化发展奠定良好的基础。

第四，走产业化道路。产业化、规模化养殖不但可以降低成本，而且为下游沼气统一供气的现代能源开发和市场运作以及现代种植业的规模经营提供充分的保证，同时还能丰富产业组织内容，将养殖业向肉类加工业扩展。因此，通过养殖专业户、养殖公司的产业化生产来稳定生态源头，恭城县一方面培育养殖专业户，大办规模养殖，建立奖励扶持制度，对养殖大户进行奖励。另一方面，注重加快畜牧业龙头企业培植和引进工作，有力带动全县规模化养殖和特色养殖产业的发展。2000 年以来，养殖业逐步成为恭城瑶族自治县的优势产业，肉猪、肉鸡、肉牛等传统养殖业的规模不断扩大，龙头企业的带动效应明显，该县先后引进了河北裕丰集团、瑶香家禽养殖有限公司、春酉牧业公司等企业。特别是瑶香养殖有限公司对当地经济的推动作用较为明显，如今已发展成为广西养殖龙头企业，带动周围 700 多户农户联营创业。同时，竹鼠、山鸡、豪猪等特色养殖业不断推广。[1]

（3）沼气方面

自恭城模式普遍推广以来，恭城县继续加强沼气池建设，不断提高沼气池总数和沼气入户率，其间还加大科技改造沼气池的力度，如用顶返水水压式自动排渣沼气池取代传统的人工排渣沼气池，提高沼气综合利用率。截至 2015 年 8 月，"恭城县大力推行沼

---

① 俸晓锦、徐枞巍：《广西民族地区农村经济共享式发展模式研究——以"恭城模式"为例》，《广西社会科学》2013 年第 11 期。

气发展，累计建设沼气池 6.78 万座，入户率达 89.6%，以沼气为纽带发展"养殖 + 沼气 + 种植"的可循环发展模式，为当地经济发展以及生态保护带来良好效应，全县森林覆盖率由 1983 年的 47% 提高到目前的 81.9%"[1]。

随着市场经济的不断发展，传统的农户分散经营模式难以适应市场要求。如何适应形势的需要提高沼气利用率和综合效益，已经成为摆在恭城人面前的一个重要课题。由此，恭城人开始探索、发展一种新型的服务模式——沼气"全托管"服务模式，也就是对已建有的沼气池通过政府扶持、市场运作、企业管理、独立核算，将沼气池的进出料、供气、维护、检修、建设和管理服务全部"托付"给沼气服务公司或者沼气服务网点运营和操作。公司与农户经过沟通协商，签订服务合同，提供长效、周到服务，农户实行刷卡消费。从 2013 年 6 月起，恭城瑶族自治县逐步试行推广沼气"全托管"服务，组建了桂林市新合沼气设备有限公司恭城分公司，以"公司 + 服务中心 + 服务网点 + 农户"模式对农户沼气进行协议委托式管理服务。[2] 与一家一户的沼气池供气相比，这种地区性的集中供气，盘活了沼气池硬件，节约了沼气池占地，降低了沼气生产成本，解决了大型养殖、种植场（基地）排污和原料以及后续服务难题，明显改善了农村人居环境。有利于提高沼气使用率、入户率和综合利用率，促进沼气公司的持续发展和农户的增产增收，实现多方共赢和循环经济的多重效益。同时，实行大中型沼气集中进料、集中供气、集中用肥，统一运营管理，有偿服务也是恭城农村经济进一步走市场化运作的一个突出表现。

目前，恭城人在能源建设上仍然在孜孜不倦地积极探索。如探

---

① 韦大甘、钟泉盛：《广西恭城：沼气池串起生态农业链》，新华网 2015 年 8 月 26 日（http://news.xinhuanet.com/local/2015 - 08/26/c_ 1116380352.htm）。

② 甘福丁等：《恭城县农村沼气"全托管"服务模式及运行效果》，《现代农业科技》2014 年第 17 期。

索农村能源建设突破沼气能源的束缚，充分利用和发展小水电、太阳能等能源，实现多能互补；探索农村能源建设与人口控制、科技培训、村规民约、环境卫生建设等同步规划，使它们互相促进，综合利用，循环发展等，这必将为将来恭城农村生态文明建设提供崭新的清洁模式和途径。

2. 发展生态工业

传统的三位一体的"恭城模式"把恭城经济的发展仅局限于生态种植、养殖业，当前要从根本上改变传统农业的内部循环的状况，使农业内部结构向产业化、市场化、集约化方向发展。需要加强产业联动，通过产业的良性互动，实现产业间的相互促进、相得益彰。尽管恭城在 1995 年年底就消灭了村办企业的"空壳村"，全县村办企业达 246 个，但这种小而全、重复建设的低效益企业最终并没有带来工业产量和质量的突变。一直到 2002 年，恭城的第二产业的比例仍然没有超过 20%，造成地方财政收入总是在 6000 万元左右徘徊，财力的不足严重制约着其他产业的发展。[1]

生态工业是生态经济的核心环节，在整个生态经济体系中将起到"引擎"作用。实现生态农业与生态工业的有效对接将使大宗农产品、资本和农村剩余劳动力进入非农领域，拉长生态农业的生态产业链，这对提高农产品的附加值，推进生态农业产业化，提高市场风险应对能力，优化县域经济的产业结构，确保农业增产、农民增收无疑起着重要的积极作用。正是基于这些认识，在 21 世纪初，恭城人提出了要"跳出恭城看恭城""跳出农业来发展农业"，"围绕农业抓工业"的发展思路，明确"恭城要由生态农业向生态工业和生态旅游业等全方位的生态经济迈进"的发展方向，吹响了发展生态工业的号角，开始了新的探索与实践。

---

① 尹小剑、刘黔川：《论生态经济的"引擎"——生态工业——对广西恭城县生态工业发展的个案分析》，《生态经济》2004 年第 11 期。

（1）大力发展果品加工业

恭城县水果种植面积广、产量大，是该县重要的支柱产业。恭城依托资源优势，积极引进发展农产品深加工企业，壮大水果营销队伍，形成种养加工、产供销、工贸农相结合的生产经营模式，解决水果销售和深加工问题。如引进汇源果汁、大连汇坤等农产品加工龙头企业，通过龙头企业的发展带动，引导农民从事水果为主的农产品流通，使水果种植加工成为恭城农村的主要支柱产业，不仅保障了水果销售，增加了就业，还带动纸箱制造业、仓储物流、中介咨询和餐饮住宿等相关行业的快速发展，从而形成一个完整的产业体系。

（2）建设特色工业小区

新型工业小区既是生态工业的载体，也是生态农业链的延伸，恭城县根据各乡镇具有的自然资源禀赋和优势特色农业，建设以当地特色种植业和养殖业为基础的生态工业。如发挥粮油优势，通过与中粮公司合作，引进粮油深加工项目；发挥水果大县优势，生产果脯、果酒、饮料、罐头等果品系列产品；发挥森林资源优势，发展竹木加工业；发挥畜禽资源优势，发展肉制品行业。通过科学规划，精心合理布局，打造出"茶东食品饮料加工基地""嘉会酒类生产基地""莲花厘竹月柿加工基地"等多个新型生态工业小区。形成标准的"公司＋基地＋农户"的现代农业生产机制，使"猪＋沼＋果"向"猪＋沼＋果＋加工"生态链延伸，使整个农村地区的山上山下、田间地头、屋里屋外成为生态加工企业没有围墙的原料生产车间。这种以龙头企业为带动，以特色工业小区为"据点"，带动和辐射地区经济的模式，不仅使"养殖＋沼气＋种植"向"养殖＋沼气＋种植＋加工"生态链延伸，还能改变城乡二元经济结构，统筹城乡经济发展，推动城镇化进程。另外，现代工业的管理理念、科学技术、组织方式、营销手段也会潜移默化地影响生态农业的发展，使其步入一个良性循环发展轨道。

（3）改造传统工业，建立生态工业经济架构

恭城按循环经济理念，开采加工当地丰富的矿产，发展循环工业。将有色金属矿产业与水泥建材产业集中在虎尾园，实现企业内部的废物循环和企业之间的废物循环利用。企业内部循环：水泥建材企业的余热发电；有色金属矿产业内部的污水循环利用和其他废物的利用（如硫酸生产线回收硫、硫酸锰生产线回收锰、钛白粉生产线回收偏钛酸粒子和 TiO_2 粒子、磷肥生产线回收磷）。企业之间的循环：有色金属矿产业的冶炼矿渣用于生产水泥。[①] 另外，恭城还利用风能资源，开发清洁能源，建设了西岭、圆石山、燕子山三个风电项目，工业结构不断优化。

3. 发展生态旅游业

在 21 世纪，恭城模式有了新的内涵，生态建设内容不仅局限于生态农业产业的发展，它还将触角延伸到旅游业。恭城在做大、做强生态农业的基础上，以保护生态环境为中心，通过新农村建设大力完善农村基础设施，并依托县内的历史文化资源、少数民族风情和乡村田园风光发展生态旅游，不断打造文化游、生态游、民俗游的新景点、新设施，取得了明显成效，使生态旅游同生态工业，生态农业共同形成生态经济的完整链条，构建起"养殖—沼气—种植—加工—旅游"五位一体的恭城生态经济新模式，丰富和拓展了"恭城模式"的内涵和外延。

（1）发展休闲农业与乡村旅游

2001 年，恭城实施"富裕生态家园"新农村建设，县委、县政府从战略上将乡村旅游与丰富生态农业内涵，延伸农业产业链结合起来；与加快农村经济发展助推农村扶贫结合起来；与改善农村人居环境，建设美丽新村结合起来；与完善农村基础设施推进小村

---

① 宇鹏等：《恭城县生态产业模式与发展研究》，《广西师范学院学报》（自然科学版）2013 年第 2 期。

镇建设结合起来，通过建设社会主义新农村发展生态旅游业。

一方面，新村建设按照改水、改路、改房、改厨、改厕"五改"和交通便利化、村屯绿化美化、户间道路硬化、住宅舒适化、厨房标准化、厕所卫生化、饮用水无害化、生活用能沼气化、养殖良种化、种植高效化"十化"的建设标准，先后建成了大岭山、红岩、黄岭、黄竹岗等20多个集生态农业、观光旅游、休闲度假于一体的高标准新农村示范点，为全面改善农村人居环境树立了标杆。①

另一方面，依据自身条件，开发了诸多充满乡土气息的生态旅游项目。如以田园徒步、乡村农舍、溪流河岸、大片生态果林、特种养殖业基地、农产品加工基地为主要内容休闲农业观光游；以特色农家饭、农家旅馆、农事劳作、农艺学习、果饮品尝、乡村民俗体验等为主要内容的"农家乐"体验式乡村游。另外，恭城依托桂林国际旅游胜地建设，借助万亩无公害月柿果园和十里桃花长廊，2003年起，政府每年出面组织举办"桃花节""月柿节""瑶族盘王节"及"关公文化节"。2003年首届桃花节和首届月柿节，就吸引了游客43万人，全年实现社会旅游收入2800万元。2004年桃花节接待游客17.8万人，社会旅游收入1000万元。② 2016年，第十三届桂林恭城月柿节暨瑶族盘王节在恭城县莲花镇举行。在短短1个月时间里，恭城共接待各地游客25.33万人次，实现旅游总消费2.2亿元，分别比上届增长79.77%和87.31%。③ 以节为媒，不仅促进了农村第三产业的蓬勃发展，使旅游服务收入成为农民收入新的增长点，而且让许

① 中共恭城瑶族自治县委员会、恭城瑶族自治县人民政府：《强化生态立县理念推进美丽乡村建设——恭城瑶族自治县改善农村人居环境的探索与实践》，《广西城镇建设》2015年第11期。
② 孔凯、刘云腾：《旅游地空间关系的生态学思考——以恭城县为例》，《资源与产业》2008年第6期。
③ 恭城瑶族自治县人民政府：《恭城：一个月实现旅游总消费近2.2亿元》，2016年12月6日恭城瑶族自治县人民政府官网（http://www.gongcheng.gov.cn/lddt/5275.jhtml）。

多游客感受了恭城的生态魅力。以莲花镇红岩村、平安乡社山村为代表的一批新农村实现了"三个转变、两个就地"——果园变公园、农家变旅馆、农民变老板，农民就地转移就业、农村就地城镇化。

以莲花镇红岩村为例，红岩依托优美的自然环境和得天独厚的万亩绿色生态月柿园，建成了集农业观光、农家别墅、休闲度假、生态民俗旅游为一体的农业旅游景区。2003 年，建成了第一批农家别墅，并于当年"十一黄金周"正式推出乡村生态旅游。2004年 7 月成立农家乐生态旅游协会，红岩村通过发展生态旅游，效益明显提高，成为通过开展乡村旅游致富的新典范。据统计，2013年红岩新村累计接待游客 30 万人次，休闲农业营业收入 2983.2 万元，村集体收入 18.6 万元，农民人均纯收入达 13000 元，其中人均非农收入达 7460 元，转移劳动力 350 人。红岩村先后荣获了"全国农业旅游示范点""全国生态文化村""中国特色景观旅游名镇名村""中国村庄名片""广西十大魅力乡村""桂林市首批生态文明新农村"等荣誉称号。①

（2）发展民族风情游

恭城自古以来就是瑶族群众聚居地，恭城境内有西岭新合瑶、观音平川瑶、栗木平地瑶、嘉会唐黄瑶、势江五姓瑶和三江伸家瑶六大瑶区。作为一个瑶族自治县，恭城民风淳朴，瑶族民俗风情与众不同。恭城在生态旅游设施建设、旅游接待、风情表演上充分做好"瑶"字文章，将生态农业旅游提升到一个更高的文化层次。如通过抢修和维护瑶家民居，建设一批古老的、独具特色的瑶家村寨；通过挖掘和传承瑶族吹笙挞鼓舞、羊角舞、长鼓舞、师公舞和瑶族"三对半"口头艺术表演以及当地的"翻云合""咬碗""上刀山""下火海"等瑶族绝技，展示当地瑶族文化；通过推介恭城

---

① 李国英：《恭城红岩村生态农业旅游与新农村建设调查分析》，《农技服务》2014 年第 5 期。

油茶、排散、柚叶粑、芋头糕等特色美食展现瑶乡饮食魅力；通过恭城关帝庙会、瑶族"盘王节"、花炮节等地方特色民俗、民族庆典活动，拉动消费，推进第三产业发展。总之，恭城根据市场需求开发出的民族民俗文化风情旅游产品，既有传统的古朴浓郁，又有现代生活的活泼气息；既弘扬了民族文化，又形成一个文化开发、保护、发展的良性循环，进一步带动了乡村旅游的发展，丰富了生态旅游的内容和形式。

（3）发展自然风光与历史遗迹游

恭城还拥有大量优美迷人的自然景观和富有历史文化底蕴的人文景观。自然景观方面，恭城以喀斯特地貌为主，以洞景、山景、水景为特色，境内山清水秀，洞奇石美。银殿山是全县最高的山，境内的翠峰山、卧虎山、罗汉山各具特色；潮水岩、观音仙姑岩、乐湾古樟林和大岭山桃花源景区是当地著名的景点。人文景观方面，县内有全国重点文物保护单位的文庙、武庙、周渭祠、湖南会馆四大古建筑群，分别形成"文""武""官""商""情"等浓郁的文化旅游氛围，为恭城赢得了"华南小曲阜"的美誉；巨塘、莲花一带的近代古墓群，扑朔迷离；境内的红岩朱氏祠堂、朗山古民居、杨溪古民居，尽显明清时期岭南民间建筑艺术风格。这些自然、人文景观的良好组合为恭城县生态旅游开发与发展创造了十分有利的条件。

三　恭城经验的启示

恭城县以生态产业建设促进农村经济社会综合发展的成功实践，对于国内其他地区统筹城乡发展，提高农民的综合素质和创新能力，促进农村劳动力就业，提高农民收入等都具有很多的启示和借鉴意义。

（一）生态保护是前提

恭城生态文明建设发展的经验表明：生态兴则文明兴。我国西部地区生态环境非常脆弱，很多地区长期以来始终摆脱不了贫困，这与生态环境遭到破坏、产业发展受到限制有很大关系。应转变"优先发展经济，被动、有限保护环境"的发展方式，主动改善和提高生态环境质量促进经济发展，走生态文明发展之路。恭城县在推进农村经济社会发展过程中，把以生态建设作为立足点和突破口，明确了"生态立县"的核心思想。几十年来，历届领导都自觉接好发展生态产业的"接力棒"，一届接着一届干，一以贯之，毫不动摇，才取得今天的成效。因此，西部地区推进农村经济社会发展时，要把生态的整体优化放在优先位置，从协调发展上明确区域的生态功能定位，经济发展战略和产业结构布局。

（二）因地制宜是原则

恭城不沿海、不沿边、不靠近发达地区，作为一个西部少数民族山区县，比较优势并不突出。发展农村经济和建设新农村，恭城不能像发达国家那样，把农村人口大规模地往城市迁移，进而使其享受城市文明成果；也不能像沿海发达地区，通过非农方式的城市化和农村工业化转变农民身份与农村环境；更不能像中心城市近郊地区，通过承接大中城市的经济、产业、技术和社会各方面的辐射，承担城市部分作用和功能。因此，恭城只能立足于现有自然环境、经济基础、生产组织结构、技术条件和社会现状，从实际出发，分析自身的特点和优势，并将自己的优势给予最大限度的发挥，才走出一条符合自身实际、具有自己特色的路子。如恭城县以"富裕生态家园"建设为契机，通过"城市—城镇—乡村"的对接，促进城市生产要素向农村流动与集中，进而带动了农村地区的全面发展。这一模式与传统的农村生产要素向城市集中的做法刚好相反，但也取得了成功。这告诉人们，西部民族地区在推动农村经济社会发展时，一定要从区域的实际条件出发，充分考虑当地的异质性，切忌生搬硬套其他地区的模式。实践也证明，恭城模式是真正意义上的以传统农业生产方式进行的新农村建设实践，这种"以农富农、以农兴农"的生态农业模式和路径选择更适合于中西部农村经济社会的发展水平，也更适合于中西部以农业为主体的县域。

（三）政府引导是推手

地方政府是区域经济、政治、文化、社会公共事务的主要调控主体，是区域社会权力的集中掌握者、经济社会发展的总体规划者、社会资源的权威分配者和公共利益的主要代表者，扮演着不同方式、不同层次的角色，恭城的实践表明，生态经济可以是一种政府主导和推动下的发展模式。从恭城县的做法不难看出：政策法律法规的解释、宣传与执行；经济社会发展战略规划的制定，地方产业的布局与结构调整；生产的管理规范、市场监管以及各方利益的协调；各种资金扶持、财政拨款和银行贷款；基础设施和公益设施建设、公共事业的发展、行业和社会服务组织体系的建立和完善；各类信息咨询、技术指导和职业培训；农村基层干部队伍培养、基层组织和服务管理机构的建设，这些都离不开政府在政策、资金、技术、管理和服务等方面的正确引导和扶持。事实证明：以政府引导为推手，充分发挥地方政府的主导作用，正确处理局部利益与全局利益、眼前利益与长远利益的关系，这是恭城模式成功的一条重要经验。

（四）创新是灵魂

"创新是一个民族进步的灵魂，是一个国家兴旺发达的不竭动力"①，这句话在恭城人身上得到充分的体现。恭城生态农业发展的每一次提升和跨越，都离不开思想的解放和工作的创新。一是思想创新。思想是行动的先导，恭城人在困难面前不气馁，坚决克服"等、靠、要""小富即安"和"差不多"的思想，注重市场导向，强化竞争意识、发扬自力更生、艰苦创业精神，勇于向环境和困难挑战，敢于创新和创造。二是工作创新。从"燃料大战"到开山种

---

① 《江泽民文选》第3卷，人民出版社2006年版，第64页。

果树；从沼气池建设到"集中建池、统一供气"；从个体的庭院经济到集约化、规模化种植和养殖；生态经济链条从第一产业的内部循环向第二、第三产业延伸；从"三位一体"向"五位一体"拓展，展示了恭城人不断开拓进取、扎实推进的工作进路。三是科技创新。科技是第一生产力，恭城人通过加大科技投入，加大科技成果的引进和科研攻关的力度促进产业发展；鼓励和引导科技人员扎根农村，加强对农民的技术培训和职业教育等措施，引导和扶持科技创新来推动经济发展和生态保护。恭城通过不断创新发展生态农业，既促进了当地经济社会发展，又保护了赖以生存的生态资源与自然环境，为后发展地区特别是类似于恭城这样的山区农业县发展生态经济提供了有益的借鉴。

（五）产业化发展是出路

任何生态产业都不可能孤立发展，需要通过产业协同，发挥规模效应来发展壮大。通过生态建设产业化，产业发展生态化，实现生态建设与产业发展互动双赢是恭城模式的又一个重要经验。恭城县找到了适合自身的产业（以水果业为主），并以生态农业的发展为基础，着力推进生态工业和生态旅游的发展；以生态工业和生态旅游的发展，促进生态农业的产业升级，扩大生态农业的内涵。这种以区域化布局、规模化生产带动产业化；以生态产业链的纵向拉伸和横向扩展，构建配合紧密的生态产业体系的做法，实际上形成了恭城县第一、第二、第三产业相互推进，产业链相互延伸、共同发展的局面。可见，西部农村地区在经济发展过程中，最根本的是在发挥自身优势的基础上，不断调整产业结构，摸索出适合自身的产业，然后延伸产业链条，充分挖掘产品附加值，才能适应激烈的市场竞争，从根本上提高生态农业整体竞争力和综合经济效益以及农民的组织化程度来增加农民收入，使生态建设和产业发展真正成为改变农村落后生产方式的一项重要手段，带动农村经济社会发展。

第二节 贵糖模式：发展循环经济的范例

糖业在广西社会经济中举足轻重，在广西十二大行业中，糖业的销售收入、税收、利润居全区前列，建设广西糖业生态示范产业对于推动广西糖业更上新台阶意义深远。贵港国家生态工业（制糖）示范园区以生态工业思路发展制糖工业，建立建设了农工一体化循环经济的做法，不仅为广西制糖工业结构调整、推进清洁生产、提高糖业附加值和解决行业结构性污染开辟了一条新路，同时也是符合现阶段中国国情的可持续发展模式的一次有益的探索和成功的尝试。

一 贵糖集团概况

广西贵糖（集团）股份有限公司（以下简称贵糖），由广西贵港甘蔗化工厂独家发起定向募集改组创立，其前身是广西贵县糖厂，于1956年建成投产，是国家"一五"期间的重点建设项目之一。1993年贵糖完成了股份制改造，1998年，贵糖股票在深交所成功上市。

经过50多年的技改扩建，滚动发展，贵糖已发展成为以制糖、造纸为主的一类综合大型企业。公司现有制糖厂、热电厂、文化用纸厂、生活用纸厂、制浆厂、轻机厂等六大生产分厂和全资子公司广西纯点纸业有限公司。主要产品有白砂糖、可加工原糖、机制纸、甘蔗渣桉木原料制浆、酒精、轻质碳酸钙、回收烧碱、复合肥等。

2001年开始，贵糖实施国家批准立项的以贵糖集团为核心的"国家生态工业（制糖）建设示范园区——贵港"建设，这是我国以大型企业为龙头的第一个生态工业园区建设规划，贵糖实现了工业污染防治由末端治理向生产全过程控制的转变。经过多年的发展，贵糖形成了制糖循环经济的雏形，建成了制糖、造纸、酒精、轻质碳酸钙的循环经济体系，制糖生产产生的蔗渣、废糖蜜、滤泥等废弃物经过处理后全部实现了循环利用，生产废弃物利用率为100%，综合利用产品的产值已经大大超过主业蔗糖。贵糖拥有国家认定的企业技术中心和博士后科研工作站、广西首批自治区级人才小高地，拥有多项具有国内领先水平的环保自主知识产权。这种循环经济的生产模式创造了巨大的经济和生态效益。2005 年 11月，贵糖被列为全国首批循环经济试点单位。[①]

二　贵糖模式的主要经验和做法

贵糖集团通过制糖工业生态园区建设，建立了一个比较完整的、工业和种植业相结合的上下游产业生态链系统和园区各企业间能量、物质的转换共生网络，形成了一个比较完善的闭合循环体系，提高了资源利用率，最大限度地降低环境污染。贵港市和贵糖公司发展生态经济的这种做法和经验被后人总结为"贵糖模式"。

近年来，园区通过实施制浆漂白工艺、制浆废水好氧生化处理、碱回收白泥资源化利用、蔗渣废水处理、沼气综合利用等技术改造，形成了"甘蔗—制糖—废糖蜜—酒精—酒精废液制复合肥""甘蔗—制糖—蔗渣制浆—蔗渣浆造纸"两条主线循环经济产业链。这两条主线产业链相互间构成横向耦合关系，并在一定程度上形成网状结构。同时，园区还开发利用制糖厂废 CO_2 制轻质碳酸钙；造纸中段废水用于锅炉除尘、脱硫、冲灰分级利用；制浆黑液碱回收；碱回收白泥用于烟气脱硫、蔗髓替代部分燃煤以及蔗渣喷淋废水厌氧处理后产生的部分沼气供轻质碳酸钙干燥炉燃烧替代燃煤，大部分经沼气提纯站提纯后代替天然气用于生活用纸厂纸机等多条副线循环经济产业链。[②]

---

① 资料来源：广西贵糖（集团）股份有限公司：贵糖门户网站（http：//www. guitang. com/templets/default/gsjj. html）。

② 刘宗超、贾卫列：《广西生态文明与可持续发展》，中国人事出版社 2015 年版，第140 页。

如"制糖滤泥—制水泥""造纸中段废水—锅炉除尘、脱硫、冲灰"
"碱回收白泥—制轻质碳酸钙"等。两大主物质流和其他次级生态工
业链通过制糖厂、制浆厂、造纸厂、热电厂、酿酒厂、烧碱回收厂、
甘蔗专用复合肥厂、轻质碳酸钙厂、水泥厂等10余个工厂结点，形成
物质能量的闭路循环经济工业链，使企业生产初步实现了合理化分工、
专业化生产、集中治污控污，形成了糖、纸、酒精、建材和生物肥料
五大多元产业齐头并进、共同发展的格局，使企业内部各种资源得到
有序循环流动和高效利用。

　　总的来说，贵港国家生态工业（制糖）示范园区以上市公司贵
糖（集团）股份有限公司为核心，以蔗田系统、制糖系统、酒精系
统、造纸系统、热电联产系统、废物综合处理系统6个子系统为框
架，通过盘活、优化、提升、扩张等步骤，建设生态工业（制糖）
示范园区。在6个系统当中，各系统内都分别有产品产出，通过利用
中间产品、废物和能量的相互交换把子系统衔接起来，形成产品互为
上下游关系的生态链和完整闭合的生态工业网络，实现园区内资源的
最佳配置，使每个环节废弃物都得到有效利用，最大限度地提高资源
综合利用率，大大削减了污染物的排放，从而将污染负效益转化为资
源正效益。

　　（一）蔗田系统

　　甘蔗是整个制糖业循环经济中最重要的输入原材料，也是甘蔗种
植业最重要的输出产物。甘蔗园是蔗糖产业生态园区的源头，蔗田系
统是6大系统的开端，要保持贵糖在国内国际市场的竞争力，最关键
的是蔗田系统能源源不断地向园区提供高产、高糖、安全、稳定的甘
蔗原料，保障生态工业园区制造系统有充足的原料供应。因此，蔗田
系统建设的核心就是建立高产、高糖、高效益的现代化甘蔗园。

　　首先，实施"科技兴蔗"战略，引进优质种子资源。大力推广
甘蔗良种，用良种来保证品种和品质；加强对蔗农科普教育、技术培
训，提高甘蔗综合栽培技术；加强与高校、科研院所的合作和联系，

建立科研试验基地和示范点，增强科研力量。

其次，保护农民利益，稳定甘蔗生产。贵糖人深刻认识到，蔗田是公司的第一车间，企业与蔗农是利益联盟，没有广大蔗农的参与，贵糖的一切追求都只能是空中楼阁。[①] 贵糖人把维护蔗农的利益放在首位，与农户建立产、供、销的契约合同关系，降低蔗农风险的同时提高蔗农种植积极性，保证制糖厂获得稳定的甘蔗质量和产量；实行"保底收购价＋挂钩联动价"的二次结算方式，每年提前公布甘蔗的保底价格，并根据食糖的市场价格变动与蔗农进行蔗价款二次结算，切实维护蔗农合法权益；出资建设蔗区水利、道路等基础设施，对种植大户给予机耕资金扶持、品种调整补贴和优惠提供蔗田专用化肥等。

最后，促进资源循环利用。现代化甘蔗园中，除了甘蔗用来榨糖外，制糖过程产生的蔗糠、糖蜜、酒精废液等，通过技术手段制成有机复合肥供蔗农用作甘蔗专用肥返回蔗田，既减少了污染又提高了蔗田肥力。园区通过建设猪、牛、羊等养殖基地和沼气池，消化蔗叶、蔗梢和蔗苗以及其他作物的秸秆，并依靠牲畜粪便和沼液沼渣来肥田，使农业废物也做到物尽其用。

（二）制糖系统

甘蔗制糖是生态园区的主干链及主导产品。贵糖不间断地改造升级制糖工艺，引进大型高效设备，严格科学管理，以更高的效率、更清洁的生产工艺，生产出高品质的精幼砂糖、精炼糖、绵白糖以及高附加值的有机糖、蔗珍、低聚果糖等产品。

首先，高品质、高附加值糖品生产的基础是有机甘蔗，贵港市大力扶持建设的高产高糖现代化甘蔗园为制糖工业发展奠定了基础。

其次，严格执行管理体系标准。1998 年，贵糖成为国内制糖行

---

① 此话为贵糖原董事长黄振标所言。新浪财经曾以《广西甘蔗产业"两头甜"》进行报道。

业中首家通过了 ISO9001 国际质量管理体系认证的企业。2005 年贵糖引入 HACCP 管理理念，建立了食品安全管理体系，并于 2007 年年初获取 ISO2200 食品安全管理体系认证证书。2007 年 3 月，贵糖建立和实施了 ISO10012：2003 标准测量管理体系。①

最后，贵糖不断创新、优化制糖工艺，提高出糖品质。如贵糖在中国制糖业中第一个用"二步法"制糖取得成功，不仅增加了贵糖精品糖的重量，而且提高了贵糖控制精品糖的能力。再如贵糖的"桂花"牌白砂糖产品，采用碳酸法制糖工艺，连续多年在全国甘蔗糖质量评比中名列前茅，荣获"全国用户满意产品"。桂花牌白砂糖率先成为可口可乐、百事可乐、娃哈哈、雀巢、美赞臣、绿箭糖果等公司在国内的首选糖。②

（三）酒精系统

甘蔗中的大部分蔗糖分被提取之后，剩下的是蔗渣和废糖蜜。"前门产糖，后门排污"，过去的广西制糖业，曾造成了不小的污染。贵糖通过利用先进的能源酒精生物工程技术、酵母精工程技术和 CMC（竣甲基纤维素钠）工程技术，有效地利用甘蔗制糖副产物——废糖蜜，生产出酒精和高附加值的酵母精等产品。贵糖集团通过甘蔗制糖及相关产业带动，使制糖废蜜利用率达到100%（甚至不足部分需向贵港市周边企业购买），解决了贵港市乃至周边地区的废糖蜜污染问题，实现了区域环境的综合治理。另外，由于酒精是理想的替代能源，贵糖利用废糖蜜或蔗渣生产燃料乙醇（汽油醇），对于减少化石燃料使用和碳排放具有一定的意义。

（四）造纸系统

蔗渣是甘蔗制糖产生的固体废物，由于技术的限制，不少国家都

① 资料来源：广西贵糖（集团）股份有限公司：贵糖门户网站（http：// www. guitang. com/templets/default/rycj. html）。
② 资料来源：广西贵糖（集团）股份有限公司：贵糖门户网站（http：// www. guitang. com/templets/default/gsjj. html）。

把甘蔗渣当作燃料烧掉。贵糖是全国较早开发利用甘蔗渣制浆造纸的企业之一，在废物"吃干榨净"方面走在了全国前列。一方面，贵糖根据甘蔗渣的纤维特性，对生产高质量甘蔗渣浆的核心技术进行科技攻关，更新传统的制浆工程工艺，开发出包括高效蒸煮助剂应用技术、甘蔗渣湿法堆贮技术、打浆技术、抄纸技术等配套于甘蔗渣制浆造纸的核心技术，确保获得化浆率高、质量好的纸浆。另一方面，通过引进国际上先进的高速造纸机、自动控制系统、全自动复卷打孔和包装生产线，生产各种质量的纸品。如贵糖生产的"洁宝""纯点""碧绿湾"等品牌的生活用纸因具有不含荧光增白剂、吸水性强、白度高、易于水化等优点，成为生活用纸中的名牌产品。贵糖的双胶纸、胶印书刊纸和高级书写纸等文化用纸系列产品，因其品质稳定、质量好，信誉高，产品连续多年荣获"广西名牌产品"称号。另外，贵糖还利用生物工程技术用甘蔗渣生产出高附加值的 CMC（羧甲基纤维素钠）产品。近年来，该园区继续利用贵港市的特色资源——甘蔗这种可再生资源，扩大造纸规模。目前，园区正在通过循环利用配套一批大项目——贵糖日榨 1 万吨甘蔗、年产 10 万吨纸浆、年产 8 万吨生活用纸及 8 万吨特种纸。①

（五）热电联产系统

热电厂在生态园区中位置十分重要，是各个生产环节电力和蒸汽的供应者。随着示范园区的发展，园区企业存在热电供应不足等问题。贵糖通过引入余热回收利用技术体系，利用甘蔗制糖过程中产生的含有能量的副产品替代部分原料煤，实施能量梯级利用，实现热电联产联供，为制糖系统、酒精系统、造纸系统以及其他辅助系统提供生产所必需的电力和蒸汽，保证园区生产系统的动力供应。

制糖过程产生的固体废物——蔗渣中含有 30% ~ 35% 的蔗髓，

---

① 谢彩文等：《将金字招牌变为经济"金牌"——关于我区加快生态经济发展的调查与思考》，《广西日报》2016 年 7 月 26 日第 1 版。

蔗髓是甘蔗节被压榨产生的碎蔗粒，因其纤维过短无法造纸，但它却是含有能量的副产品，是一种清洁、可再生的资源，由于每 5 吨蔗髓燃烧所释放的热量相当于 1 吨标准煤，因而蔗髓进入热电联产系统替代部分燃料煤用作热电厂发电的锅炉的燃料可节省大量的燃料用煤。贵糖将蔗髓用于锅炉燃料，通过蔗髓热电联产技改工程与原有的热电系统联网，替代部分燃料煤供热和发电，向各系统提供生产所必需的热力和电力等能源，以满足园区整个生产系统的动力供应的需要。这不仅节约能源，降低发电成本，而且还保护环境。贵糖在热电联产系统中采用了锅炉蒸汽的热能多级利用和各级蒸汽凝结水的归集使用的方案。采用带零效煮水罐和浓缩罐的三效热力蒸发方案代替减压阀来对双轴和背压式汽轮发电机的中压高温乏汽进行减温减压，以充分利用热能。通过归集煮水罐、一效蒸发罐、纸机烘缸的汽凝水并回用于锅炉，贵糖实现了软化水的循环使用。

（六）废物综合利用处理系统

物质和能量经过制糖、酒精、造纸、热电联产系统后还会产生的其他废气、废水、废渣，如制糖滤泥、造纸黑液和酒精废液是糖厂最为常见，也是排放量大、处理难度高的污染物。它们都将进入最后一个系统——废物综合处理系统进行处理。废物综合利用处理系统是通过除尘脱硫、污水处理、节水工程以及"三废"综合利用工程对园区环境进行综合治理，对生产过程及生产辅助工艺工序产生的废物进行全面的综合利用，为园区制造系统提供环境服务。

1. 固体废物和废气再利用

滤泥是制糖系统的废弃物，碳酸法制糖产生的滤泥，含有丰富的碳酸钙和有机物，以往直排江河，污染环境。贵糖开展了制糖滤泥综合利用的技术创新，一是将滤泥作为水泥原料，成功烧制出符合国家质量标准的水泥。二是在滤泥中掺适量的酒精废液、蔗渣、粉煤灰制作有机复合肥料返回蔗田肥田。滤泥的资源化利用不仅杜绝了滤泥对江河和土壤的污染，还提高公司经济效益。

白泥是蔗渣制浆黑液碱回收的副产品，它的主要成分是碳酸钙，还含有一定的残碱，如将白泥排放掉仍会造成环境污染。为了实现变废为宝，贵糖对废弃的白泥开展了技术攻关和综合利用。一是除尘脱硫，2007年，贵糖成功地将稀释后的白泥应用到热电厂锅炉烟气的除尘脱硫系统中，白泥中的碳酸钙和残留碱与烟气中的二氧化硫发生化学反应，可除去烟气中的大部分二氧化硫，不仅使锅炉烟气达标排放，同时使生产过程产生的白泥全部得到资源化利用，达到以废治废的效果。二是制轻质碳酸钙，CO_2是糖蜜在进行酒精发酵的过程中产生的废气，贵糖充分利用有利条件，自行设计了轻质碳酸钙生产线，把白泥与CO_2这两种废弃物集中起来做原料制成轻质碳酸钙，年产量达2.5万吨，产品除了满足自己造纸生产所需的流体轻质碳酸钙外，固体轻质碳酸钙还销往区内外。三是制水泥，通过建设水泥回转窑，利用当地有优质的石灰石，将碱回收白泥用来生产水泥。

2. 废液的再利用

酒精废液是酒精车间用糖蜜生产酒精后排出的黑色的、黏稠的、带酸性的蒸馏残液，其COD、BOD浓度很高。用糖蜜每生产1吨酒精产生废液约15m^3，其中BOD平均高达10000mg/L。由于业界长期没有突破降解废液中硫酸根的难题，过去一直被作为工业废液排入江河，危害极大，所以产糖区大多存在酒精废液区域污染问题。贵糖对酒精废液的资源化治理进行了研究，通过技术攻关，采取蒸发浓缩工艺将发酵废液蒸发浓缩后生产含酒精废液、钾、磷、氮、增效剂、煤粉等成分的甘蔗专用有机无机复合肥，而后施于蔗田来生产有机甘蔗，从而将制糖工业和农业结合起来，有效地解决酒精废液问题，形成以工促农、以农保工的良性循环。实践也证明，用酒精废液制取的贵糖肥因有机质含量高，营养元素平衡，肥效长，更有利于甘蔗的生长和糖分积累。除了用酒精废液制作甘蔗专用复合肥外，贵糖还探索了酒精废液作混凝土减水剂、酒精废液浓缩作燃料、酒精废液作饲料等新的开发利用领域，取得了明显的成效，彻底根除酒精废液污染。

3. 水资源循环利用和能量的逐级利用

制糖、造纸和酒精生产车间都是耗水大户，根据生态园区建设的要求，应做到清污分流，进行水的回收、再生、循环利用，对废水进行集中综合治理。

制浆厂在纸浆生产过程中，还会产生制浆系统中段废水，废水经脉冲回收池回收纸浆后，可用作锅炉麻石除尘和废烟气脱硫、冲灰使用，得到达标可排放的烟气；吸灰水及园区废水经过去除灰渣等净化措施处理后，变成达标的可排放废水。废灰渣则与白泥、滤泥及酒精废液混合制造甘蔗专用复合肥。这样，废水经过归集使用，达到了节能减排的目的。

白水是造纸厂排出的废液，呈白色，内含大量的填充料和纸浆纤维，贵糖在研究出来的白水回收专利技术的基础上，通过造纸白水回收脉冲池进行回收处理，白水中纸纤维收集后重返纸机抄纸的使用。白水经综合处理后变成清水，再泵送给制浆厂筛选工段作筛选用水、造纸厂纸机作为网部喷水、各级水封用水以及碱回收中水蒸发站冷凝器作冷却水等，使回收清水得到充分利用，也降低了各系统一次水的用水消耗。

在能量的综合利用方面，贵糖采用各级蒸汽凝结水归集的方案。实现了软化水的循环使用。既能减少水耗又能降低加热入炉水蒸汽的能耗；采用带零效煮水罐和浓缩罐的三效热力蒸发方案，充分利用热能，实现锅炉蒸汽的热能多级利用和热蒸汽的逐级利用。另外，热电联产把发电和供热有效地结合起来，使热能得到充分利用，同时向园区和社区供热、供气、供水、供电，节约了能源，提高了能源利用效率。

由于贵糖的环保技术和设施纳入了工厂工业生态链之中，形成物质闭环循环，促进了废物的资源化和生态化，实现了资源利用最大化、污染排放最小化。在有效降低污染物排放的同时，也产生了巨大的经济效益，多年来贵糖综合利用产值都占了总产值 70% 左右，贵糖模式成为广西现代化工业生态园区建设的重要典型。

三　贵糖生态工业建设模式的成效与启示

多年来，贵糖以建设生态型工农业复合循环产业园区为载体，依靠科技创新对甘蔗资源进行全面综合利用，走糖业清洁生产和循环经济之路，使各产业和生产单元之间形成共享资源和互换副产品的产业共生组合，产业链逐步完善并向深度发展，实现了经济、生态和社会效益的"多赢"。

（一）贵糖生态工业建设模式的成效

1. 经济效益

贵糖大力发展糖业循环经济，构建了合理化分工、专业化生产、集中治污控污循环经济产业链和糖、纸、酒精、生物肥料、建材、种植和养殖等多元产业齐头并进的发展格局，既扩展了产品种类，又实现了综合利用；既增加了经营范围，又降低了综合生产成本，既达到资源相互间的最优化配置，又使得整个园区的产业结构得到优化。实践证明，贵糖集团发展循环经济取得了可观的效益。在经济效益方面，2010 年，贵糖集团工业总产值达到 16 亿元，比 2001 年增长了 130%；营业收入 13.88 亿元，比 2001 年增长了 74%；利税 1.7 亿元，比 2001 年增长了 48%。2008 年贵糖集团综合利用产值占到公司总产值的 70% 以上，综合利用利润达到了 8829 万元。[①] 2011 年，利用蔗渣生产高级文化、生活用纸等综合利用产品的产值已占全公司工业总产值的 70%，废物利用真正成为企业新的利润增长点。[②] 2012 年，公司实现总产值 120567.72 万元，比 2005 年的 105287 万元增长了 14.51%。[③]

---

① 吴汉洪、苏睿：《制糖业循环经济发展研究——以广西贵糖集团循环经济为例》，《广西社会科学》2013 年第 4 期。
② 刘刚：《广西：甘蔗产业"两头甜"》，《农民日报》2011 年 12 月 12 日第 5 版。
③ 刘宗超、贾卫列：《广西生态文明与可持续发展》，中国人事出版社 2015 年版，第 143 页。

"贵糖入选中国工业（中小）企业品牌竞争力2013年度评价全国第六名，并荣获2014年全国实施用户满意度工程先进单位"①。

2. 环境效益

由于采用生物技术、绿色环保技术和其他先进适用技术对甘蔗渣、酒精废液、滤泥等制糖企业生产过程中各环节的废弃物和污染物进行充分利用和综合治理，贵糖集团各生产厂大部分单耗指标呈逐年下降趋势，系统中的各种物耗、水耗不断降低，资源利用效率不断提高。与2008年相比，2012年园区甘蔗渣的综合利用产能已占总产值的70%以上；资源产出率0.5487万元/吨，上升了5.26%；能源产出率1.0112万元/吨标准煤，上升了64.33%；机制糖单位综合能耗0.369吨标准煤/吨，降低了3.66%；机制纸（蔗渣造纸）单位综合能耗0.48吨标准煤/吨，降低了16.23%；单位工业增加值用水量271立方米/万元，减少了67.5%；工业固体废物综合利用率100%；工业用水重复利用率91%，提高了25.52%。② 在提高资源利用效率，节约资源能源的同时，减排效果也非常显著。"十二五"期间，围绕"节能减排，科学发展"这一主题，贵糖投资3072.94万元，开展深度处理，进一步降低废水COD排放，同时进行节水改造、控制排水总量等项目建设，确保COD排放标准从200mg/L降至90mg/L以下，每年减少COD排放量2907吨，污染负荷降低约70%。③

3. 社会效益

贵糖以生态型企业建设推进工农业一体化循环发展的做法，直接带动了贵港甘蔗种植业的有效整合和甘蔗生态园的建设，使甘蔗种植业走上了现代化、集约化和产业化发展的道路，并形成优势产业。由

---

① 唐正芳等：《贵港：农业大市迈向工业强市》，《广西日报》2016年11月19日第1版。
② 刘宗超、贾卫列：《广西生态文明与可持续发展》，中国人事出版社2015年版，第143页。
③ 陈江、昌苗苗：《在发展中留下青山绿水》，《广西日报》2016年6月21日第4版。

于工厂和生产基地有效对接，农业和工业有机衔接，稳定了供给关系和产业链条，贵糖集团为贵港市就业机会的增加、群众收入的提高和经济社会又好又快发展发挥着积极的辐射带动作用。此外，贵糖循环经济模式为我国制糖工业结构调整和行业结构性污染问题的解决提供了宝贵的经验，贵糖模式已然成为广西发展新型工业化道路上的一面旗帜。在其示范作用带动下，广西区内外不少公司企业纷纷学习和效法贵糖发展循环经济的经验和做法，构建符合自身实际的循环经济模式。

（二）贵糖生态工业建设模式的启示与借鉴

制糖工业企业是国家和地方实行环境污染综合考核与治理的重点对象，积极进行环境保护和污染控制是制糖企业未来生存和发展的基础。循环经济是国际社会可持续发展实践中的一个重要趋势，其本质就是生态经济，它是把清洁生产和废弃物循环、综合利用融为一体的经济发展模式，它按照自然生态系统的模式进行经济活动，构建起"资源—产品—再生资源—再生产品"的物质反复循环流动闭环系统，从而实现节约资源、保护环境、提高经济发展质量的目标。贵糖集团依据自身的经济特点，在这方面做出了有益的探索。根据贵糖的做法和经验归纳总结形成的"贵糖模式"为我国转变经济发展模式，走新型工业化道路提供了可贵的借鉴和有益的启示。

1. 生态工业园区建设是载体

生态工业园区是建设生态工业，发展循环经济的重要载体。首先，贵港国家生态工业（制糖）示范园区以贵糖（集团）股份有限公司为核心，以蔗田系统、制糖系统、酒精系统、造纸系统、热电联产系统、环境综合处理系统为框架的有机整体，各系统内分别有产品产出，各系统之间通过中间产品和废弃物的相互交换而互相衔接，从而形成一个较为完整和闭合的生态工业网络，使园内废弃物得到有效利用，资源得到最佳配置，环境污染减少到最低程度。园区的实践，能将制糖工业由污染严重的夕阳产业转变成环保型的朝阳产业，实现制糖工业的可持续发展，进而为其他生态工业的发展提供一些有益的经验。其次，园区不仅形成制糖企业内部的资源循环，还构筑制糖企业之间、制糖企业与其他企业之间、制糖业与甘蔗种植业以及制糖业与其他产业之间的循环经济。以生态工业园区为平台和载体，在制糖业的横向、纵向上建立生产单元间、企业间和产业间物质能量的循环利用，形成循环型产业集群和循环经济区是贵港国家生态工业（制糖）示范园区建设的重要成果。与此同时，园区把单个企业的清洁生产与实施区域性清洁生产结合起来，把产业结构调整、采用高新技术和企业资产重组与解决结构性污染问题结合起来，形成循环经济发展体系，这对我国清洁生产的深入发展也具有示范和先导意义。最后，贵港国家生态工业（制糖）示范园区是我国以大型国有企业为龙头的第一个生态工业园区的建设规划，通过一批重点工程的建设，不断充实和完善示范园区的骨架，形成一个比较完整的、多门类工业和种植业相结合的生态系统。从企业局部层面的资源综合利用扩展为贵港市制糖业整体的生态工业格局，贵港国家生态工业（制糖）示范园区是一次成功的尝试。在当前，我国在总体上刚刚进入工业化中期阶段，农业发展需要产业化，工业化道路需要新型化，贵港生态工业园将二者有机地结合起来，建立建设了"以农保工，以工促农，农工一体化"的循环经济，这无疑是符合现阶段中国国情的可持续发展模式之一。

2. 完善的产业链是基础

贵糖在"甘蔗—制糖—废蔗渣造纸""甘蔗—制糖—废糖蜜制酒精—酒精废液制复合肥"两条主生态链的基础上还形成了多条副线工业生态链，建成了制糖、造纸、酒精、建材、生物肥料、生物制药、食品加工、化学化工产业、种植养殖产业、高附加值生物制品的生态工业产业链体系。使传统制糖业逐步转变为资源综合利用的现代工业循环经济产业链。由于这些生态链间的耦合关系，使得各环节的资源实现充分共享，将污染负效益转化成资源正效益。贵糖集团的做法不仅能够实现了多种经济效益，提高企业的综合竞争力和抵御市场风险的能力，还能解决制糖业发展与环境保护的矛盾。贵糖集团的经验对于广西乃至全国传统产业的结构调整和传统企业的转型升级无疑具有重要的借鉴意义。

3. 科技创新是关键

在当前科技发展日新月异和市场竞争的日渐加剧的背景下，仅仅依靠劳动力、原材料的成本优势已经无法适应市场竞争的需要。必须依靠技术进步转变粗放的产业发展模式，走循环经济的道路，带动产业健康发展。贵糖集团多年来一向坚持以科技求发展的道路，充分发挥生态资源优势，善于并敢于用高新科技改造传统工业、开拓新兴产业，走出了一条有特色的发展之路。贵糖集团这种以创新求发展，以科技促发展的做法和经验，对于正在努力向"生态型企业"迈进的企业来说无疑起了示范带头作用。

合起来，那么，最崇高的理想也是一文不值的。"[2]可见，利益机制是发展的内在驱动机制，通过利益差别调动人们的积极性和创造性，促使人们为获得不同的利益而展开竞争，从而使社会充满更多生机和活力。

在以利益结果的"差别"作为发展动力的同时，还必须对利益"差别"进行合理限制，防止利益分化过度，影响社会的稳定和发展。科学发展观的根本指向是让全社会成员共享社会发展成果、最终走向共同富裕。如果利益分化过度，那么发展就偏离了科学发展观的根本指向，而且还会严重挫伤社会大多数成员的积极性。利益分化过度，尤其是一些人占有财富的份额大但并不是他主观努力的结果，一些人占有财富的份额小也不是他不努力的结果，这种状况将会在一定程度上引发人们的对立情绪，引发各方面的利益矛盾、纠纷甚至冲突，增加社会不稳定因素，从而影响社会的和谐发展。

改革开放以来，随着各项社会制度的改革和完善，在西部民族地区，人们的积极性和创造性得到空前增强，社会发展取得巨大进步，但同时也应该看到，在新世纪新阶段，西部民族地区后发展、欠发达的基本情况没有改变。综合经济实力不强、经济总量小、人均水平低，人民生活水平不高；城乡区域发展不协调；产业结构不合理，基础设施不完善，经济发展方式仍较粗放，资源环境约束压力加大；科技创新能力薄弱，科技支撑能力不足，创新型人才缺乏；工业化城镇化水平不高，市场化、国际化程度较低；基本公共服务保障能力不足，民生保障问题更加突出，各族人民谋发展求富裕的愿望更为迫切。加快发展仍然是西部民族地区最大的政治、最硬的道理、最紧迫的任务。然而，西部民族地区并不具备加快发展的地理交通环境优势。既没有东部沿海地区便利的交通条件，完备的基础设施，也没有温和的气候、高水平的城市化，因此，形成不了吸引外资的便利条件。尽管西部民族地区拥有较为丰富的资源，但也难以形成生产力。沿海开放地区已经凭借其自身区位优势和先发效应，在市场经济体系中占据先机，确立了其在市场竞争中的绝对优势。西部民族地区如果走其他地区的老路，显然无法实现自身快速发展。西部民族地区的科学发展需要合理的利益机制，需要"让一切劳动、知识、技术、管理、资本的活力竞相迸发，让一切创造社会财富的源泉充分涌流，让发展成果更多更公平惠及全体人民"。[3]可是，我们也要清醒地看到，在西部民族地区，影响人们积极性和创造性充分发挥的因素还在不同范围不同程度地存在着。目前利益分化问题已经成为影响西部民族地区科学发展的核心问题。推进西部民族地区科学发展需要充分有效地发挥人们的积极性和创造性，形成各种社会力量凝聚的合力。这就要求整合各种分化的利益及价值诉求，建构合理的利益机制，借助制度的约束对人们的思想和行为模式进行合理的塑形，引导、规范和整合人们的利益诉求，在整体的社会机制之中纳入利益因素，调动一切积极因素，从而使个人与社会、局部与整体、当前与长远利益实现动态平衡，合理化解利益矛盾，充分调动人们的自主性、积极性、创造性，为西部民族地区的科学发展提供强大的凝聚性动力。

二 当前西部民族地区发展的利益机制现状

利益机制包括利益驱动机制和利益协调机制。利益驱动机制对社会发展起动力作用，其是否有效直接影响社会发展的快慢，利益协调机制对社会发展起平衡作用，其是否合理也会制约社会发展的好坏。如果没有利益协调机制，发展就是不科学、不合理的，最终会影响社会稳定。因此，科学发展既离不开利益驱动机制，也离不开利益协调机制，是两者共同作用的结果。只有两者有机统一、良性互动，社会才能实现科学发展、合理发展、和谐发展。当前西部民族地区发展的利益机制由于受历史、生态和社会经济发展水平的影响和制约，呈现以下特征：

（一）利益驱动机制相对比较薄弱

市场机制是配置社会资源最有效的制度安排，它以作为利益结果的"差别"为动力，最有力地激发了经济主体的积极性和创造性，赋予了每个生产经营者追求自身利润最大化的内驱力和市场公平竞争的外在压力，激发和引导经济主体永不停息地改善自己的生产经营条件。实践证明，实行社会主义市场经济体制，推行多劳多得、优劳优酬的分配原则，资源得到了合理配置，效率得到极大的提高，生产力得到极大的解放。改革开放以后，随着社会主义市场经济体制的建立和完善，西部民族地区也逐步建立了市场经济体制，但是由于受国际国内环境以及体制等一系列原因的影响，相比东部沿海地区，西部民族地区市场化程度整体仍不高，市场机制的调节作用还未能充分实现，因此，其利益驱动仍以政府机制为主要实施路径，市场驱动机制相对还比较薄弱，还未能充分支持和引导多元经济社会主体的利益诉求。

（二）利益协调机制功能发挥不足

对不同利益主体进行利益分配和平衡是西部民族地区地方政府的主要功能，但是，西部民族地区地方政府无论是在组织结构设计方面还是行政权力运行方面都缺乏对利益协调的制度规定和设计，致使利益协调机制功能发挥不足，主要表现在：

第一，利益表达渠道不畅通。西部民族地区的利益表达渠道多种多样，包括人民代表大会与政治协商会议渠道、党内利益表达渠道、民族区域自治制度渠道、民族工作机构和人民团体渠道、信访表达渠道、新闻媒介渠道、个人联系渠道等。但实际上，西部民族地区由于地理环境闭塞、信息来源与交流不多、文化水平偏低、对法律知识了解较少等因素的限制，人民群众难以有效地通过这些渠道充分表达自己的利益，尤其是农民在这方面的缺陷更为明显。

第二，利益协调机制功能的有效发挥还有赖于利益诉求和协调机制的构建。信息公开制度、民意调查制度、听证会制度、公民投票制度、协商谈判制度等是西部民族地区公民利益诉求和协调的基本制度，但是目前这些制度在西部民族地区都未行之有效地建构起来，因此，难免会影响利益协调机制功能的有效发挥，致使在利益协调过程中存在不科学、不民主的情况。

第三，利益补偿机制不健全。对利益受损者给予一定的利益补偿是调节利益差别，化解利益矛盾和冲突的重要手段。当前西部民族地区的利益补偿机制还不健全，对利益受损的个人和集体缺乏一个统一的补偿标准，加之现有的社会保障体系不完善，致使在利益补偿过程中又产生新的利益矛盾和冲突。

（三）利益矛盾日渐突出

对于西部民族地区而言，在改革开放不断深入和现代化进程快速推进的过程中，经济利益矛盾日渐突出，主要表现为：

第一，城乡利益差距突出。我国城乡之间存在着利益差距已经成为一种不争的事实。但是，根据国家统计局、各省市统计公报的数据分析得知，西部民族地区不仅存在这样的差距，而且比其他地区表现得更为突出。主要表现：一是农村居民人均纯收入较低。据 2013 年各省、自治区、直辖市国民经济和社会发展统计公报数据来看，以甘肃、青海、云南、贵州、西藏为例，2013 年五省区农民人均纯收入分别是 5093 元、6196 元、6141 元、5434 元、6578 元，而 2013 年全国农村居民人均纯收入是 8896 元，明显低于全国平均水平。二是城乡收入差距较大。同样以甘肃、青海、云南、贵州、西藏为例，2013 年城镇居民人均可支配收入分别是 18965 元、19499 元、23236 元、20667 元、20023 元。城镇人均收入分别是农村人均收入的 3.72 倍、3.15 倍、3.78 倍、3.80 倍、3.03 倍。三是不同层级的城市的利益差距较大。无论是在居民的经济收入方面还是在居民实际享有的医疗、教育、文化服务等方面，西部民族地区普遍存在着利益实现水平从省会城市、地级市、县级市以及城镇之间依次递减的现象。

第二，区域之间的利益差距扩大。首先是西部民族地区和东部地区之间的利益差距扩大。从人均地区生产总值比较来看，虽然西部民族地区人均地区生产总值占全国的比重不断提高，但人均地区生产总值的绝对量与东部地区的差距仍在继续拉大。其次是西部民族地区内部的利益差距越来越明显。西部民族地区各省、自治区、直辖市之间，由于发展思路不同，自然和历史条件也差别较大，因此随着时间的推移，西部民族地区内部的利益差距也越来越明显。

第三，民族性利益分化明显。几乎所有的少数民族都集中在西部12省、自治区、直辖市，因此，西部民族地区民族成分复杂，民族种类较多，少数民族人口所占比重较大。不同的少数民族情况又各不相同，不仅居住的地理环境差异较大，而且思想观念、传统习惯、生产和生活方式、民族文化等也有较大的差异，因而在市场竞争中获得的利益也有很大的差异性，从而形成了民族性的利益分化。

三 西部民族地区利益机制的合理构建

西部民族地区要实现科学发展，需要建立起公平合理的、能够驱动各社会成员致力于社会全面发展的利益关系格局和利益获取机制。

（一）建立健全利益驱动机制

社会发展的动力机制是利益驱动机制，因此，如果利益驱动机制弱、发展动力不足，那么社会发展就会缓慢。继续不断地解放和发展生产力仍然是西部民族地区的第一要务，这就要求我们必须建立健全利益驱动机制，把一切生产要素，尤其是人的积极性调动起来。

第一，保障人们能够通过自身的选择或者参与市场活动来追求自身利益的基本权利。市场经济是现代社会资源配置的基础性机制，人们的利益交换和获取都是通过市场来实现的。因此，建立健全利益驱动机制的前提是要保证市场机制的开放性，让不同的利益主体可以在一个公正的社会结构中，依据自身的选择和努力来实现自身的利益。为此，首先需要保证公平的就业权和竞争权。因为平等的就业权和竞争权是每个公民都应该享有的基本权利，也是每个公民凭借自身的能力获取生存利益的主要途径。其次，需要切实保证不同的市场主体享有平等竞争的权利。除事关国家安全的特定领域外，任何市场主体都能够公平地参与市场竞争，使不同的市场主体可以依靠自己的实力获得足够的收益，从而拓展自由创造空间。最后，还要切实保证市场环境的公正性。一些地方保护主义等人为的制度设置会直接影响市场主体公平合理地配置资源和获取正当利益，甚至最终导致各地之间的交易壁垒。此外，政府还必须大力打击偷漏税、造假售假、侵吞国有资产、不正当竞争等扰乱社会秩序的违法犯罪行为，建立法治化的市场经济环境，使各利益主体在公平竞争的市场机制中，凭自己的才能、凭对社会做出的贡献得到相匹配的财富报酬，从而激发整个社会的创造活力。

第二，保障政府权力始终以公众的意志和利益为依归。现代理性选择理论认为，由个体组成的政府也有其自身的利益。布坎南认为："政府中的决策制定者（政治家、政府官员等）与'经济人'一样也是理性的、自私的人，他们就像在经济市场上一样在政治市场中追求着自身利益——政治利益或个人效用，而不管这些利益是否符合公众利益。"[4]这里，理性选择理论提出了一个关键性的问题，即政府权力并不总是以公众的意志和利益为依归的，它有可能会偏离公共利益。掌握决策权力的代表和政府官员"宁愿要一个人自私的利益而不要他和其他人分享的利益和宁愿要眼前的利益和直接的利益而不要间接的和长远的利益的倾向——是权力的占有特别容易引起和助长的特点"。[5]如果不对政府官员追逐自身利益的行为进行限制，那么政府权力就有可能与公民和社会争夺利益。因此，保证政府权力要能够始终以公众的意志和利益为依归，用各种制约对权力进行限制，切实保证权力决策从公平正义的基点出发，创造一个谋取正当利益的公平、正义环境，是建立健全利益驱动机制的保障。因此，在西部民族地区尤其要注重政府职能的转变。首先需要政府从理念上真正确立全心全意为人民服务的思想，坚决以公共利益作为施政的理念导向。其次需要通过各种监督方式加强社会对政府权利的监督，保证公共权力的运行是在公共性的轨道上。最后需要提高政府公共服务的水平。减少对社会的管制，集中财政精力向社会提供公共产品和公共服务，力求每个人都有使用公共产品和享有公共服务的权利。

第三，保证社会主体能够自由流动。这是建立健全利益驱动机制的重要安排。城乡二元结构体制是在新中国成立以后建立起来的，这种体制使社会形成了"以现代工业为代表的工业部门和现代农业为代表的传统部门之间的二元经济结构，以城市社会和农村社会长期分割的二元社会机构"。[6]它在社会发展的某一阶段存在合理性，但是这种体制人为地限制了公民的自由流动，使公民无法自由追求自身利益。随着社会的发展，这种二元结构越来越凸显其内在的不公正性。当前西部民族地区，人们获取利益的机会不平等，大多是由户籍、身份、教育等方面的制度造成的。尽管由于现代分工的需要，人们会隶属于不同的部门，但是，在一个社会内部，如果通过身份、户口、地域等方式来对公民的合理流动进行限制，那么长此以往必然导致资源配置的不均，导致社会发展的不均衡性；同时也使社会成员得不到大致相同的发展机会，从而影响人们对自身利益的追求。因此，政府必须尽快改革相关制度，从制度上保证每一个社会成员能够相对平等地参与竞争，能够得到公正的对待，最大限度地发挥自己的能力。

（二）改进利益协调机制

实现科学发展需要利益驱动机制与利益协调机制共同起作用。只有使全社会成员普享社会发展成果，才能实现社会稳定。为此，必须加快改进利益协调机制，充分发挥利益协调机制的功能。利益协调机制的核心应该是能使各阶层的利益诉求得到合理满足；能把各社会成员的利益矛盾、冲突限制在合理的限度内并转化为竞争的动力；在兼顾效率与公平的情况下，有效解决部分社会成员收入差距过大的问题。

第一，完善利益表达机制。这是改进利益协调机制的前提。由于西部民族地区利益主体多元化，因此，必须使各利益主体的利益需求得到合理表达，从而在在公共决策中得到重视，这样，利益的分配才能均衡。为此，首先需要培育能够合理表达自身利益的现代公民，引导公民有序参政。适当增加各少数民族代表在各级人民代表大会中的比例，在民族内部事务上使各少数民族能够真正享有充分的参与权和决定权，使民族自治机关真正享有决定本民族发展的权力。其次，政府还需要在完善制度性的利益表达渠道之外，给予公民非制度性的利益表达空间。必须推行领导干部进村入户、主动收集民情制度，特别需要关注穷村贫户、特困低保户等弱势群体的利益诉求；通过公布领导干部的办公电话和通信地址、发挥网络和媒体等的作用来实现利益的合理表达。最后，要充分发挥社会组织在利益表达中的作用。对于各种合法团体和组织的成立与运作，要从政策制定和制度设计上给予鼓励和保护。积极发挥社会组织在各行业、各方面、各层次、各民族利益整合方面的作用，拓展利益表达渠道。

第二，健全利益整合机制。不同的利益群体在相互表达自身利益的时候，由于每一个人都希望自身利益得到倾斜，因此不可避免地发生利益诉求的冲突。如果没有健全的利益整合机制，利益各方就有可能陷入无休止的争论当中，难以形成各方都能广泛接受的公共利益。因此，需要健全利益整合机制，协调统一不同的利益诉求。对涉及社会重大问题的政策，应该在广泛了解各方信息的基础上，在正式决定前进行公示和举行听证。定期或不定期地开展多部门联合现场办公，使公众与领导干部能够直接对话，协商某些公共问题。建立民情民意信息收集登记制度，依据登记信息及时将处理意见反馈给人民大众。

第三，完善利益分配机制。即政府要采取一些有力措施来弥补初次分配中的不公正，寻求一种利益分配的平衡。西部民族地区绝大多数是以农业为主，而农业处于产业链的弱势地位，农民的收入水平也相对较低，如果仅靠市场机制的调节，这种状况不仅不可能得到改变，相反有可能会促成差距的再扩大。因此，西部民族地区政府在对初次分配中的不公正要素进行必要的纠偏时，政策的重点要放在提高农民的收入水平上，利用积极的税收手段和给予更多财政补贴调节利益分配，实现公平。此外，还应大力拓展农民增收的途径，建立农民增收减负的长效机制，消除农民向城市转移的制度性障碍，加快城镇化的步伐。

第四，加强对市场竞争过程中弱势群体获取分配权益的保护。弱势群体指的是生活上贫困、政策上影响力低、心理上脆弱的人群，他们收入的绝大部分用于食品方面，恩格尔系数高达80%～100%，因而他们无法提高自己的能力以适应加剧的市场竞争。同时，政策上的低影响力也使得公共政策无法向他们倾斜。而脆弱的心理也降低了他们抵御竞争风险的承受能力。这三个方面综合作用，必然使得弱势群体在市场竞争中处于不利地位，即使他们想充分有效地发挥积极性和创造性，但却心有余而力不足，难以握稳机会。因此，为了避免利益过度分化，政府需要对市场竞争中的弱势群体的权益进行保护，防止因个人禀赋差异而造成的收入分配差距过分悬殊。现阶段，西部民族地区低层次劳动力所占比重较大，因此政府要通过多种途径和措施，切实提高弱势群体的技能。如扩大职业教育的规模，加大对弱势群体的职业培训投入，制定各种劳动的最低报酬标准，并向社会进行公布，加强对用人单位的监督。

参考文献：

[1]《马克思恩格斯全集》第一卷，人民出版社1956年版，第82页。

［2］《列宁全集》第一卷，人民出版社 1984 年版，第 369 页。

［3］《中国共产党第十八届中央委员会第三次全体会议公报》，《人民日报》2013 年 11 月 13 日。

［4］张启强：《布坎南国家观评述》，《东南学术》2006 年第 5 期，第 41—46 页。

［5］密尔：《代议制政府》，商务印书馆 2007 年版，第 89 页。

［6］辛章平：《中国城乡二元结构的演变与应有的方向》，《黑龙江社会科学》2011 年第 2 期，第 54—57 页。

——本文原载于《广西社会科学》2015 年第 3 期

主要参考文献

（一）著作类

1. 《马克思恩格斯选集》第 1～4 卷，人民出版社 1995 年版。

2. 《马克思恩格斯全集》第 31 卷，人民出版社 1972 年版。

3. 《马克思恩格斯全集》第 1 卷，人民出版社 1995 年版。

4. 《马克思恩格斯全集》第 3 卷，人民出版社 2002 年版。

5. 《马克思恩格斯全集》第 46 卷，人民出版社 2003 年版。

6. 胡锦涛：《坚定不移沿着中国特色社会主义道路前进　为全面建成小康社会而奋斗——在中国共产党第十八次全国代表大会上的报告》，人民出版社 2012 年版。

7. 本社编：《广西生态环境保护》，中国环境科学出版社 2011 年版。

8. 曹孟勤：《人向自然的生成》，上海三联书店 2012 年版。

9. 陈华：《广西石山地区生态建设方略》，广西人民出版社 2006 年版。

10. 杜明娥、杨英姿：《生态文明与生态现代化建设模式研究》，人民出版社 2013 年版。

11. 广西壮族自治区地方志编纂委员会：《广西年鉴·2015》，广西年鉴出版社 2015 年版。

12. 胡雪虎：《人类永恒的话题——生态平衡》，吉林出版集团 2012

年版。

13. 黄寰：《区际生态补偿论》，中国人民大学出版社 2012 年版。

14. 贾卫列等：《生态文明建设概论》，中央编译出版社 2013 年版。

15. 李梁美：《走向社会主义生态文明新时代》，生活·读书·新知三联书店 2014 年版。

16. 李亚：《利益博弈政策实验方法：理论与应用》，北京大学出版社 2011 年版。

17. 联合国千年生态系统评估项目组：《生态系统与人类福祉：评估框架》，张永民译，中国环境科学出版社 2007 年版。

18. 刘湘溶：《人与自然的道德话语》，湖南师范大学出版社 2004 年版。

19. 刘湘溶：《生态文明论》，湖南教育出版社 1999 年版。

20. 刘燕：《西部地区生态建设补偿机制及配套政策研究》，科学出版社 2007 年版。

21. 刘燕华、李秀彬：《脆弱生态环境与可持续发展》，商务印书馆 2007 年版。

22. 刘宗超、贾卫列：《广西生态文明与可持续发展》，中国人事出版社 2015 年版。

23. 卢风：《从现代文明到生态文明》，中央编译出版社 2009 年版。

24. 卢风：《人类的家园》，湖南大学出版社 1996 年版。

25. 罗城仫佬族自治县志编纂委员会：《罗城仫佬族自治县县志》，广西人民出版社 1993 年版。

26. 世界环境与发展委员会：《我们共同的未来》，王之佳等译，吉林人民出版社 1997 年版。

27. 孙笑侠：《法的现象与观念》，山东人民出版社 2001 年版。

28. 谭培文：《马克思主义的利益理论——当代历史唯物主义的重构》，人民出版社 2002 年版。

29. 唐代兴：《利益伦理》，北京大学出版社 2002 年版。

30. 王宏斌：《生态文明与社会主义》，中央编译出版社 2011 年版。

31. 王伟光：《利益论》，人民出版社 2001 年版。

32. 王雨辰：《走进生态文明》，湖北人民出版社 2011 年版。

33. 肖前等：《马克思主义哲学原理》，中国人民大学出版社 1994 年版。

34. 郇庆治：《绿色乌托邦——生态主义的社会哲学》，泰山出版社 1998 年版。

35. 严耕、杨志华：《生态文明的理论与系统建构》，中央编译出版社 2009 年版。

36. 杨通进、高予远：《现代文明的生态转向》，重庆出版社 2007 年版。

37. 杨通进：《走向深层的环保》，四川人民出版社 2000 年版。

38. 于晓雷、邓纯东：《实现中国梦的生态环境保障：中国特色社会主义生态文明建设》，红旗出版社 2014 年版。

39. 余谋昌：《生态伦理学》，首都师范大学出版社 2004 年版。

40. 余谋昌：《生态文明论》，中央编译出版社 2010 年版。

41. 余谋昌：《生态哲学》，陕西人民教育出版社 2000 年版。

42. 俞吾金：《科学发展观》，重庆出版社 2008 年版。

43. 张巨勇、马林：《民族地区生态环境建设论》，民族出版社 2007 年版。

44. 张英、林卫东：《生态建设与循环经济研究 让广西走向和谐》，广西科学技术出版社 2007 年版。

45. 张英等：《广西生态文明建设理论与实践》，广西人民出版社 2009 年版。

46. 张有隽：《广西通志·民俗志》，广西人民出版社 1992 年版。

47. 张云飞：《唯物史观视野中的生态文明》，中国人民大学出版社 2014 年版。

48. 赵其国、黄国勤：《广西生态》，中国环境科学出版社 2014 年版。

49. 中共中央宣传部：《习近平总书记系列重要讲话读本》，学习出版社、人民出版社 2014 年版。

50. 中共中央组织部党员教育中心：《美丽中国：生态文明建设五讲》，人民出版社 2013 年版。

51. 中国科学院可持续发展战略研究组：《2013 中国可持续发展战略报告——未来 10 年的生态文明之路》，科学出版社 2013 年版。

52. 周鑫：《西方生态现代化理论与当代中国生态文明建设》，光明日报出版社 2012 年版。

53. 周训芳、吴晓芙：《生态文明视野中环境管理模式研究》，科学出版社 2013 年版。

54. 左亚文：《资源·环境·生态文明：中国特色社会主义生态文明建设》，武汉大学出版社 2014 年版。

55. ［美］阿尔温·托夫勒、海蒂·托夫勒：《创造一个新的文明——第三次浪潮的政治》，陈峰译，上海三联书店 1996 年版。

56. ［美］艾伦·杜宁：《多少算够——消费社会与地球的未来》，吉林人民出版社 1997 年版。

57. ［美］丹尼斯·米都斯：《增长的极限》，李宝恒译，吉林人民出版社 1997 年版。

58. ［美］格雷姆·泰勒：《地球危机》，赵娟娟译，海南出版社 2010 年版。

59. ［美］赫伯特·马尔库塞：《单向度的人》，张峰等译，重庆出版社 1988 年版。

60. ［美］霍尔姆斯·罗尔斯顿：《环境伦理学：大自然的价值以及人对大自然的义务》，杨通进译，中国社会科学出版社 2000 年版。

61. ［美］霍尔姆斯·罗尔斯顿：《环境伦理学》，杨通进译，中国社会科学出版社 2000 年版。

62. ［美］蕾切尔·卡森：《寂静的春天》，江月译，新世界出版社

2014 年版。

63. ［美］罗德里克·弗雷泽·纳什：《大自然的权利》，杨通进译，
青岛出版社 1999 年版。

64. ［美］施里达斯·拉夫尔：《我们的家园——地球》，夏堃堡译，
中国环境科学出版社 1993 年版。

65. ［美］汤姆·齐格弗里德·纳什：《均衡与博弈论》，洪雷等译，
北京工业出版社 2013 年版。

66. ［美］约翰·贝拉米·福斯特：《生态危机与资本主义》，耿建
新、宋兴无译，上海译文出版社 2006 年版。

67. ［美］约翰·罗尔斯：《正义论》，何怀宏等译，中国社会科学出
版社 1988 年版。

68. ［德］马克斯·韦伯：《新教伦理与资本主义精神》，彭强等译，
陕西师范大学出版社 2002 年版。

69. ［日］岩佐茂：《环境的思想》（修订版），韩立新等译，中央编
译出版社 2007 年版。

70. ［印］阿马蒂亚·森：《以自由看待发展》，于真等译，中国人民
大学出版社 2002 年版。

71. ［英］安东尼·吉登斯：《现代性的后果》，田禾译，译林出版社
2000 年版。

（二）期刊、报刊类

1. 《广西打造国际高端长寿旅游休闲基地战略及重大措施研究》课
题组：《广西打造国际高端长寿旅游休闲基地战略及重大措施研
究》，《广西经济》2014 年第 10 期。

2. 昌苗苗、黄克：《广西全民行动 留住最美山水》，《中国环境报》
2014 年 7 月 9 日第 4 版。

3. 陈爱珍：《广西基层人口与计划生育统计现状分析》，《人力资源

管理》2014 年第 5 期。

4. 陈灿平、高玉翔：《西部地区生态环境与生态文明制度建设研究》，《西南民族大学学报》（人文社会科学版）2013 年第 12 期。

5. 陈际瓦及 14 名驻桂全国政协委员：《加大支持广西旅游扶贫力度》，《广西经济》2015 年第 4 期。

6. 陈江、昌苗苗：《在发展中留下青山绿水》，《广西日报》2016 年 6 月 21 日第 4 版。

7. 陈凯：《绿色消费模式构建及政府干预策略》，《中国特色社会主义研究》2016 年第 3 期。

8. 陈务开等：《广西红水河流域生态安全综合评价》，《安徽农业科学》2011 年第 34 期。

9. 陈燕丽、张宇：《广西石漠化地区生态补偿促进精英移民与生态可持续恢复》，《农业研究与应用》2014 年第 5 期。

10. 陈贻琳：《可持续性：西江流域生态文化的本质特性》，《艺术科技》2014 年第 10 期。

11. 戴明宏等：《基于熵权的模糊综合评价模型的广西水资源承载力空间分异研究》，《水土保持研究》2016 年第 1 期。

12. 邓艳等：《广西不同石漠化程度下典型植物水分来源分析》，《热带地理》2015 年第 3 期。

13. 钭晓东：《实践利益的衡平与反哺，实现契约到身份的回归——西部生态安全保护与环境法律矫正机制研究》，《法学》2006 年第 2 期。

14. 樊新民：《广西人口增长与生态资源承载力研究》，《中国青年政治学院学报》2012 年第 2 期。

15. 范丽群等：《关于企业伦理守则对企业道德行为影响的探讨》，《江西师范大学学报》（哲学社会科学版）2005 年第 4 期。

16. 俸晓锦、徐枞巍：《广西民族地区农村经济共享式发展模式研究——以"恭城模式"为例》，《广西社会科学》2013 年第 11 期。

17. 付涛、戴日光:《"恭城模式"的经济解读》,《桂林航天工业高等专科学校学报》2007 年第 4 期。

18. 甘福丁等:《恭城县农村沼气"全托管"服务模式及运行效果》,《现代农业科技》2014 年第 17 期。

19. 甘海燕、胡宝清:《石漠化治理存在问题及对策——以广西为例》,《学术论坛》2016 年第 5 期。

20. 高崇辉等:《广西壮族自治区土地整治生态环境影响评价研究》,《国土资源科技管理》2013 年第 2 期。

21. 高红贵:《关于生态文明建设的几点思考》,《中国地质大学学报》(社会科学版)2013 年第 5 期。

22. 高兆明:《生态保护伦理责任:一种实践视域的考察》,《哲学研究》2009 年第 3 期。

23. 谷新辉:《比较优势战略与"恭城模式"——对一个典型山区农业发展模式的研究》,《安徽农业科学》2005 年第 2 期。

24. 桂林市政策应用研究会课题组:《发展高端旅游服务业与建设广西旅游强区——以桂林国际旅游胜地建设为例》,《传承》2015 年第 5 期。

25. 郭曦:《构建广西"两区一带"低碳经济体系的产业政策研究》,《科技经济市场》2012 年第 2 期。

26. 何翠芬:《贵糖勇攀新高峰》,《广西经贸》2002 年第 3 期。

27. 何素明、农卫红:《从经济社会用水状况浅析广西水资源承载能力》,《广西水利水电》2013 年第 5 期。

28. 胡仪元:《西部生态经济开发的利益补偿机制》,《社会科学辑刊》2005 年第 2 期。

29. 黄爱宝:《生态型政府理念与政治文明发展》,《深圳大学学报》(人文社会科学版)2006 年第 2 期。

30. 黄楠森:《生态文明建设的哲学基础》,《生态环境与保护》2010 年第 9 期。

31. 蒋国治：《走蔗糖产业生态园区发展之路——广西贵糖资源综合利用和三废治理调查》，《沿海企业与科技》2001 年第 1 期。

32. 蒋和平：《广西工业园区循环经济建设路径研究》，《学术论坛》2015 年第 1 期。

33. 蒋晓军：《广西水资源开发利用管理的现状分析及对策》，《中国水利》2010 年第 11 期。

34. 巨文珍、农胜奇：《对广西生态公益林补偿问题的思考》，《林业调查规划》2011 年第 2 期。

35. 康定华：《生态工业园的现状与发展对策探究——以广西为例》，《生产力研究》2009 年第 13 期。

36. 孔凯、刘云腾：《旅游地空间关系的生态学思考———以恭城县为例》，《资源与产业》2008 年第 6 期。

37. 孔晓梦：《强化生态立区理念，为绿色发展保驾护航——2015 年广西环境保护工作综述》，《中国环境报》2016 年 1 月 18 日第 4 版。

38. 匡爱民：《广西"恭城模式"探讨》，《安徽农业科学》2006 年第 14 期。

39. 蓝常连、林伟杰：《贵糖：创造甘蔗资源综合利用的辉煌》，《计划与市场探索》1997 年第 2 期。

40. 李国英：《恭城红岩村生态农业旅游与新农村建设调查分析》，《农技服务》2014 年第 5 期。

41. 李国英：《关于建立流域生态补偿机制的建议》，《治黄科技信息》2008 年第 2 期。

42. 李建林：《优化广西产业结构 大力发展旅游经济》，《市场论坛》2015 年第 7 期。

43. 李巧茹：《广西少数民族地区生态补偿机制的实践探索》，《桂林航天工业学院学报》2015 年第 1 期。

44. 李胜：《构建跨行政区流域水污染协同治理机制》，《管理学刊》

2012 年第 3 期。

45. 李仕强：《广西恭城县绿色食品原料标准化生产基地建设探讨》，《农业质量标准》2009 年第 5 期。

46. 梁红梅、易蓉蓉：《基于西部生态补偿视角的横向转移支付制度研究》，《财会研究》2011 年第 15 期。

47. 廖戎戎：《快速城镇化背景下广西低碳经济发展路径研究》，《大众科技》2015 年第 8 期。

48. 林刚、蒙涓：《循环经济型西部生态旅游县域的建设研究——以"恭城模式"为例》，《特区经济》2006 年第 7 期。

49. 林桂红：《转变经济发展方式背景下广西生态农业发展探微》，《广西社会科学》2011 年第 8 期。

50. 林霁峰：《广西人口生育水平现状与发展趋势分析》，《广西社会科学》2010 年第 7 期。

51. 林云：《广西恭城创新生态农业发展思路》，《农村实用技术》2008 年第 7 期。

52. 刘蓓：《促进生态文明建设的西部地方政府绩效评价指标体系研究——以广西为例》，《学术论坛》2014 年第 1 期。

53. 刘蓓等：《生态足迹论视阈下广西生态补偿的实证研究》，《广西民族研究》2015 年第 6 期。

54. 刘刚：《广西：甘蔗产业"两头甜"》，《农民日报》2011 年 12 月 12 日第 5 版。

55. 刘静静：《论广西生态旅游》，《环境与发展》2015 年第 2 期。

56. 刘思华：《中国特色社会主义生态文明发展道路初探》，《马克思主义研究》2009 年第 1 期。

57. 刘雪春：《对广西水资源生态补偿机制的思考》，《桂林航天工业高等专科学校学报》2011 年第 4 期。

58. 刘勇、姚星：《"3R"原则指导下的农工一体化循环经济模式——对贵港国家生态工业（制糖）示范园建设的分析》，《绿色经济》2005 年第 10 期。

59. 陆耀邦等：《广西壮族自治区耕地利用现状与粮食安全问题研究》，《中国农业资源与区划》2014 年第 5 期。

60. 罗世敏、梁结珠：《长寿养生在广西》，《当代广西》2014 年第 20 期。

61. 马晓红：《珠江流域民族地区生态补偿机制的构建》，《贵州民族研究》2014 年第 7 期。

62. 孟维娜：《粤桂珠江—西江流域生态补偿机制研究——以广西为视角》，《辽宁行政学院学报》2015 年第 1 期。

63. 潘冬南：《广西旅游产业转型升级的路径研究》，《广西财经学院学报》2015 年第 3 期。

64. 盘科学、蒋进球：《恭城生态农业焕发生机勃勃》，《广西日报》2010 年 5 月 6 日第 2 版。

65. 史玉成：《环境利益、环境权利与环境权力的分层建构——基于法益分析方法的思考》，《法商研究》2013 年第 5 期。

66. 苏杰南、秦秀华：《广西森林资源管理中的主要问题和解决措施》，《湖北农业科学》2011 年第 3 期。

67. 苏平富、苏晓云：《马克思恩格斯的生态理论及其对当代中国生态文明建设的价值》，《国外理论动态》2008 年第 12 期。

68. 粟金刚等：《低碳经济背景下广西产业结构调整与银行业支持问题研究》，《区域金融研究》2011 年第 8 期。

69. 唐福銮等：《"美丽广西，清洁乡村"活动助推恭城休闲农业全面发展》，《中国乡镇企业》2013 年第 8 期。

70. 唐平秋、胡玲：《生态文明视阈下美丽广西建设研究》，《广西社会科学》2015 年第 5 期。

71. 唐庆林、庞铁坚：《坚持走生态和谐的新农村建设之路——恭城瑶族自治县社会主义新农村建设调研与思考》，《社会科学家》2006 年第 3 期。

72. 滕云梅等:《对建立广西生态补偿机制的探讨》,《中国环境管理》2014 年第 1 期。

73. 田米香:《低碳经济的价值取向:民族地区发展的战略选择——以广西为视域》,《经济与社会发展》2013 年第 2 期。

74. 童德文等:《广西森林可持续经营现状及对策探讨》,《福建林业科技》2015 年第 3 期。

75. 童新芳、周兴:《广西生态系统服务价值空间分布与生态保护对策》,《安徽农业科学》2010 年第 7 期。

76. 万军等:《中国生态补偿政策评估与框架初探》,《环境科学研究》2005 年第 2 期。

77. 万俊人:《美丽中国的哲学智慧与行动意义》,《中国社会科学》2013 年第 5 期。

78. 王兵等:《广西壮族自治区森林生态系统服务功能研究》,《广西植物》2013 年第 1 期。

79. 王海波:《生态工业的广西标签》,《当代广西》2015 年第 18 期。

80. 王海刚等:《西部地区传统产业生态化发展研究综述》,《生态经济》2016 年第 5 期。

81. 王禁、莫宏伟:《科学发展观视角下的生态文化建设》,《中共山西省直机关党校学报》2010 年第 2 期。

82. 王永富:《广西生态文化产业发展研究》,《广西社会科学》2013 年第 3 期。

83. 韦福巍等:《区域城市旅游产业、社会经济、生态环境耦合协调发展研究——以广西 14 个地级市为例》,《广西社会科学》2015 年第 3 期。

84. 韦仁忠:《论青海生态文化及其体系构建》,《甘肃联合大学学报》(社会科学版)2011 年第 5 期。

85. 韦绍合等:《财政支持低碳经济发展的研究——以广西为例》,《区域金融研究》2015 年第 8 期。

86. 韦义勇：《构建黔桂喀斯特世界自然遗产地走廊（广西）国际旅游目的地的思考》，《桂海论丛》2015 年第 5 期。

87. 魏连：《当代中国生态文明建设的理性自觉与路径优化》，《马克思主义研究》2014 年第 7 期。

88. 魏小双、段文军：《广西旅游产业竞争力分析及提升策略研究》，《产业与科技论坛》2014 年第 19 期。

89. 吴汉洪、苏睿：《制糖业循环经济发展研究——以广西贵糖集团循环经济为例》，《广西社会科学》2013 年第 4 期。

90. 向媛秀：《浅析广西发展低碳经济的利与弊》，《科技创新与生产力》2015 年第 3 期。

91. 肖小虹：《民族地区农业产业结构调整的生态战略研究》，《贵州民族研究》2010 年第 4 期。

92. 谢彩文等：《将金字招牌变为经济"金牌"——关于我区加快生态经济发展的调查与思考》，《广西日报》2016 年 7 月 26 日第 1 版。

93. 谢庆裕：《广东破题横向跨省生态补偿》，《南方日报》2016 年 3 月 22 日第 A6 版。

94. 邢明贵：《发展循环经济 走生态工业之路——广西贵糖（集团）股份有限公司资源综合利用打造生态工业纪实》，消费日报 2006 年 11 月 28 日第 B4 版。

95. 熊春艳：《描绘"美丽广西"乡村建设的迷人画卷》，《当代广西》2016 年第 1 期。

96. 郇庆治：《"包容互鉴"：全球视野下的"社会主义生态文明"》，《当代世界与社会主义》2013 年第 2 期。

97. 闫春娥：《广西文化与旅游融合发展探究》，《市场周刊》（理论研究）2015 年第 6 期。

98. 杨彬等：《建设生态广西的地方立法研究初探》，《特区经济》2009 年第 9 期。

99. 杨和能、周世中：《略论侗族款约的当代价值——黔桂瑶族、侗族习惯法系列调研之五》，《广西社会科学》2006 年第 10 期。

100. 杨西春：《生态技术创新与广西中小企业可持续发展》，《广西社会科学》2012 年第 9 期。

101. 尹闯、林中衍：《建立和完善广西生态补偿机制的对策》，《广西科学院学报》2011 年第 2 期。

102. 尹小剑、刘黔川：《论生态经济的"引擎"——生态工业——对广西恭城县生态工业发展的个案分析》，《生态经济》2004 年第 11 期。

103. 余敏江：《论生态治理中的中央与地方政府间利益协调》，《社会科学》2011 年第 9 期。

104. 余源培：《生态文明：马克思主义在当代新的生长点》，《毛泽东邓小平理论研究》2013 年第 5 期。

105. 宇鹏等：《恭城县生态产业模式与发展研究》，《广西师范学院学报》（自然科学版）2013 年第 2 期。

106. 袁仕洪等：《支持广西生态建设和环境保护的对策研究》，《经济研究参考》2014 年第 29 期。

107. 张传庚：《广西新农村生态环境建设面临的挑战及对策》，《生态经济》2010 年第 12 期。

108. 张青、任志远：《中国西部地区生态承载力与生态安全空间差异分析》，《水土保持通报》2013 年第 2 期。

109. 张义、张合平：《基于生态系统服务的广西水生态足迹分析》，《生态学报》2013 年第 13 期。

110. 张岳：《关于建立生态补偿机制的几点意见》，《水利发展研究》2010 年第 10 期。

111. 张云兰、李声明：《广西生态足迹与承载力动态分析》，《南方农业学报》2016 年第 9 期。

112. 张云兰：《推进广西经济发展方式转变研究——基于生态文明建

设的视角》,《经济研究参考》2013 年第 23 期。

113. 赵京武:《靖西:壮民族原生态文化活的博物馆》,《百色学院学报》2014 年第 6 期。

114. 赵其国、黄国勤:《论广西生态安全》,《生态学报》2014 年第 18 期。

115. 中共恭城瑶族自治县委员会、恭城瑶族自治县人民政府:《强化生态立县理念 推进美丽乡村建设——恭城瑶族自治县改善农村人居环境的探索与实践》,《广西城镇建设》2015 年第 11 期。

116. 钟智全:《广西低碳经济的发展现状及对策研究》,《广西社会科学》2012 年第 8 期。

117. 周红梅:《"十二五"期间广西多方筹措整合资金——388 亿元投向农村人居环境》,《广西日报》2015 年 12 月 20 日第 2 版。

118. 周生贤:《中国特色生态文明建设的理论创新和实践》,《环境与可持续发展》2012 年第 6 期。

119. 卓越、赵蕾:《加强公民生态文明意识建设的思考》,《马克思主义与现实》2007 年第 3 期。